安全信息管理学

孙殿阁　胡广霞　编著

内容提要

本书主要内容包括：我国安全管理的现状、安全管理信息系统在安全管理中的地位与作用、安全管理系统研究对象及研究方法、安全管理信息的基本概念和基本理论、数据库系统基础、安全管理信息系统开发组织管理与设计方法、运用计算机编程语言进行数据库二次开发构建安全管理信息系统的基本技术，并通过特定企业的安全管理信息系统开发来展示安全管理信息系统相关理论的实践应用。

本书可以作为安全工程专业本科生和研究生学习安全管理信息系统课程的教学实践与相关理论的指导书。

图书在版编目(CIP)数据

安全信息管理学/孙殿阁，胡广霞编著. —上海：上海交通大学出版社，2014(2024重印)
ISBN 978-7-313-11940-7

Ⅰ. 安... Ⅱ. ①孙... ②胡... Ⅲ. 安全信息—信息管理—研究—中国 Ⅳ. X913.2

中国版本图书馆CIP数据核字(2014)第190988号

安全信息管理学

编　　著：孙殿阁　胡广霞
出版发行：上海交通大学出版社　　地　　址：上海市番禺路951号
邮政编码：200030　　电　　话：021-64071208
印　　制：上海万卷印刷股份有限公司　　经　　销：全国新华书店
开　　本：787mm×960mm　1/16　　印　　张：16.5
字　　数：310千字
版　　次：2014年9月第1版　　印　　次：2024年12月第3次印刷
书　　号：ISBN 978-7-313-11940-7
定　　价：59.00元

前　言

信息技术的快速发展是20世纪80年代以来人类最伟大的变革，信息技术对各个领域都带来了巨大冲击与促进，安全生产领域也不可避免。安全管理信息化水平已经成为安全生产管理现代化的重要标志，加快实现安全生产管理信息化是各个行业持续、健康发展的必然选择，是促进企业生产力、增强竞争力的关键环节。

随着现代安全科学管理理论、安全工程技术及计算机软硬件技术的发展，我国在工业安全生产领域应用计算机作为安全生产管理辅助和事务信息处理的手段方面取得了长足的进步，各个政府部门和研究单位围绕这一课题做了大量的研究开发与应用。《国家安全生产"十一五"规划》(2006—2010)把"建立安全生产信息平台"作为主要任务;《国家安全生产"十二五"规划》(国办发2011年47号)把"推进安全生产监管监察信息化建设"作为主要任务。这些体现了国家对安全生产信息化的高度重视。如果把安全生产喻作一个系统，安全生产信息管理在形式上就是其一个核心要素。当安全生产系统伴随着经济的持续、快速发展，安全生产信息管理与安全生产信息化建设也要与时俱进，与之适应。安全信息管理综合了安全管理学理论、系统科学理论、计算机科学(包括数据库开发与设计、网络通信基础、人工智能理论、软件工程等)、数学科学(包括数理统计、运筹学、数学建模、模糊数学等)等知识，其目的是使学习者能充分了解安全生产信息化建设的现状，理解安全管理与安全信息管理的内在关系，学习安全信息管理的基本概念、基本原理及基本方法，在此基础上，掌握安全管理信息系统的分析、设计、实施、维护的方法与应用。

全书共分8章，包括安全信息管理概述、安全信息管理理论基础、安全信息管理计算机软硬件基础、安全信息管理与数据库技术、安全管理信息系统设计开发与实施、企业与政府安全管理信息系统开发与应用示例、安全信息管理技术的新发展与新方向等内容。附录部分为安全管理信息系统试验开发环节与内容，供学习者练习时使用。

本书在内容安排上，力求做到概念准确、特点突出。除了理论知识点清晰外，注重理论联系实际，多数的理论方法都对应着相应的实例应用，对学习者扩大知识面、提高分析问题、解决问题的能力十分有裨益。此书可以作为高校安全工程学科专业课教材使用，也可作为工具书籍，供工程技术人员在构建安全管理信息系统时参考使用。

由于时间紧迫及水平有限，不当之处在所难免，敬请专家学者及广大读者不吝赐教。

作者

目　录

第1章 绪 论

学习目标

1. 理解安全生产管理与安全信息管理的关系。
2. 了解安全管理信息化发展现状。
3. 知道安全信息管理的研究对象。
4. 知道安全信息管理的研究内容。
5. 知道安全信息管理的研究方法。

1.1 安全管理与安全信息管理的关系

安全管理是管理科学的一个重要分支，它是为实现安全目标而进行的有关决策、计划、组织和控制等方面的活动。主要运用现代安全管理原理、方法和手段，分析和研究各种不安全因素，从技术上、组织上和管理上采取有力的措施，解决和消除各种不安全因素，防止事故的发生，进而达到本质安全状态。

安全生产管理的发展大致可分为四个阶段，即早期经验管理阶段、依靠立法及制定标准程序约束阶段、系统安全工程及管理阶段、安全文化约束阶段。这四个阶段中，最具影响力的理论是系统安全工程理论。系统安全工程是采用系统工程的原理和方法，识别、分析和评价系统中的危险性，并根据其结果调整工艺、设备、操作、管理、生成周期和投资费用等因素，使系统所存在的危险因素能得到消除或控制。使事故的发生减少到最低程度，从而达到最佳安全状态。

20世纪末，随着现代制造业和航天技术的飞速发展，人们对职业安全卫生问题的认识也发生了很大变化。安全生产成本、环境成本等成为产品成本的重要组成部分，职业安全卫生问题成为非官方贸易壁垒的利器。在这种背景下，“持续改进”、“以人为本”的职业健康安全管理理念逐渐被企业管理者所接受，以职业健康安全管理体系为代表的企业安全风险管理思想开始形成。当这些思想与系统安全工程相结合就产生了安全管理体系(Safety Management System，SMS)，也称作安全管理系统。

安全信息是反映安全生产事务之间差异及其变化的一种形式，是安全生产事务发展变化及运行状态的外在表现。安全信息管理是人类为了有效地开发和利用安全信息资源，以现代信息技术为手段，对安全生产信息资源进行计划、组织、领导和控制的社会活动。安全信息管理的过程包括安全生产信息收集、传输、加工、利用和储存等一系列过程。

安全信息的本质是安全管理、安全技术和安全文化的载体。安全信息管理对安全信息的收集、处理和利用过程就是一种安全管理过程。运用安全管理体系来进行安全生产管理，是当前企业最先进的安全管理模式，安全管理与安全信息管理的关系可用图 1-1 来描述。在这种模式中，安全信息管理充当了安全管理系统发动机的角色，为体系的持续改进提供源源不断的动力，安全信息管理在形式上是安全管理体系的一个要素，但是在管理内涵上却是贯穿了整个管理活动的始终。

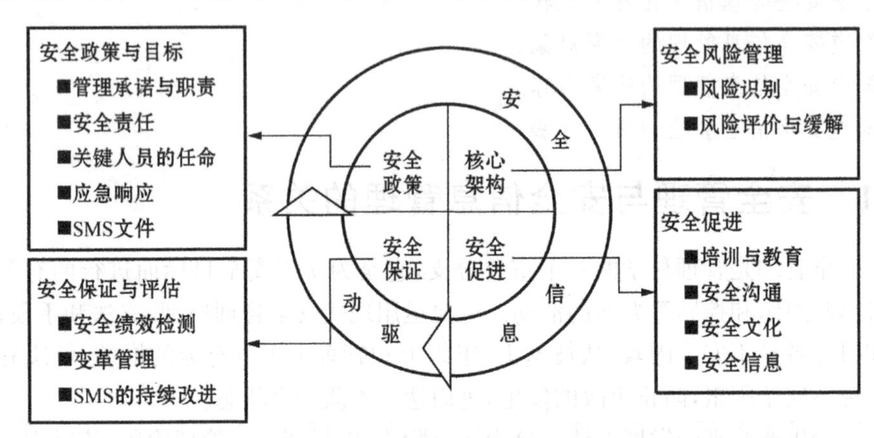

图 1-1 安全管理体系示意图

用人工来管理生产过程中与安全相关的安全信息，对一个信息量不大、渠道不复杂的从事简单生产的小企业来说，或许还可以，但是对于拥有成千上万的大型企业或企业集团而言，就是一种灾难。为了应对这种新的挑战，安全信息管理以及安全管理信息系统便应运而生。大力推行安全生产信息化技术的建设，已经成为政府和企业开展各种安全管理和监督工作的必然趋势。

1.2 安全管理信息化发展现状

20 世纪 80 年代以来，人类最伟大的变革莫过于信息技术快速发展并得到广泛应用。加快实现社会各个领域的信息化是必然选择，是促进生产力、增强竞争力的关键环节。信息化变革也为安全管理信息化、现代化提供了机遇和可能。

1.2.1 发达国家安全管理信息化建设现状

国外发达国家早在 20 世纪 70 年代就已将计算机技术逐步应用于安全科学的开发研究中。除了利用计算机进行安全系统工程的基本事件分析，如事故分析，故障分析等，还将计算机的数据库技术广泛应用于安全信息管理。欧美等发达国家都建立了自己的安全工程技术数据库并开发了符合自己综合管理需要的系统。这些综合智能集成系统将安全信息的采集、安全评价、专家决策、危险源辨识、故障诊断等技术集成化,并已在一些重要企业和部门应用。

1. 美国——安全生产业务信息系统

美国矿山安全信息中心建有安全生产业务信息系统,负责网络管理和数据处理方面的工作,包括采集矿山危险源实时数据,对数据进行分析判断和预测,发现事故隐患,记录整改情况,通知现场安全监察员进行监察等内容。该系统同时还能在网上接收现场安全监察员每日的报告,对执法情况进行分析统计,确定工作重点,进行人员调配,发布每日安全生产信息,第一时间通报安全事故等相关任务。美国对灾害事故救援也大量采用了现代通信、信息网络、数据库、视频等技术,推行计算机模拟、虚拟现实等信息化新技术在矿山中的应用,大幅度减少了煤矿挖掘中的意外险情,不仅提高了矿山安全水平,还提高了救援效率。类似系统还出现在德国、英国、南非及印度,这些国家普遍利用现代网络化技术建立先进的管理信息系统,实现统一管理、数据规范和资源共享,为本国安全生产监管工作提供了信息化技术平台。

美国职业安全健康局隶属于美国劳工部,担任着全美 1.5 亿工人的职业安全与健康保障执法监察工作。美国职业安全健康局在全美设有 120 间办公室,2 200 个监察员,通过完善的网络与这些下属机构保持着紧密的联系。为促进工人职业安全健康工作的开展,美国职业安全健康局建有完善的网络培训体系,针对不同的行业提供相应的职业安全健康培训,同时在其门户网站建有智能专家咨询系统,提供在线咨询问答,以及数据库(如化学事故危害阀值等数据库)供需要的企业和工人查询。另外还建有在线安全交流系统,员工和股东可通过在线资源、信息文档和其他方式进行安全培训和信息沟通。

2. 德国——信息化提升矿山安全

德国煤矿企业大量应用先进信息化技术改善自身的矿山安全状况。德国煤矿工业集团利用"超越现实"提高安全性通讯技术、检查机器故障的"数字眼镜"以及"井下无线局域网"等新技术,全面改变井下矿工的工作方式,提高了矿山的安全管理水平。

"超越现实"是一种高安全性的通讯技术,可以彻底改变井下矿工的常规工作方式。矿工通过"数字眼镜"(检测机器故障的装置)查看出现故障的机器。电脑会给出非常详细的、有动画演示的维修步骤。矿工不需要亲自去检查机器,完全由电脑来检查并处理数据。电脑能自动识别物体,并提供相关信息。

德国煤矿采用该技术开采,可以实现全自动车辆自动选煤,这种全自动车辆通常在轨道上或是传送带上运行;运输路线上,每隔一段距离就安装有监视摄像机,若轨道或传送带上发现有可疑物体，运输车就自动停止。德国煤矿协会将这一技术称为“煤矿图像处理”。该技术软件可以区分“好的”和“坏的”物体，或是区别开原煤和杂物，而且在传送带传送速度很快、照明差、低温和灰尘大等不利条件下也能正常分辨。它能部分代替矿工执行危险工序，如在恶劣地下环境中分拣煤等工序。

“井下无线局域网系统”，由德国石煤股份公司、德国矿冶技术有限公司及多家科研机构共同研制。这种技术利用安装在矿工头盔上的摄像头传送地下煤矿实时图像，并通过手机、耳麦等移动通讯设备，借助微型电脑进行数据传输等。如矿工在进行井下维修时，可在很短的时间内检索到有关维修的具体信息，随身携带的袖珍电脑能立即告知库存的配件，然后通过耳麦告知地上人员；如果出现意外情况，矿工可马上与电话服务中心的专家取得联系，专家借助矿工头盔上的摄像头传送的实时图片，身临其境般进行观察与诊断，并通过耳麦指导操作。这将大大缩短因故障而停工的时间，提高矿工工作效率，降低危险概率。

3. 英国——建立重大危险源控制系统

随着国际恐怖活动的加剧，人们愈来愈意识到危险品的运输很可能被恐怖分子所利用。一辆满载易燃、易爆、剧毒或放射性危险品的车辆撞向政府机构、电站、水坝、机场、闹市区等要害地点，将酿成惨剧，并对国家安全构成严重威胁。各国对移动危险源的关注已上升到了反恐的高度。欧美国家普遍发展了危险源辨识与评估技术，建立了大量的安全信息基础数据库。美国“9·11”事件以后，已将危险品的运输安全上升到了国家安全的高度，对车辆的跟踪和监控，尤其是危险品运输车辆的实时定位与监控系统，已被纳入国家应急信息系统中。

为控制危化品等重大危险源可能造成的伤害，英国健康安全执行局通过已建立的重大危险源控制系统，防止重大事故的发生并使事故产生的影响降至最小。近年来，采用全球卫星导航定位系统(Global Navigation and Positioning Satellite System，GPS)对危险品运输的全程进行实时的跟踪和监控，已经成为国际上通行的、行之有效的主要安全管理手段。

除上述3个国家外，欧盟国家也由欧洲化学工业协会(European Chemical Industry Council，CEFIC)组织实施了国际性的化学事故应急救援行动。CEFIC通过推行ICE计划(ICE计划是欧洲化学品公司之间的一项合作，以防止化学品事故并且当其发生时有效地作出反应。该计划为化学工业提供了一种使其专门知识可供国家应急主管部门利用的载体)，在欧盟国家内部和欧盟国家之间，建立运输事故应急救援网络，在该“网络”的运作下，在欧盟国家的产品发生事故时，都能得到有效的“救助”，从而使运输事故的危害在欧盟国家降到最低。具体做法是加入CEFIC组成国际性的应急网络。目前，欧盟国家下属10个化工协会都是CEFIC

的成员。CEFIC 所拥有的 2 000 多个成员企业，覆盖了整个欧盟地区。通过 ICE 计划建立了完备的应急网络。每个欧盟国家都建立了 ICE 国家中心，例如德国 ICE 中心为 TUIS，负责协调国家内部的应急救援行动，对外与其他国家中心联系，协调国际间的应急救援行动。

近年来，世界主要发达国家纷纷建设和完善各自的应急组织和机制，发布应急预案，开发相关的应急管理系统，促进国家、地方和各自部门之间的协调工作以及信息共享。作为突发公共事件的一大类，生产安全事故灾难的应急管理均纳入国家应急管理体系中，相应的安全生产应急平台也是整个应急平台体系的重要组成部分。发达国家普遍重视信息管理、风险分析、决策支持和协调指挥等应急管理技术的研究。建立统一协调、信息共享的应急平台体系是世界各国应急管理工作的主要发展趋势，它会在决策支持、信息共享、风险分析等应急技术方面提供良好的支持。

1.2.2 我国安全管理信息化建设现状

我国自 20 世纪 70 年代开始，随着现代安全科学管理理论及安全工程技术和计算机的软、硬件技术的发展，在工业安全生产领域应用计算机作为安全生产管理辅助和事务信息处理的手段。各个政府部门和研究单位在这一领域做了大量的研究开发和应用。

在石油和矿产勘探与开发行业，中国地质大学 20 世纪 80 年代承担并完成的地矿部“事故管理与分析系统”软件开发项目；新星石油公司华东石油局与中国地质大学合作开发了石油勘探开发安全生产多媒体综合管理系统，并于 1999 年底进行了鉴定。目前，我国石化行业开发使用的一些安全信息软件系统有《企业职工伤亡事故统计分析软件》、《职业安全卫生法规多媒体光盘手册》、《石油勘探开发事故预测决策支持系统》、《中国工业安全卫生国家标准光盘手册》、《石油工业安全行业标准光盘手册》、《职业安全卫生多媒体培训系统(AQPX 1.0 版)》、《石油工业安全多媒体培训系统(SPX 1.0 版)》、《事故树绘制与分析系统》、《职业安全卫生多媒体电子幻灯教材系列》等。

在民航领域，中国民用航空局建立了中国民用航空安全信息网以及中国民航航空安全管理信息系统，实现了全行业事故、事故征候、不安全事件等安全信息在网上进行强制报告和发布，具有信息创建、上报、修改、查询和统计等功能；民航安全科学研究所启动了中国航空安全自愿报告系统，用以收集全行业的航空安全自愿报告，并据此进行信息的整理与发布；中国民航局第二研究所研制了空管安全信息系统，该系统可分层次收集、存储、发布各种安全管理信息、不安全事件信息和运行保障数据等。实现这些信息的电子化、网络化。保证相关信息及时地传递到各级空管安全管理部门,加强和提高了整个空管系统的安全管理能力。

此外,20世纪90年代,原劳动部门开发了"劳动法规数据库"和"安全信息处理系统",在国家有关部门得到了应用。1999年,在原国家经贸委安全生产局的主持下,国家事故中心开发推广网上事故信息管理,在政府首先使用计算机网络技术进行事故信息管理。

"十一·五"期间,国家安全生产监督管理总局组织实施了安全生产信息系统一期工程,建成了覆盖国家安全监督管理总局和国家煤矿安全监察局机关、32个省级和116个地市级及其900个县级安全监管部门、24个省级煤矿安监局和73个煤矿安监分局的骨干网络系统、视频会议系统、IP电话和远程培训系统;建成了16个业务系统和10个数据库,基本构建了安全生产监督管理、煤矿安全监察、安全生产应急救援指挥机构的安全生产信息化的应用支撑平台。建筑事故快报系统和建筑施工企业许可信息管理系统建成使用;特种设备使用环节信息化网络基本建立;全国道路交通事故信息系统不断完善;海事信息网络基本建成,船舶动态管理系统应用范围进一步扩大;铁路全路综合移动通信系统逐步建立;民用航空安全综合管理信息系统初步构建;农机安全监督管理信息系统正在建设,渔业安全通信网已形成。

1.3 安全信息管理的研究对象、内容及研究方法

安全信息管理是一门综合了安全管理学理论、系统科学理论、计算机科学(包括数据库开发与设计、网络通信基础、人工智能理论、软件工程等知识)、数学科学(包括数理统计、运筹学、数学建模、模糊数学等知识)等学科的综合性交叉性学科。

1.3.1 安全信息管理的研究对象

安全信息管理作为一门学科,有其自身的研究对象。安全信息管理是一个综合的人机系统,该系统包括了四个基本对象,即安全、管理、信息、系统,如图1-2所示。

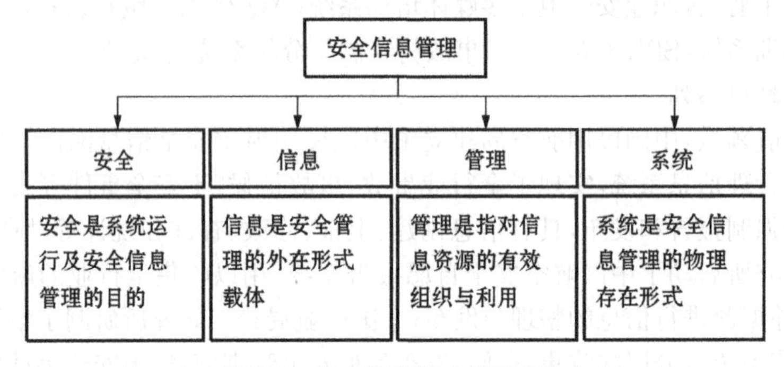

图1-2 安全信息管理研究对象

安全是系统运行及安全信息管理的目的。以系统安全工程的角度来理解，安全信息管理中的安全应该突出如下几层含义。

其一，安全是指客观事物的危险程度能够为人们普遍接受的状态。

可以看出，该理解明确指出了安全的相对性及安全与危险之间的辩证关系，即安全与危险不是互不相容的。当系统的危险性降低到某种程度时，系统便是安全的，而这种程度即为人们普遍接受的状态。如骑自行车的人不带头盔并非没有头部受伤的危险，只是人们普遍接受了该危险发生的可能性；而对于骑摩托车，交通法规明确规定骑乘者必须戴头盔，是因为发生事故的严重性和可能性都难以接受；自行车赛车运动员必须戴头盔，也是国际自行车联合会在经历了一系列的事故及伤害之后所做出的决策。同样是骑车，要求却不一样，体现了安全与危险的相对性。

其二，安全是指没有引起死亡、伤害、职业病或财产、设备的损坏或损失或环境危害的条件。

此理解来自美国军用标准《系统安全大纲要求》(MIL-STD-382C)。该标准是美国军方与军品生产企业签订订购合同时约束企业保证产品全寿命周期安全性的纲领性文件，也是系统安全管理基本思想的典型代表。从 1964 年问世以来，历经 882、882A、882B、882C、882D 若干个版本。对安全的定义也从开始时仅仅关注人身伤害，进而到关注职业病，财产或设备的损坏、损失直至环境危害，体现了人们对安全问题认识进化的全过程，也从一个角度说明了人类对安全问题研究的不断扩展。

其三，安全是指不因人、机、媒介的相互作用而导致系统损失、人员伤害、任务受影响或造成时间的损失。

该种理解又进一步把安全的概念扩展到了任务受影响或时间损失，这意味着系统即使没有受到直接的损失，也可能是安全科学关注的范畴。

安全信息管理所指的“管理”是指对信息资源的有效组织与利用。即如何进行安全信息的采集、处理、存储、检索、传输和维护，也可以理解为为保障生产安全而采用的各种管理手段，如安全检查、安全评价、安全目标管理、隐患排查、安全教育、应急管理，以及各种安全法规与安全管理制度的实施，并以信息系统的形式加以体现。

安全信息是安全管理的外在形式载体，是管理系统的基础和核心。通过对安全信息的分类与设计，以便利用现代计算机技术和信息技术对安全信息资源进行有效管理，进而实现安全管理事务的有序化、系统化和自动化，达到保障安全生产和非生产过程安全的目的。

系统是安全信息管理的物理存在形式。系统是由要素组成的，诸要素之间相互联系，有相互作用，如何利用动态相关性原则、整分合原则、弹性原则、反馈原则、封闭原则以确定安全管理信息系统的关键要素，以及应该具备什么功能并如何实现这些功能，这些都必须以系统的观点和方法来设计和加以实现。

安全信息管理四个要素相互影响、相互作用的结果就是实现保持社会和生产全过程的总体安全状况的目的。只有从四个要素内部及它们之间的联系出发，才能真正对安全信息管理进行深入的研究。

1.3.2 安全管理信息系统的研究内容

安全管理信息系统的研究内容主要包括两方面：一是各种安全信息资源管理的软机制，也就是研究安全信息的形成机制、处理过程及方法、有效利用的模型及分析的理论和方法；二是利用现代的计算机及信息技术建立实现从初始数据到最终有用信息全部操作过程的安全信息管理系统。

1.3.3 安全信息管理研究方法

安全信息管理是一门边缘学科，它是安全科学、管理理论、信息技术、数学建模理论方法和系统科学的混合体。从技术的角度来说，信息学方法、数学建模方法和系统方法是安全信息管理研究的基础；从管理的角度来讲，系统安全方法、管理行为方法及经济学的技术经济方法是安全信息管理研究的前提。

1. 系统安全方法

系统安全理论认为，安全是一种相对的状态。首先，系统安全管理特别强调"安全指导生产，安全第一"，它要求一切经济部门必须高度重视安全，把"安全第一"作为一切工作的指导思想和每个人的行为准则，并要求将安全贯穿于生产全过程；其次，系统安全管理方法是事先预测型——安全评价型。并从系统工程的观点分析，查找事故影响因素，并通过风险评估、分析，制定消除或控制风险的管理措施；最后，通过实施全员、全方位、全过程的风险控制管理，形成有机协调、自我控制、自我完善的安全管理运行模式，有效控制危险源，消除人的不安全行为、物的不安全状态，保证系统的安全运行。这些是系统安全观点对安全及安全管理最核心的诠释，运用系统安全研究方法进行安全管理信息系统研究时，就是在安全管理信息系统构建时，以系统安全的观点，理解安全的定义以及管理的全过程，并在此基础上完成安全信息收集、整理、利用以及安全管理信息系统设计、开发、运行实施等工作，使构建的系统能为安全管理工作带来最大的便利，最准确的决策支持。

2. 信息研究方法

信息研究方法是利用信息来研究系统功能的一种科学研究方法。美国数学、通讯工程师、生理学家维纳认为，客观世界有一种普遍的联系，即信息联系。当前，正处在"信息革命"的新时代，有大量的信息资源，可以开发利用。信息方法就是根据信息论、系统论、控制论的原理，以信息的运动作为分析和处理问题的基础，它完全撇开系统的具体运动形态，把系统的有目的的运动抽象为信息变换过程，即信息的输入、存储、处理、输出、反馈过程，如图 1-3 所示。通过对信息的收集、传递、加工和整理获得知识，并应用于实践，以实现新的目标。信息方法是一种新的科研方法，它以信息来研究系统功能，揭示事物的更深一层次的规律，帮助人们提高和掌握运用规律的能力。

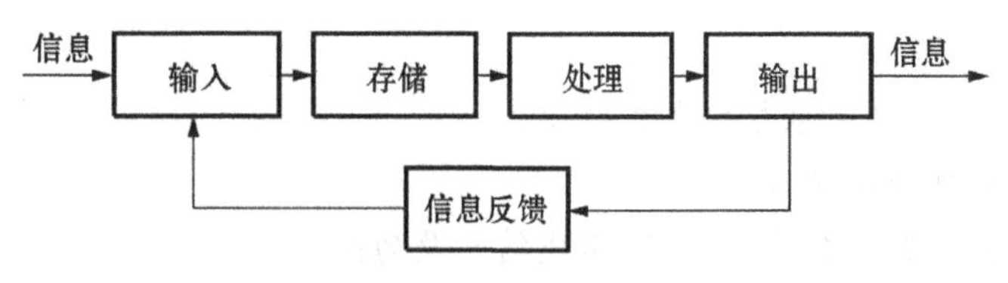

图 1-3 信息研究方法

3. 系统研究方法

系统科学是 20 世纪 40 年代以后迅速发展起来的一个横跨各个学科的新的科学部门，它从系统的着眼点或角度去考察和研究整个客观世界，为人类认识和改造世界提供了科学的理论和方法。它的产生和发展标志着人类的科学思维由主要以“实物为中心”逐渐过渡到以“系统为中心”，是科学思维的一个划时代突破。我们可以把一个复杂的咨询项目看成为系统工程，通过系统目标分析、系统要素分析、系统环境分析、系统资源分析和系统管理分析，可以准确地诊断问题，深刻地揭示问题起因，有效地提出解决方案和满足客户的需求。

一般认为安全管理信息系统属于系统科学的范畴较为贴切。因为安全管理信息系统是涉及社会因素和技术因素的人机工程，是一个庞大的系统工程，必须用系统科学的理论和方法来分析、研究、建设和管理。

4. 数学建模方法

数学建模方法是用数学符号、数学式子、程序、图形等对实际课题本质属性的抽象而又简洁的刻画，它或能解释某些客观现象，或能预测未来的发展规律，或能为控制某一现象的发展提供某种意义下的最优策略或较好策略。

5. 调查研究方法

调查法是科学研究中最常用的方法之一。它是有目的、有计划、有系统地搜集有关研究对象现实状况或历史状况的材料的方法。调查方法是科学研究中常用的基本研究方法，它综合运用历史法、观察法等方法以及谈话、问卷、个案研究、测验等科学方式，对研究对象进行有计划的、周密的和系统的了解，并对调查搜集到的大量资料进行分析、综合、比较、归纳，从而为人们提供规律性的知识。

调查法中最常用的是问卷调查法，它是以书面提出问题的方式搜集资料的一种研究方法，即调查者就调查项目编制成表式，分发或邮寄给有关人员，请其填写答案，然后回收整理、统计和研究。

第 2 章　安全信息管理基础

学习目标

1. 知道数据、知识等信息相关基本概念。
2. 知道安全信息的定义与分类。
3. 知道安全信息管理系统的定义、组成结构及功能。
4. 知道事故安全信息的定义、分类及统计分析方法。
5. 理解信息化与信息资源管理。
6. 理解安全信息的特性、功能、管理流程与使用要点。
7. 理解常用安全信息管理中风险评估方法。
8. 了解管理信息系统的发展与常见管理信息系统。

2.1　信息的基本知识

2.1.1　信息论的产生与发展

信息论是一门用数理统计方法来研究信息的度量、传递和变换规律的科学。它主要是研究通讯和控制系统中普遍存在着的信息传递的共同规律以及研究最佳解决信息的获取、度量、变换、储存、传递等问题的基础理论。信息论的研究范围极为广阔。一般对信息论有三种理解：

(1) 狭义信息论。是一门应用数理统计方法来研究信息处理和信息传递的科学。它研究存在于通讯和控制系统中普遍存在着的信息传递的共同规律，以及如何提高各信息传输系统的有效性和可靠性的一门通讯理论。

(2) 一般信息论。主要也是研究通讯问题，但还包括噪声理论，信号滤波与预测、调制与信息处理等问题。

(3) 广义信息论。广义信息论不仅包括狭义信息论和一般信息论的内容，而且还包括所有与信息有关的领域，如心理学、语言学、神经心理学、语义学等。

人类利用信息的历史可以追溯到远古时代，结绳记事和 2 700 多年前我国周朝幽王时期用烽火为号等都是存储信息、传递信息和利用信息的原始形式。到 19 世纪末叶，光通讯被有线电通讯所取代，之后又出现了无线电通讯。通讯手段的日益革新，意味着传递信息的方法越来越改善，信息的重要性也就越来越突出，研究信息的理论也因此而产生。

现代信息论是从20世纪20年代奈奎斯特和哈特莱的研究开始的。他们最早研究了通讯系统传输信息的能力,并试图度量系统的信息容量。但是,信息论真正作为一门新的学科,却是在20世纪40年代后期才形成的。1948年美国贝尔电话研究所的数学家香农发表了《通讯中的数学问题》,1949年又发表了《噪声中通讯》,从数学上研究了定量描述信息的方法以及如何尽快传递、处理信息的原理,奠定了信息论的基础。从此信息论作为一门科学在自然科学中有了自己的地位,香农也因此成为了信息论的奠基人。

信息论产生以后得到迅速发展。20世纪50年代是信息论向各门学科冲击的时期。60年代信息论不是重大的创新时期,而是一个消化、理解的时期,是在已有基础上进行重大建设的时期,研究的重点是信息和信源编码问题。到70年代,由于数字计算机的广泛应用,通讯系统的能力也有很大提高,如何更有效地利用和处理信息,成为日益迫切的问题。人们越来越认识到信息的重要性,认识到信息可以作为与材料和能源一样的资源而加以充分利用和共享。如今,人们已把早先建立的有关信息的规律与理论广泛应用于物理学、化学、生物学、心理学、管理学等学科中去。一门研究信息的产生、获取、变换、传输、存储、处理、显示、识别和利用的信息科学正在形成。

2.1.2　信息的定义

客观世界的三大要素是物质、能量和信息。人类对信息的认识较前两者要晚一些,直到20世纪50年代,由于科学技术的进步,特别是微电子学的发展,使得信息与知识的传递、知识与情报的交流,才得以使信息的研究在空间和时间上达到空前的规模。

对于“信息”这个古老而又现代化的概念,其准确的定义直到今天也没有得到统一。国内外关于“信息”的定义说法有39种之多,尚处于可意会而不易言传的阶段。例如:

(1) 维纳认为“信息就是信息,不是物质也不是能量”。

(2) 美国数学家、信息论创始人克劳德·艾尔伍德·香农(Claude Elwood Shannon)认为“信息是不确定性的减少”、“信息是用来消除随机不确定性的东西”。

(3) 钟义信认为“信息是事物的运动状态及其状态变化的方式”。

(4) 中国《辞海》对于信息的释义有三种:①音信:消息;②信息论中指用符号传送的报道,报道的内容是接收符号者预先不知道的;③事物的运动状态和关于事物运动状态的陈述。

(5) 国际标准化组织(International Organization for Standardization,ISO)认为“信息是对人有用的、影响人们的有用资料”。

(6)《国家经济信息系统设计与应用标准化规范》对信息的定义是“构成一定含义的一组数据”。

一般认为信息是客观存在的一切事物通过载体所发生的消息、情报、指令、数据、信号和所包含的一切可传递和交换的知识内容。信息是表现事物特征的一种普遍形式,或者说信息是反映客观世界各种事物的物理状态的事实之组合。不同的物质和事物有不同的特征,不同的特征会通过一定的物质形式,如声波、文字、电磁波、颜色、符号、图像等发出不同的消息、情报、指令、数据、信号。这些消息、情报、指令、数据、信号就是信息。信息是自然界、人类社会和人类思维活动中普遍存在的一切物质和事物的属性。

在信息系统中,信息的定义是指数据经过加工处理后得到的另一种形式的数据,这种数据在某种程度上影响接收者的行为。这一点,在数据与信息的关系上反映的尤为明显,如图 2-1 所示。

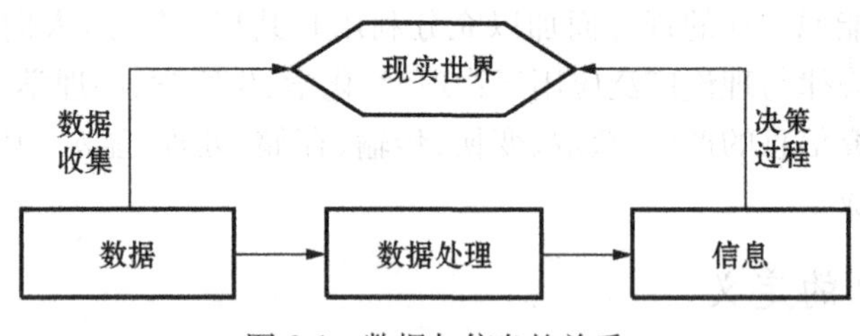

图 2-1 数据与信息的关系

与信息相关的几个术语:

(1) 数据:又称资料,是记录下来可以被鉴别的符号,是对客观事物的性质、状态以及相互关系等进行记载的物理符号或者是这些物理符号的组合。它是可识别的、抽象的符号。这些符号不仅指数字,而且还包括字符、文字、图像、音频及视频文件。其表现形式如表 2-1 所示。

表 2-1 数据表现形式

数据类型	表现形式
数值数据	数、字母和其他符号
图形数据	图形或图片
声音数据	声音、噪音或音调
视频数据	动画、影视文件
模糊数据	优秀、良好、一般等

数据是符号,是物理性的。信息是对数据加工处理之后所得到的并对决策产

生影响的数据,是逻辑性的,即观念性的。数据是信息的表现形式,信息是数据有意义的表示。数据经过处理后,其表现形式仍然是数据,处理数据的目的是为了便于更好地解释。只有经过解释,数据才有意义,才成为信息。对同一数据,每个信息接受者的解释可能不同,对其决策的影响也可能不同。决策者利用经过处理的数据作出决策,可能取得成功,也可能得到相反的结果,关键在于对数据的解释是否正确,这是因为不同的解释往往来自不同的背景和目的。

(2) 认识:人对客观事物的了解程度。信息是客观世界各种事物的特征反映。客观世界中任何事物都在不停地运动和变化,呈现出不同的特征。这些特征包括事物的有关属性状态,如时间、地点、程度和方式等。人们对事物的了解,一般会经过从模糊到逐步清晰、从局部到全面的过程。因此可以认为,信息是认识的增量。

(3) 消息:内容不确定的信息。常指报道事情的概貌而不讲述详细的经过和细节,以简要的语言文字迅速传播新近事实的新闻体裁。

(4) 情报:是指被传递的知识或事实,是知识的激活,是运用一定的媒体(载体),越过空间和时间传递给特定用户,解决科研、生产中的具体问题所需要的特定知识和信息。

(5) 知识:是一种特定的人类信息,是整个信息的一部分。在一定的历史条件下,人类通过有区别、有选择的信息,对自然界、人类社会、思维方式和运动规律进行认识与掌握,并通过大脑的思维使信息系统化,形成知识。知识是存在于一个个体中的有用信息。这是人类社会实践经验的总结,是人的主观世界对客观世界的真实反映和理论概括。所以,社会实践是知识的源泉,信息是知识的原料,知识是经过系统化的信息。智能是为了达到某些特定的目的而运用这些信息的能力。

(6) 信息运动的三要素:信源,信息的发生者;信宿,信息的接收者;载体,传播信息的媒介。

(7) 信源和信宿之间信息交换的途径与设备称为通道。

人类社会的进步,就是人们根据获得的信息去感知世界、认识世界、改造世界。也是创造知识,利用知识、积累知识、发展知识的过程。

2.1.3 信息的分类与性质

信息可以从不同的角度进行分类,同一信息由于归类的标准不同,可以属于不同的类别,如图2-2所示。

(1) 按照信息的来源分类,可以分为外部信息与内部信息。

外部信息是指企业以外产生但与企业运行环境相关的各种信息。其主要职能

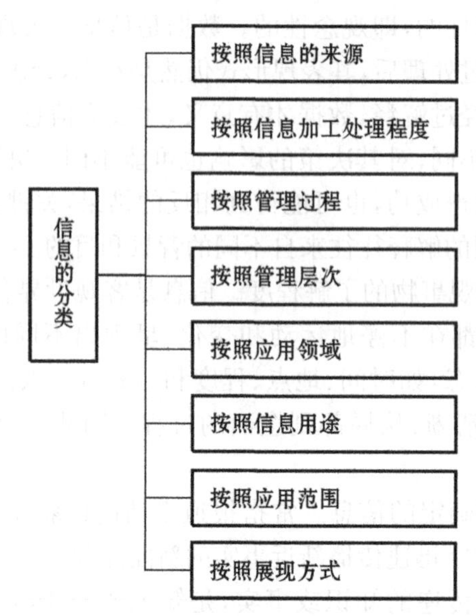

图 2-2 信息分类方式

是，在企业经营决策时作为分析企业外部条件的依据，尤其在确定企业中长期战略目标和计划时起重要作用。企业外部信息包括：国家相关政策法规，社会习惯、风俗、时尚的变化，市场需求、消费结构、消费层次的变化，竞争企业信息，科学技术发展信息，突发事件等。这些信息对企业决策至关重要。

内部信息是指各单位在公务活动和内部管理中，对公司工作秩序以及正常生活秩序产生影响的所有信息。内部信息反映企业内部情况，企业内部信息很多，归纳起来主要有：

➢ 反映企业管理部门的信息。例如企业的计划、组织、指挥、控制等。

➢ 反映企业生产活动方面的信息。例如车间，班组的生产情况和各种记录、生产调度、产品质量、设备状况以及各种定额、标准，制度、安全等。

➢ 反映企业经济方面的信息。例如财务、会计、统计上的各种账簿、原始记录、凭证、报表以及资金、成本、价格等。

➢ 反映生产技术方面的信息。例如工艺流程，各项专业技术水平。新产品的研制与开发等。

➢ 反映企业人事教育方面的信息。例如职工队伍知识结构、干部素质、人事关系、教育和培训等。

内部信息主要来自企业的计划和总结、企业的经营策略和经营预测及决策资料、企业的经济活动分析资料、企业的各种数字记录（包括会议记录、统计记录、业务记录）、企业内部简报等。内部信息是企业进行中底层战术决策的主要依据。

(2) 按照信息处理加工程度来分类,可分为原始信息和加工信息。原始的信息是指基层单位的原始记录,即用数字和文字对某一项活动做最初的直接记载,这是最广泛、最基本、最经常、最大量的信息资料,也是信息工作的基础,它对于信息的质量有决定影响。对原始信息进行加工处理,即成为适合于各级管理层需要的加工信息。

(3) 按照管理过程来分类,可分为计划信息、控制信息和作业信息等。计划信息主要是为确定组织目标以及为达到某种目标所需以及产生的各种有关信息。控制信息是为进行控制所需的各种信息,主要包括标准,实际执行情况以及实际与标准的偏差三类。作业信息是指与组织日常活动有关的各种信息,如有关各种经济业务的发生以及会计报表的编制,各种存货管理以及采购业务、生产进度的安排和调节等信息。

(4) 按照管理层次来分类,可分为战略信息、战术信息、作业信息。

(5) 按照应用领域来分类,可分为政治信息、军事信息、经济信息、经济技术信息、科学技术信息以及社会生活信息等。实际上各种信息之间,并没有严格的界限,如政治信息和军事信息、军事信息和科学技术信息等,彼此之间,有相当部分是相互交叉的。

(6) 按照信息用途来分类,可以分为描述性信息和预测性信息。描述性信息描述和反映的是已经发生的管理活动和管理过程的相关信息。预测性信息又称前瞻性信息或者未来导向信息。决策与计划是面对未来的。因此不能只研究过去的历史,还必须提供提示未来,预测未来的信息。

(7) 按照应用范围来分类,可以分为宏观信息、微观信息。

(8) 按照展现方式不同来分类,可以分为数字信息、文字信息、图像信息和音频信息等。

现代管理所需要的信息是多种多样的。它们的作用和处理方式也各有特点,必须分门别类地进行收集、研究和分析。

信息具有如下性质:

(1) 事实性。信息具有事实性,是客观事实的反映。不反映客观事实的信息不仅没有价值,而且可能对他人,对社会造成危害。

(2) 时效性。是指信息从大众媒介发出到受众接收、利用的时间间隔及其效率。从发出信息到利用信息的时间间隔越短,信息的时效性越高,越具有利用价值。此外,信息的时效性和价值性是紧密联系在一起的,如果信息本身就没有价值,也就无所谓时效性了。

随着大众传播科技的飞速发展,人们对信息时效性有增无减的需求将会得到进一步满足,信息传播与接收将会越来越快。在时间面前,信息是易碎品。即使是十分真实的、很有价值的信息,一旦失去了时效,它就会变成无人问津的东西。人们对时效性的追求，是没有止境的。

(3) 不完全性。关于客观事实的知识是不可能全部得到的，数据收集或信息转换要有主观思路，否则只能是主次不分。

(4) 等级性。管理系统是分等级的，处在不同级别的管理者有不同的职责，处理的决策类型不同，需要的信息也不同，因而信息是分等级的。通常把信息分为战略级、战术级、作业级三类。不同层级信息的特征如表 2-2 所示。战略级信息是关系到全局和重大问题决策的信息，它涉及上层管理部门对本部门要达到的目标，关系到为达到这一目标所必需的资源水平和种类，以及确定获得资源、使用资源和处理资源的指导方针等方面；战术级信息是管理控制信息，是使管理人员能够掌握资源利用情况，并将实际结果与计划相比较，从而了解是否达到预定目的，并指导其采取必要措施，更有效地利用资源的信息；作业级信息是用来解决经常性的事务问题，它与组织日常活动有关，并用以保证切实地完成具体任务。

表 2-2 不同管理层次的信息特性

信息层级 / 信息特性	运行控制	管理控制	战略管理
来源	系统内部	内部	外部
范围	确定	有一定确定性	很宽
概括性	详细	较概括	概括
时间性	历史	综合	未来
流通性	经常变化	定期变化	相对稳定
精确性要求	高	较高	低
使用频率	高	较高	低

(5) 价值性。信息是经过加工并对生产经营活动产生影响的数据，是劳动创造的，是一种资源，因而是有价值的。信息价值的衡量方法有两种：一种是按使用生产信息所花的社会必要劳动量来计算；二是按信息的使用效果来计算。第一种方法称为内在方法，用于生产信息的单位。其计算公式为：

$$V = C + P \tag{2-1}$$

式中：V——信息产品的价值；

C——生产信息所花费成本；

P——产品利润。

(6) 变换性。信息根据使用者的需求可以用不同的载体来载荷，是可变换的。

(7) 冗余性，即可压缩性。信息往往带有多余的成分，可以进行加工提炼、综合概括而不至于丢失其本质。对于表达有关信息的各种形式,如公式、计算机程序、图像、文字和语言来说,其冗余性是依次递增的。

(8) 共享性,即非损耗性。信息与物质、能量的转换不同,信息进行交换后,传送和接收信息的双方都拥有了信息。因此,信息的总量呈指数增长趋势,即通常所说的“知识爆炸”。如何不断地获取和管理信息,学习、掌握与更新知识,是企业和个人都应该注意的问题。

(9) 传递性,即扩散性。信息的传递性是指信息能通过一定的传播方式打破时间和空间的限制,例如:通过书籍报刊我们能够了解他人的思想学习经验,通过广播电视网络了解世界各地发生的许多事情等。

(10) 真伪性,即可处理性。所说的真伪性是指信息真真假假、虚虚实实,一些和客观事实相符,一些与客观事实不相符,例如:“明修栈道、暗度陈仓”、诸葛亮的“空城计”等。信息的可处理性是指信息的价值通过一定的加工,才能体现出来,例如:“玉不琢,不成器”等。

2.1.4　信息资源

信息资源一词最早出现于沃罗尔科的《加拿大的信息资源》。信息资源是企业生产及管理过程中所涉及的一切文件、资料、图表和数据等信息的总称。它涉及企业生产和经营活动过程中所产生、获取、处理、存储、传输和使用的一切信息资源,贯穿于企业管理的全过程。信息同能源、材料并列为当今世界三大资源。信息资源广泛存在于经济、社会各个领域和部门。是各种事物形态、内在规律、和其他事物联系等各种条件、关系的反映。随着社会的不断发展,信息资源对国家和民族的发展,对人们工作、生活至关重要,成为国民经济和社会发展的重要战略资源。它的开发和利用是整个信息化体系的核心内容。

对于信息资源,有狭义和广义之分:

(1) 狭义的信息资源,指的是信息本身或信息内容,即经过加工处理,对决策有用的数据。开发利用信息资源的目的就是为了充分发挥信息的效用,实现信息的价值。

(2) 广义的信息资源,指的是信息活动中各种要素的总称。“要素”包括信息、信息技术以及相应的设备、资金和人等。

狭义的观点突出了信息是信息资源的核心要素,但忽略了“系统”。事实上,如果只有核心要素,而没有“支持”部分,例如技术、设备等,就不能进行有机的配置,不能发挥信息作为资源的最大效用。

归纳起来,可以认为,信息资源由信息生产者、信息、信息技术三大要素组成:

(1) 信息生产者是为了某种目的的生产信息的劳动者,包括原始信息生产者、信息加工者或信息再生产者。

(2) 信息既是信息生产的原料,也是产品。它是信息生产者的劳动成果,对社会各种活动直接产生效用,是信息资源的目标要素。

(3) 信息技术是能够延长或扩展人的信息能力的各种技术的总称,是对声音、图像、文字等数据和各种传感信号的信息进行收集、加工、存储、传递和利用的技术。信息技术作为生产工具,对信息收集、加工、存储和传递提供支持与保障。

2.1.5 信息资源管理

信息资源管理(Information Resource Management,IRM)是20世纪70年代末80年代初在美国首先发展起来,然后渐次在全球传播开来的一种应用理论,是现代信息技术特别是以计算机和现代通信技术为核心的信息技术的应用所催生的一种新型信息管理理论。

信息资源管理有狭义和广义之分。狭义的信息资源管理是指对信息本身即信息内容实施管理的过程。广义的信息资源管理是指对信息内容及与信息内容相关的资源如设备、设施、技术、投资、信息人员等进行管理的过程。

企业信息资源管理是企业整个管理工作的重要组成部分,也是实现企业信息化的关键,在全球经济信息化的今天,加强企业信息资源管理对企业发展具有非常重要的作用。信息资源管理理论认为:

(1) 信息资源与人力、物力、财力和自然资源一样,同为企业的重要资源。要像管理其他资源那样管理信息资源,信息资源管理是企业管理的必要环节,应纳入企业管理的预算。

(2) 信息资源管理包括数据资源管理和信息处理管理。数据资源管理强调对数据的控制,而信息处理管理关心管理人员在一条件下如何获取和处理信息,且强调企业信息资源的重要性。

(3) 信息资源管理是企业管理的新职能,产生这种新职能的动因是信息与文件资料的激增、各级管理人员获取有序信息和快速简便处理信息的迫切要求。

(4) 信息资源管理的目标是通过增强企业处理动态和静态条件下内外信息需求的能力来提高管理的效益。以期达到高效(Efficient)、实效(Effective)和经济(Economical)的最佳效果,也称3E原则,三者关系密切,互相制约。

(5) 信息资源管理的发展是具有阶段性的。共四个阶段,即物理控制、自动化技术管理、信息资源管理和知识管理,可以用推动力量、战略目标、基本技术、管理方法和组织状态等因素进行比较。中国的大部分企业尚处于前三个阶段,属于初中级水平阶段。

企业进行有效的信息资源管理,具体的实现途径包括:

(1) 提高企业各级管理人员对信息资源的认识。企业经营的基础在管理，重心在经营，经营的核心在决策。决策的正确与否是关系到企业生存和发展的大事，而决策的正确性是建立在准确预测的基础之上的，准确的预测又是建立在及时把握信息的基础之上。所以说“控制信息就是控制企业的命运，失去信息就失去一切”。我国企业各级人员，特别是管理人员要充分认识到信息资源在企业发展中的重要地位和作用，高层领导要从战略高度来重视信息资源的开发与运用，加大对信息资源管理的力度，提高企业的竞争力。

(2) 提高企业信息资源管理人员的素质。管理水平的高低取决于管理人员的能力和素质。企业要加强对信息资源管理的力度，首先要注重信息资源管理人才的培养、引进和任用。培养、任用具有经营头脑、良好信息素养、有较强专业技术能力、创新能力、市场运作及应变能力的复合型高级管理人才。

(3) 加强企业信息资源管理的基础工作。首先，企业应用先进的管理理论和方法加强企业生产经营管理，规范管理手段和方法，建立完善的规章制度，构建高效益的业务流程和信息流程。其次，是要建立一套标准、规范的企业信息资源库，使企业信息资源的获取、传递、处理、储存、控制建立在全面、系统、科学的基础之上，保证信息的完整、准确和及时。

(4) 改革企业管理体制建立健全信息资源管理机构。为了加强对企业信息资源的管理，必须调整旧的不适应信息资源管理的体制和组织机构。

首先，企业应按照信息化和现代化企业管理要求设置信息管理机构，建立信息中心，确定信息主管，统一管理和协调企业信息资源的开发、收集和使用。信息中心是企业的独立机构，直接由最高层领导并为企业最高管理者提供服务。其主要职能是处理信息，确定信息处理的方向，用先进的信息技术提高业务管理水平，建立业务部门期望的信息系统和网络并预测未来的信息系统和网络，培养信息资源的管理人员等。

其次，加快推行C10体制。由于信息资源是企业生存和发展的战略资源，信息资源管理必然贯彻“要一把手”原则。为此，我国政府应在体制和激励机制上，企业应在管理制度上，个人应在能力和素质养成上下功夫。

(5) 企业信息资源的集成管理。集成管理是一种全新的管理理念和方法。集成管理作为高科技时代的管理创新，正在逐渐渗透和应用到社会经济的各个领域。集成管理是企业信息资源管理的主要内容之一。实行企业信息资源集成的前提是对企业历史上形成的企业信息功能的集成，其核心是对企业内外信息流的集成，其实施的基础是各种信息手段的集成。通过集成管理实现企业信息系统各要素的优化组合，使信息系统各要素之间形成强大的协同作用，从而最大限度地放大企业信息的功能，实现企业可持续发展的目的。

2.1.6 信息媒体与信息活动

信息需要通过一定的物质载体来表示,这些用来表示信息的物质载体称为信息的表示媒,简称媒体。在工程实践中,可用的信息媒体种类很多,最常见的媒体包括声音、图像、文字、数据等等。利用多种媒体综合协调地表示多种类型的信息,则称为多媒体信息。从技术发展和社会进步的趋势来看,单媒体的信息服务将逐渐转变为多媒体的信息服务。

对于个体的人来说,信息活动的基本过程如图 2-3 所示。人的基本信息活动包括信息获取、信息传递、信息处理与再生、信息的使用等过程。

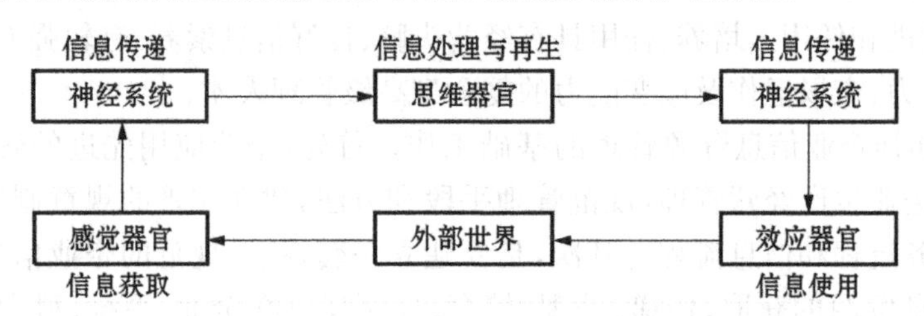

图 2-3 信息活动的基本过程

如果做进一步分解,信息获取包括信息感知、信息识别、信息提取等子过程;信息传递包括信息变换、信息传输、信息交换等子过程;信息处理与再生包括信息存储、信息检索、信息分析、信息加工、信息再生等子过程;信息使用包括信息转换、信息显示、信息调控等子过程。

信息基础结构是用以支持社会信息活动所需要的全部技术设施(或称信息基础设施)以及为了保证这些活动和设施有效运转所需要的社会环境和条件。信息基础设施系统模型如图 2-4 所示,它由感测系统、通信系统、智能系统和控制系统这四大要素所构成。其中,感测系统是人类感觉器官获取信息功能的延长,通信系统是人的神经系统传递信息功能的延长,智能系统是人的思维器官处理信息和再生信息功能的延长,控制系统是人的效应器官使用信息功能的延长。

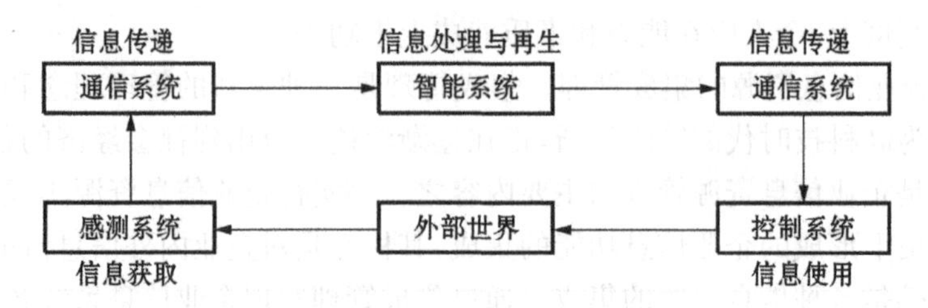

图 2-4 信息基础设施系统模型

模型中的“四大要素”还可以进一步说明如下：

(1) 感测系统包含能够在各种环境下感测各种信息的传感设备，包括摄像机、拾音器、场强计等；测量设备，如各种各样的仪器仪表等技术系统。

(2) 通信系统包含能够传输和交换各种信息的传输系统和交换系统，如光纤通信系统、卫星通信系统、微波通信系统、移动通信和个人通信系统、ATM交换系统等，以及覆盖指定服务面积的网络及网络组织体系等技术系统。

(3) 智能系统包含能够根据实际需要和针对各种目的对各种信息进行各种处理，并且在处理这些信息的基础上再生新信息的信息处理和信息再生系统，如各种数据库系统、计算机系统、决策支持系统、人工智能专家系统等。

(4) 控制系统包含能够根据策略信息的指示及引导对外部世界的各种对象的运动状态及其变化方式进行干预、调节和改变的各种执行系统，如各种各样的显示系统、伺服系统、调节系统和控制系统等。

但是，上述信息基础设施只是信息基础结构之中的技术设施。为了使这些技术设施能够有效地发挥实际作用，为人类提供好的信息服务，产生应有的实际效益，还必须具备一系列社会支持环境和条件。其中，最主要的有：支持信息基础设施的运转、生产、研究、开发以及提供各种信息服务的人才队伍；大量善于利用和喜爱利用信息服务的用户大军；保证信息基础设施有效运转和高质服务的规章制度、政策法规以及与此相适应的社会文明道德规范等。

2.1.7　信息化

信息化是近年来世界各国都非常关注的并具有深远影响的战略课题。与此相应，有关未来信息社会的种种构想与预测也在不同的杂志刊物中出现，以不同的方式被公众所了解。

信息化是指加快信息高科技发展及其产业化，提高信息技术在经济和社会各领域的推广应用水平并推动经济和社会发展前进的过程。它以信息产业在国民经济中的比重，信息技术在传统产业中的应用程度和国家信息基础设施建设水平为主要标志。信息化包括信息的生产和应用两大方面。

信息生产要求发展一系列高新信息技术及产业，既涉及微电子产品、通信器材和设施、计算机软硬件、网络设备的制造等领域，又涉及信息和数据的采集、处理、存储等领域。信息技术在经济领域的应用主要表现在用信息技术改造和提升农业、工业、服务业等传统产业上。

20世纪90年代以来，信息产业对国民生产总值增长的贡献率不断上升，已经成为当代经济发展的主要驱动力之一。由信息化驱动的经济结构调整，将大大提高各种物质和能量资源的利用效率，大大提高企业在市场经济中的竞争力。

信息化的任务十分广泛，涉及许多方面：

(1) 在社会经济的各种活动中，例如在政府、企业、组织的决策管理与公众的日常生活中，信息和信息处理的作用大大提高，从而使社会的工作效率与管理水平达到一个全新的水平。

(2) 为了提供满足各种需求的信息资源、信息产品和信息服务，各种不同规模、不同类型的信息处理系统建设起来，并进入稳定、正常的运行，成为社会生活不可缺少的、基本的组成部分。

(3) 为支持信息系统的工作，遍及全社会的通信及其他有关的基础设施，如计算机网络、数据交换中心、个人计算机等。为支持信息系统和基础设施，相关的信息技术得到充分发展，相应的设备制造产业也得到充分发展，为信息处理系统和通信系统的正常运行提供设备和技术保证。同时，它自己也已经发展成为国民经济中的一个庞大的、新兴的产业部门，并且在从业人数和产值份额上均占相当的比例。

(4) 与经济生活的变化相适应的法规、制度等经过一定时期的探索，已经逐步健全形成，并且走向完善，为全社会成员所了解和遵守。例如，关于信息产权的有关规则，关于通信安全与保密的有关规则等，特别是在政府与企业的各级管理中形成了有关信息的各种管理体制与管理办法。

(5) 与各项经济和社会生活的变化相适应，人们的工作方式、生活方式以至娱乐方式也形成了新的格局，相应的习惯、文化、观念、道德标准也在新的形势下发生了深刻的变化。

总体而论，所谓信息化，就是在国民经济各部门和社会活动各领域普遍采用现代信息技术，充分、有效地开发和利用各种信息资源，使社会各单位和全体公众都能在任何时间、任何地点，通过各种媒体，例如声音、数据、图像或影像等，享用和相互传递所需要的任何信息，以提高各级政府宏观调控和决策能力，提高各单位和个人的工作效率，促进社会生产力和现代化的发展，提高人民文化教育与生活质量，增强综合国力和国际竞争力。

2.2 管理信息系统

2.2.1 管理信息系统的概念

管理信息系统(Management Information System，MIS)是一个以人为主导，利用计算机硬件、软件、网络通信设备以及其他办公设备，进行信息的收集、传输、加工、储存、更新和维护，以企业战略竞优、提高效益和效率为目的，支持企业的高层决策、中层控制、基层运作的集成化的人机系统。管理信息系统由决策支持系统(Decision

Support System,DSS)、计算机集中控制系统(Centralized Computer Control System,CCCS)、办公自动化系统(Office Automation System,OAS)以及数据库、模型库、方法库、知识库和与上级机关及外界交换信息的接口组成。

管理信息由信息的采集、信息的传递、信息的储存、信息的加工、信息的维护和信息的使用六个方面组成。完善的管理信息系统具有以下四个标准:确定的信息需求、信息的可采集与可加工、可以通过程序为管理人员提供信息、可以对信息进行管理。管理信息系统是一个交叉性、综合性学科,涉及的学科有计算机学科(网络通讯、数据库、计算机语言等)、数学(统计学、运筹学、线性规划等)、管理学、系统仿真等多个学科。信息是管理上的一项极为重要的资源,管理工作的成败取决于能否做出有效的决策,而决策的正确程度则在很大程度上取决于信息的质量。所以能否有效地管理信息成为企业的首要问题,管理信息系统在强调管理、强调信息的现代社会中越来越得到普及。

系统就是指由若干互相联系、互相影响、互相制约的各个部分为了一定目标而组合在一起所形成的一个整体。构成整体的各个组成部分,称为子系统。假若以一个经济组织的会计作为一个系统,而有关结算中心、会计报表、成本核算、资产台账和货币资金等则是它的子系统。至于有关供销、生产、人事等方面的信息则属于会计系统以外的环境系统。

过去,国外大多数企业和我国一些先行单位,为了适应不同职能组织的需要,除了设立会计信息系统以外,还有生产技术、供销、人事、后勤等科室也都分别设立适合于它们各自需要的信息系统。这样一个企业就有若干信息管理系统,易于发生重复劳动,同一原始资料要分别输入若干个信息管理系统。如有关材料的采购、耗用、转移、完工、职工的基本工资、出勤记录等都要同时输入若干个信息系统。这样不仅出现重复劳动,易于发生差错,而且更改也不方便,造成相互不协调,成本也就比较高。综合性管理系统就应运而生,所说的综合性管理系统就是将一个经济组织作为一个系统,而其生产、技术、会计、供销、后勤、人事等职能业务则是这个系统下的各个子系统。

实施综合信息系统需要具有三个条件:

(1) 分散的信息活动必须通过组织的集中统一安排。

(2) 这些活动必须是整体的组成部分。

(3) 这些活动必须由一个集中、独立的信息中心加以处理。

这样就能把企业看作一个整体,使一个数据多用,提高效率和更有效地使用信息,成本也可随之降低。典型的综合性管理信息系统如图 2-5 所示。

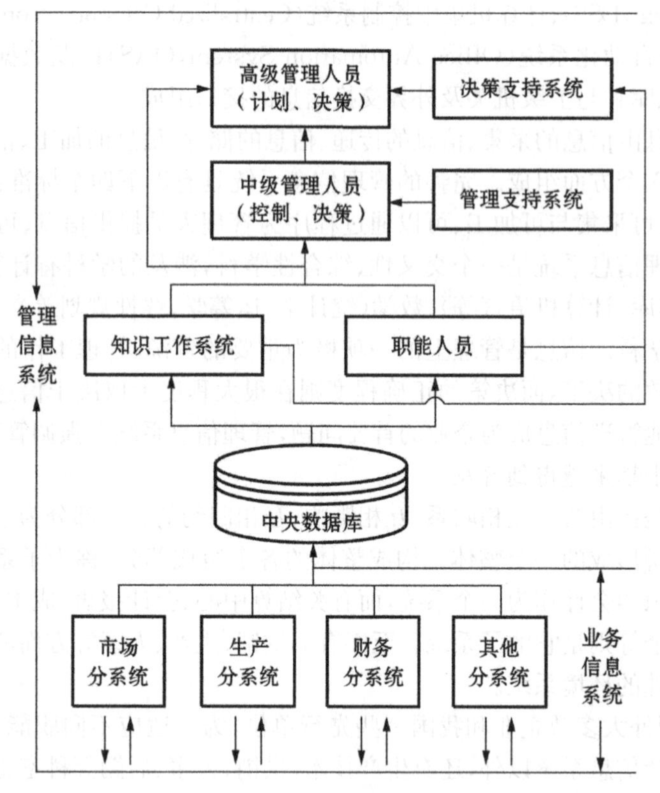

图 2-5　管理信息系统概念图

2.2.2　管理信息系统的发展历程

管理信息系统的发展大致经历了三个阶段：

（1）第一阶段是产生阶段：20 世纪 50～60 年代，在此阶段，管理信息系统主要是以单项事务处理为主。

（2）第二阶段是发展阶段：20 世纪 60～70 年代，在此阶段，管理信息系统从单一的业务数据处理发展成为功能比较完善的综合性管理信息系统。

（3）第三阶段是成熟阶段：从 20 世纪 80 年代开始，人工智能技术的充分利用，高效、实用的多种管理信息系统已被大量开发和使用。

2.2.3　管理信息系统的构成与结构

管理信息系统的构成遍布企业的各个层面各类职能，从管理层次和管理职能可以大致地描述其构成和分布。另外，我们也能从一般结构上略见管理信息系统内部的构成情况。

1. 管理信息系统的体系构成

从管理层次来看，分布于战略层、战术层和作业层的各类管理信息系统，在目的上和功能上有所不同。战略层管理信息系统的目的是支持企业的战略性的决策，系统的功能主要为全局性、方向性，或关系企业竞争能力的重要问题的分析与决策。战术层和作业层的主要目的分别是提高工作效用和工作效率，管理信息系统为战术层提供资源配置、运作绩效等经营状态的分析评估和计划落实的控制优化等功能，为作业层提供准确便捷的数据收集处理功能。图 2-6 描述了管理信息系统在各个管理层次的目的、功能，及其相互关系。

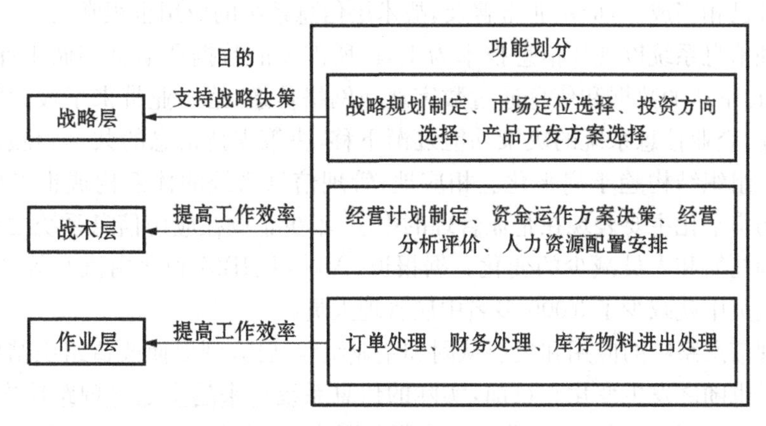

图 2-6　管理信息系统在各层次上的目的与功能

各管理层次之间的数据和信息有着密切的关联。下层密集企业运作的事实数据，经过加工处理产生各类信息，这些信息被上传，支持中层的经营计划和控制功能。中层的数据和信息进一步加工汇总生成概括性的企业经营状态信息，上传给战略层。战略层根据这些内部信息和企业外部信息，支持战略上的和全局性的分析决策功能。管理信息系统各个层次从上往下的信息起到向下约束的作用。战术层依据战略层的导向信息实施战略意图，按管理职能的划分，产生各项经营业务的计划和控制信息，作业层则按照这些信息分解成非常具体的业务，按部就班地予以落实。如此上下各层通过数据和信息的联系，经由各类系统功能的协作，实现企业的目标。

管理层次是纵向划分的，管理职能是横向划分的，因此一个管理层次上分布有不同的职能，一类管理职能中也有不同的层次。两者结合并参照安东尼(R. N. Anthony)的三角形组织模型，就构成一个管理信息系统的金字塔结构，如图 2-7 所示。管理信息系统的构成与信息的分类与分布相一致，该图示也能用于表示管理信息的体系构成。

一般而言，各管理职能的信息系统要比下层复杂和重要，但就目前的研究和实践进展来看，上层的决策支持类信息系统还不是很成熟，应用还不普遍。作业层的

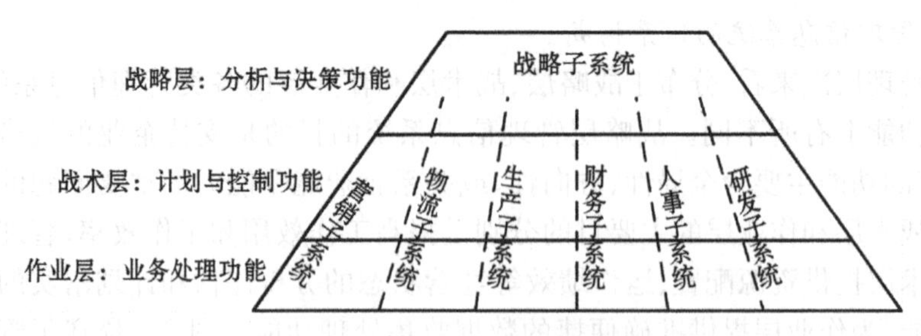

图 2-7 管理信息系统的金字塔结构

信息系统已相当成熟，应用非常普及，战术层信息系统的应用也很常见。

管理信息系统以现代信息技术为工具，所涉及的数据和信息存储于计算机系统中，上传下达的数据和信息通过数字通信网络传递，给企业带来了极大的便利。如前所述，企业信息系统的决策功能逐渐下移，决策支持信息的共享和随即可得，导致企业组织结构趋于扁平化。相应地，管理信息系统的体系构成也发生变化。组织结构扁平化主要表现在企业管理的中层，不少企业在应用信息系统之后，已经出现机构精简和人员减少的变化。据报道，AT&T、IBM 和通用汽车等公司在一次性的裁员中就减少了 3 000 多名中层管理人员。

管理信息系统的应用和发展从附和企业组织结构，到促使改造组织结构，其自身的构成也随之发生变化。目前，实际的信息系统越来越多地出现跨层次多职能的产品及其应用，以至还有横跨企业大部分职能，包括战术层和作业层管理的企业级的信息系统。例如 ERP(Enterprise Resource Plan)系统就是此类系统的典型代表。管理信息系统族群中各类系统的边界越来越模糊，相互交叉重叠是一个总的趋势。但无论如何发展变化，在体系上，管理信息系统的功能必须包括支持、处理和替代企业组织各个管理层次各类职能，与以前的人工管理或简易设施帮助下的管理相比，应该更有效更便捷，甚至在本质上有所不同。

2. 管理信息系统的一般结构

前面从企业的角度对管理信息系统体系的构成做了描述，以下再从一般结构了解管理信息系统的构成。总体上，管理信息系统是由如图 2-8 所示的应用系统、计算机系统、通信与网络系统、数据库系统、用户和系统管理人员等五个部分有机地构成的。

1) 应用系统

应用系统是管理信息系统的核心和实质性构件，由一系列实现管理职能和支持管理职能的应用软件构成，一般安装于应用服务器或客户端计算机。我们平时所说的需要开发或购置，在计算机上使用的信息系统，实际上指的就是应用系统。应用系统有两个主要来源，一是根据企业的具体情况与需求做专门的开发，二是从

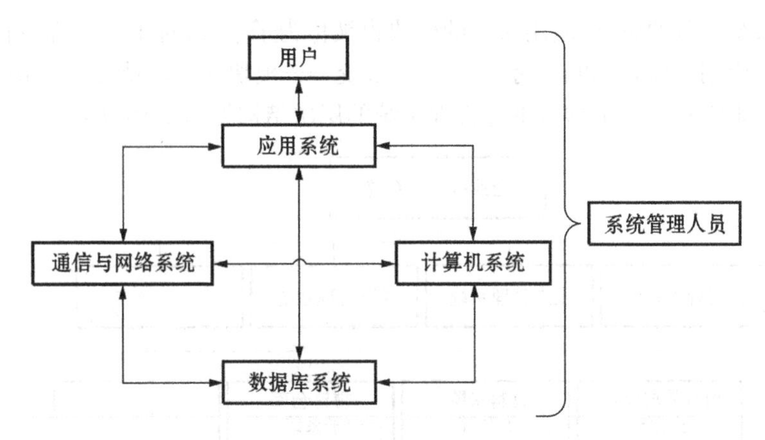

图 2-8　管理信息系统的一般结构

软件供应商那里购买,这两种方式的特点和区别,以及具体的步骤将在以后的章节中做较详细的阐述。

应用系统种类繁多,规模大小不一,一般多以具有某一专门管理职能项或业务项的功能模块(或子系统)为相对完整和独立的单元,例如订单管理模块、销售管理模块、账务处理模块等。若干模块的整合可以构成较大的应用系统,如财务管理系统包括有账务处理、会计报表和财务分析等功能模块,而 ERP 系统则包括了企业大部分管理和业务功能。一个应用系统,无论其功能项是多还是少,都共享统一的数据库系统,各模块之间通过信息交互和某种规程进行相互配合的运作。图 2-9 的例子描述了某企业应用系统主要子系统的构成及其相互关系。

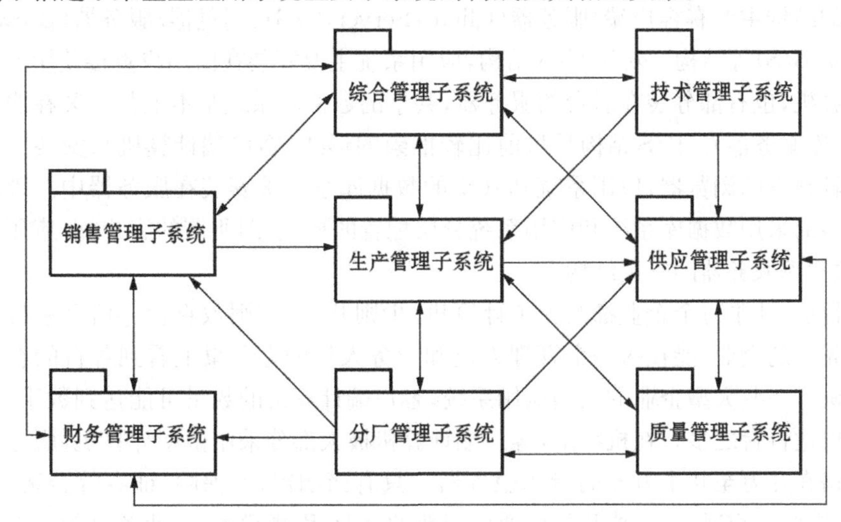

图 2-9　企业应用系统构成相互关系示例

按系统划分的思路，应用系统的模块也被称为子系统，对于一个规模较大功能项较多的应用系统，可以按“系统——子系统——模块——功能项——操作项”的层次结构来组建。一个物料供应管理系统的层次结构见图 2-10 所示。

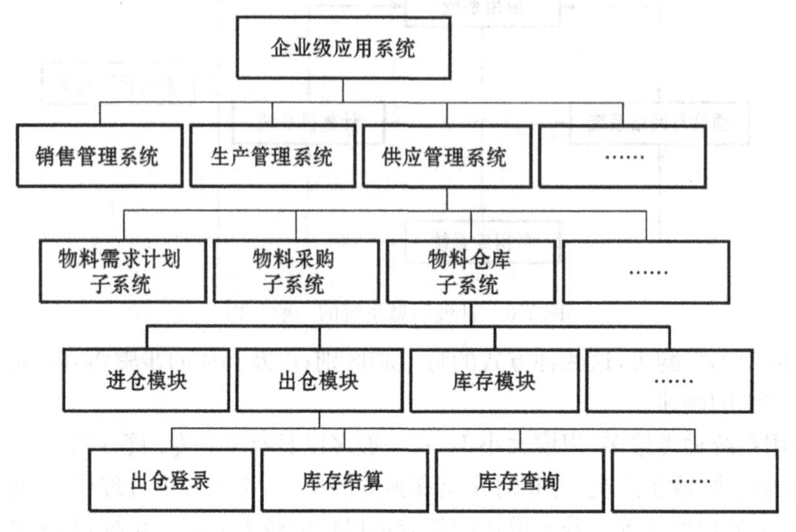

图 2-10 物料供应管理系统的层次结构示例

2）计算机系统

计算机系统是管理信息系统的工具构件，负责具体解释和执行应用系统的程序指令，构成包括计算机硬件和系统软件，通过购置方式获得。目前流行的计算机系统的结构主要有客户端/服务器(Client/Server，C/S)、浏览器/服务器(Browser/Server，B/S)等结构。对于 C/S 结构，应用系统主要安装在由用户直接使用的客户端计算机，也有部分装在后台的服务器，共享的数据库系统基本上都安装在服务器(数据库服务器)。B/S 结构是目前比较推崇的形式，客户端计算机只安装大家已经比较熟悉的浏览器，应用系统和共享的数据库系统被安装在服务器中。现在越来越多的采用数据库系统和应用系统分层配置的形式，即所谓的客户端/应用服务器/数据库服务器的三层结构。

目前，几乎每个企业都配置了计算机，少则几台，多则数百台。信息系统应用比较先进的企业，能在每一个管理人员和业务人员的办公桌上看到各自的客户端计算机。一些大型企业的大型应用系统，客户端计算机的数量可能达到数千台，服务器也达百台之多。在机型上，客户端计算机极大部分采用微型计算机，服务器采用价格在几万至几十万元的专用服务器。只有诸如银行、保险、证券等金融行业，航空、铁路等交通业、有线和无线通信行业的企业，因规模庞大，业务量频繁而在服务器上采用小型或中型计算机。

3）数据库系统

数据库系统是存储、管理、提供与维护系统数据或信息的基础性构件，一般安装于数据库服务器。数据库系统包括数据库管理系统和被储存的数据两大部分。数据库管理系统需购置，现在市场上已有从低档到高档的多个档次可供选择，不同档次的费用差别很大。企业的数据或信息是重要的资源，在应用系统中实现各管理部门和员工的共享，因此数据库的数据在结构上和组织上必须统一规划设计，一个企业的数据库系统的数目应该是很有限的。

数据库系统中的数据承载信息和知识，是企业的重要资源。随着应用系统的运行，数据会逐步积累，针对企业数据资源的开发和利用问题，近年又推出数据仓库的概念和实用系统。数据仓库不是日常管理和业务的工作库，而是一类储存历史数据的"档案库"。一般采用预定周期转存的方式，把数据库中积累的数据转存到数据仓库，然后对数据仓库中的数据加以开发和利用。目前的数据挖掘等技术主要用于数据仓库。由于数据仓库投资较大，技术复杂，需要一定规模的数据量才能获得有效的开发和利用，我国企业在这方面的应用尚不理想。

4）通信与网络系统

通信网络系统是企业信息化的基础设施，两者与计算机系统结合构成计算机网络系统。企业一般以租用公用通信线路的方式连接分布于异地的计算机，构建自己的企业内部网（Intranet），与供应商和客户的计算机系统连接则能构建合作伙伴之间的企业外部网（Extranet），开展商务活动。通信与网络系统需要配置通信设备，网络设备，以及相关的软件。通信线路的租用方式有多种选择，比较多见的有数字数据通信网络（Digital Data Network，DDN）、综合业务数字网（Integrated Server Digital Network，ISDN）、非对称数字服务网（Asymmetric Digital Subscriber Line，ADSL）等。费用按月定额支付或按传输量支付。

前面所述的计算机系统中的C/S结构和B/S结构实际上也是计算机网络结构，这些结构描述了客户端计算机与数据库服务器和应用服务器之间的关系。除此之外，对跨地区的计算机网络系统还配有Web服务器，邮件服务器、防火墙等安全控制服务器。

5）用户和系统管理人员

如前所述，管理信息系统是一个人机系统。人包括用户和系统管理人员。用户之所以包括在系统中，一是因为系统的许多功能要由用户与机器交互运作，不同的用户会有不同的应用效果和产生不同的结果；二是一些目前还无法由计算机实现的管理和业务工作必须由人来完成，尤其是比较复杂和高度非结构化的决策工作，而这些工作与系统的功能密切关联。将用户纳入管理信息系统也意味着机器不可能完全替代人，用户的经验和能力永远是企业最为重要的资源。系统管理人员负责系统的管理和维护,保证系统的正常运行和适时更新。

现代的企业一般都设有信息管理部门。该部门或大或小,或直属总经理领导或设于某部门之下,承担管理信息系统的规划、建设、管理和维护等工作。信息管理部门是向企业其他部门提供信息服务的机构,由于掌管着几乎全部的数据和信息资源,在企业中具有重要的地位和作用。该部门设立称为 CIO 的信息主管职位,全面负责企业的 IT 应用和信息管理工作。

2.2.4 管理信息系统基本功能

实现对管理信息系统的基本要求,是通过信息的周转过程实现的。信息的周转过程,包括信息资料的获取、加工、处理、传输、贮存等基本环节。这实际上也就是管理信息系统的基本工作内容。要保证管理系统的有效运行,就必须使每个环节都能灵活而有效地运转,并形成互相协调、密切结合的系统有机体。

1. 信息的获取

信息获取是信息系统运行的第一步,也是重要的基础。信息的质量和信息系统其他环节的工作质量,在很大程度上取决于原始信息的真实性和完整性。

2. 信息的加工

原始的信息数以亿万计,作为管理决策使用的信息量,受人们接收信息能力的限制,不可太多。因此必须把大量的信息分成恰当的层次,并且使最高管理层获得少而精的反映出最基本最重要的情况。信息的加工处理,就是用科学的方法,对大量的原始信息进行筛选、分类、排序、比较和计算,去伪存真,使之系统化、条理化,以便保管、传送和使用,节省人力、财力和时间,提高管理效能。信息的加工还包括信息分析,即通过对大量信息资料的研究,及时揭露矛盾,发现问题的苗头,对管理活动进行评价。

3. 信息的传输

信息只有从信息源及时传送到使用者那里,才能起到应有作用。信息能否及时发出和到达,取决于信息传输的功能。信息的传输,要建立自己的传输通道系统,形成信息流和信息网。管理组织机构和组织体系决定系统内部基本的信息传输通道,但除此以外,信息系统还通过多条渠道,实现直接的和间接的、纵向的和横向的、纵横交错的多方面联系。可见,信息传输网是一个极为复杂和灵敏的系统。

4. 信息的贮存

加工的信息,有的并非立即就用,有的虽然立即使用,但还要留作以后参考,所以产生了信息贮存和记忆的功能。信息贮存是信息在时间上的传输。通过信息贮存和积累,可以对客观管理活动进行动态的系统和全面的研究。

2.2.5 常见管理信息系统

在管理信息系统(MIS)发展的30多年来,经济、管理与技术环境发生了很大的变化,系统的规模、信息功能和应用范围也有了显著的发展,MIS已经深入到管理活动的各个层次和社会生活的各个领域。由于组织内、外环境的差别,不同组织的系统可能呈现不同的特点,可以根据一定的原则对MIS进行分类。

MIS可以分成以下类型:面向基层运作的系统、面向中层控制的系统和面向高层决策的系统。一个企业在发展过程中,按不同的发展阶段和管理工作的实际需要,其MIS在某个时期可能侧重于支持某一两个层次的管理决策或管理业务活动。

1. 面向基层运作的管理信息系统

1) 事务处理系统

事务处理系统(Transaction Processing System,TPS)是组织中处于业务操作层的最基本的信息系统。它应用信息技术支持组织中最基本的、每日例行的业务处理活动,例如工资核算、销售订单处理、原材料出库、费用支持报销等。一般在组织的业务操作层,业务处理活动是高度结构化的,其过程有严格的步骤和规范。如办理原料出库时,仓库管理员必须严格按照原材料出库手续执行,检查领料人员的合法性、领料单据的有效性,核对材料的种类和数量,填写出库单,更新库存台账等。每一个环节都有明确的步骤和标准,以保证业务处理的规范性。事务处理系统存在于组织的各个基层业务职能中,企业中有一些典型的事务处理系统,包括销售订单处理系统、生产进度报告系统、库存管理系统、费用支出报销系统、账务处理系统、考勤登记系统和人事档案管理系统等。其他类型的组织用户也存在各种各样的事务处理系统,典型的应用系统包括:学校的学籍注册与管理系统、学生选课与成绩登记系统、课程安排系统;银行的储蓄业务处理系统、信用卡发放与结算系统;民航公司的机票登记系统;宾馆的客房预定与消费结算系统;商场的货物盘点系统、POS结算收款系统;行政机关的公文转运管理系统等。

事务处理系统直接支持业务职能的具体实现,它的有效性和可靠性对组织的业务运行至关重要,一旦发生故障,将会给组织带来直接的经济损失。因此系统在安全性、可靠性方面具有极高的要求。事务处理系统不仅直接实现组织的各项基础业务活动的视线,并且也为组织内各层次管理人员提供了业务运行状况的第一手资料,同时也是组织中其他各类信息系统的主要信息来源。

2) 办公自动化系统

办公自动化系统(OAS)主要面向组织中的业务管理层,对各种类型的文案工作提供支持。从事这些工作的主要由秘书、会计、文档管理员及其他管理人员。他们的工作性质不是不要创造信息,而是应用和处理信息,因此他们往往被称为数据工作者(data worker)。办公自动化系统的主要目的是通过应用信息技术,支持办公室的各项信息处理工作,协调不同地理分布区域之间、各职能之间和各类工作者之间的信息联系,提高办公活动的工作效率和质量。典型的办公自动化系统主要是通过文字处理、桌面印刷和电子化文档进行文件管理,通过数字化日历、备忘录进行计划和日程安排,通过桌面型数据库(desktop databases)软件进行数据管理,通过基于计算机网络的电子邮件、语音信箱、数字化传真和电视会议等进行信息联络与沟通。

2. 面向中层控制的管理信息系统

1) 知识工作支持系统

知识工作支持系统(Knowledge Work Support System,KWSS)主要面向组织中的业务管理层和管理控制层,协调工程师、建筑师、科学家、律师和咨询专家等人员的工作。由于这类人员的工作具有知识密集型的特点,往往被称为知识工作者(Knowledge Worker)。知识工作者的工作主要是创造新的信息和知识,如政策制定、产品创新与设计、公关创意等。这些工作需要信息技术手段的支持,以促进新知识的创造,并将新的知识与技术集成到组织的产品、服务或管理中去。知识工作支持系统要具有强大的数据、图形、图像以及多媒体处理能力,能够在网络化条件下广泛应用多方面信息和情报资源,并为知识工作者提供多方面的知识创作工具和手段。典型的知识工作支持系统是计算机辅助设计系统、平面设计与制作系统、三维动画制作系统以及虚拟实现系统(Virtual Reality System,VRS)等,他们在许多企业组织特别是制造业中得到广泛应用。

2) 管理报告系统

管理报告系统(Management Reporting System,MRS)主要面向组织中的管理控制层,为组织的计划、控制和决策等职能提供规范化的综合信息报告,同时提供组织当前运行状态和历史记录信息的检索与查询功能。相对于事务处理系统来讲,管理报告系统中的信息具有综合性和周期性的特征,综合性体现在它的信息不是单纯的来源于某一个事务处理系统,而往往是对组织内的各个职能或所有运行环节的信息进行浓缩、汇总和综合,以反映组织内部的综合业务情况;而周期性体现为:它并不像事务处理系统那样注重每日每时的实时信息,而是从管理控制目标出发,以周、旬、月、年为周期对组织内部的全部信息进行处理,把握组织的基本运行状况,服务与业务分析和管理控制。这类信息的基本表现形式往往是周期性数据报表或分析报告,因此管理这类信息的系统被称为管理报告系统。典型的管理报告系统包括销售统计分析系统、库存控制系统、年度预算系统、投资分析评价系统等。

管理报告系统主要涉及的是企业内部的各种信息员,并且往往是标准数据流程和固定各式展示规范、稳定的经济指标系统,而对一些随机性、非规范的信息处理需要寻求显得灵活性不足。另外，在数据处理方式上擅长对大量数据进行简单的算术运算，而不是以定量化、模式化分析为重点。

3. 面向管理决策的管理信息系统

1) 决策支持系统

决策支持系统(DSS)也是面向组织的管理控制层和战略决策层，但它侧重于应用模式化的数量分析方法进行数据处理，以支持管理者就结构化或非结构化的问题进行决策。决策支持系统不仅要应用来自事务处理系统和管理报告系统等内部信息员的数据，同时还要应用来自组织外部环境各种数据源的数据信息，如国家宏观经济政策与法规、行业统计信息、竞争对手相关信息和金融市场信息等，这些外部信息是企业进行决策的重要依据。决策支持系统最显著的特征是有很强的模型化、定量化分析能力，它从决策分析角度出发，运用各种数学模型和方法对信息进行深入分析，力图挖掘信息内在的规律和特征，并以易于理解和使用的多媒体方式提供给决策者，以在工具、方法和处理手段上支持决策者的决策活动。

2) 主管信息系统

主管信息系统(Executive Information System，EIS)面向组织的战略决策层，它不同于其他类型的信息系统专为解决某类或某个特定的问题，而是为组织的高级主管人员建立一个通用的信息应用平台。借助于功能强大的数据通信能力和综合性的信息检索和处理能力，为高级行政主管人员提供一个面向随机性、非规范性、非结构化信息需求和决策问题的支持手段。主管信息系统即应能够从组织内的各系统中提取综合型数据，也能从组织外部的各种信息渠道获取所需的数据。系统能够对这些数据进行组合、筛选和聚合操作，并运用最先进的通信技术和多媒体技术将数据处理结果快速而准确地展示在董事会会议室或高级主管的办公桌上。同时数据处理结果中的任何一项综合性数据信息，系统都可以按照用户的要求对其进行"追溯"，通过与其他信息系统或信息员相联的通信网络，跟踪展示该项数据的处理过程、产生根源和手机渠道等，从而满足用户追究数据信息细节的要求。由于高级主管人员往往对计算机系统不是很熟悉，而他们的信息需求经常，又具有很强的随机性和不确定性，因此系统对人机交互界面和交互方式有更高的要求，往往采用图形用户界面、图形化数据信息表达或更为先进而简单的命令输入方式。

2.3 安全信息管理

安全管理是管理者对安全生产进行的计划、组织、监督、协调和控制的一系列活动。在这些活动中不可避免地产生大量与安全生产相关的安全信息，做好安全信息的管理是安全管理的重要基础，安全管理离不开安全信息，安全信息掌握和处理不好，就不可能实现有效的安全管理。

2.3.1 安全信息的定义

安全信息是安全管理的基础和依据，是反映安全事务之间差异及其运行变化规律的一种形式。在生产与生活中，与消除事故隐患、减少事故损失、促进安全生产、保障安全生活有关的数据的集合统称为安全信息。

通过数据处理来获得安全信息，并综合利用各种安全信息为制定防范事故的措施和安全管理决策提供依据。数据处理对象包括字母、字符、数字、图像、图形、声音、动画等各种多媒体形成的安全信息。通过按照一定的规则和格式对大量相关数据进行存储管理及分析处理后，把无规律的、繁杂凌乱的点阵型数据转化为有价值的安全信息，使决策机构和有关部门能够及时掌握系统总体的安全状态。

在日常生产活动中，各种安全标志、安全信号就是信息，各种伤亡事故的统计分析也是信息。掌握了准确的信息，就能进行正确的决策，提高企业的安全生产管理水平，更好地为企业服务。

2.3.2 安全信息的分类

安全信息分类是有效地进行安全信息管理与统计分析的前提与基础。依据不同的分类标准，安全生产信息具有不同的分类方法。《企业安全生产标准化基本规范》(AQ/T 9006—2010)中共涉及 13 项安全管理内容(模块或要素)，据此进行分类，安全信息也应有 13 个类别，如表 2-3 所示。还可以按照安全信息内容的特性，对其进行综合分类，如图 2-11 所示。

表 2-3 安全信息按管理内容分类

大类	安全管理过程	安全信息分类
计划	安全管理目标	安全管理计划信息
实施	组织机构与职责	安全管理组织机构与职责信息
	安全生产投入	安全生产投入信息
	法律法规与安全管理制度	法律法规与安全管理制度信息
	教育培训	教育培训信息
	生产设备设施	生产设备设施信息
	作业安全	作业安全信息
	重大危险源监控	重大危险源监控信息
	职业健康	职业健康管理信息
	应急救援	应急救援记录信息
检查	持续改进与绩效评估	评估改进(安全检查)信息
处理	隐患排查治理	隐患治理信息
	事故报告、调查和处理	事故相关信息

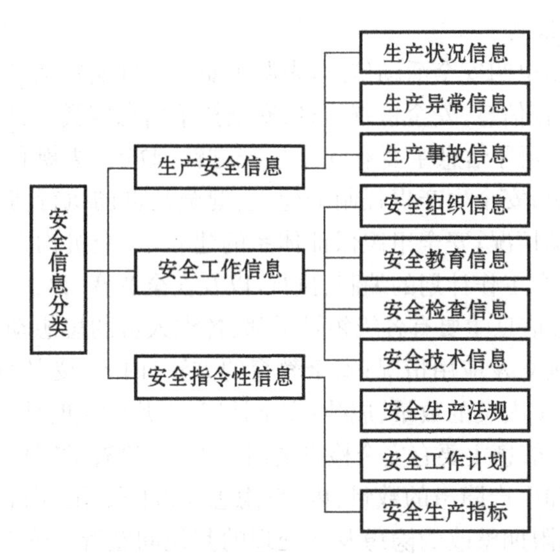

图 2-11　安全信息按内容特性分类

1. 生产状态信息

安全生产安危信息来源于生产实践活动，具体可分为安全生产信息、生产异常信息和生产事故信息。其中：

（1）安全生产信息包括从事生产活动人员的安全意识、安全技术水平，以及遵章守纪等安全行为；投产使用工具、设备（包括安全技术装备）的完好程度，以及在使用中的安全状态；生产能源、材料及生产环境等，符合安全生产客观要求的各种良好状态；各生产单位、生产人员及主要生产设备连续安全生产的时间；安全生产的先进单位、先进个人数量，以及安全生产的经验等。

（2）生产异常信息是指生产过程中出现的与指标或正常状态不同的相关信息，包括设备的失效、生产异常情况。如从事生产实践活动人员进行的违章指挥、违章作业等违背生产规定的各种异常行为；投产使用的非标准、超载运行的设备，以及有其他缺陷的各种工具、设备的异常状态；生产能源、生产用料和生产环境中的物质，不符合安全生产要求的各种异常状态；没有制定安全技术措施的生产工程、生产项目等无章可循的生产活动；违章人员、生产隐患及安全工作问题的数量等。

（3）生产事故信息是指生产事故的所有相关信息。如发生事故的单位和事故人员的姓名、性别、年龄、工种、工级等情况；事故发生的时间、地点、人物、原因、经过，以及事故造成的危害；参加事故抢救的人员、经过，以及采取的应急措施；事故调查、讨论、分析经过和事故原因、责任、处理情况，以及防范措施；事故类别、性质、等级，以及各类事故的数量等。

2. 安全工作信息

安全工作信息也叫安全活动信息，来源于安全管理实践活动，具体可分为组织领导信息、安全教育信息、安全检查信息、安全技术信息四类。其中：

(1) 安全组织领导信息主要有安全生产方针、政策、法规和上级安全指示、要求及贯彻落实情况；安全生产责任制的建立、健全及贯彻执行情况；安全会议制度的建立及实际活动情况；安全组织保证体系的建立，安全机构人员的配备，及其作用发挥的情况；安全工作计划的编制、执行，以及安全竞赛、评比、总结表彰情况等。

(2) 安全教育信息主要有各级领导干部、各类人员的思想动向及存在的问题；安全宣传形式的确立及应用情况；安全教育的方法、内容，受教育的人数、时间；安全教育的成果，考试人员的数量、成绩；安全档案、卡片的及时建立及应用情况等。

(3) 安全检查信息主要有安全检查的组织领导，检查的时间、方法、内容；查出的安全工作问题和生产隐患的数量、内容；隐患整改的数量、内容和违章等问题的处理；没有整改和限期整改的隐患及待处理的其他问题等。安全检查信息具体包括企业内部组织进行的各项安全检查工作(例如:例行安全检查、专项安全检查、特种设备监察、隐患排查及整改落实情况、事故整改措施落实情况等)，以及外部安全评价(安全预评价、安全验收评价、安全现状评价及安全专项评价)和内外部安全审计等相关信息。

(4) 安全技术信息指针对事故预防与控制所采取的安全技术对策的相关信息。

3. 安全指令信息

安全指令信息来源于安全生产与安全工作规律，具有强化管理的功能。包括国家和上级主管部门制定的有关安全生产的各项方针、政策、法规和指示；行业安全生产标准；企业制定的安全生产方针、技术标准、管理标准和操作规程；安全计划的各项指标；安全工作计划的安全措施；企业先行的各种安全法规；隐患整改通知书、违章处理通知书等。

按安全信息的产生与作用划分，可以分为：

(1) 安全指令信息。安全指令信息是指导企业做好安全工作的指令性信息，包括各级部门制定的安全生产方针、政策、法律、法规、技术标准，上级有关部门的安全指令、会议和文件精神以及企业的安全工作计划等。

(2) 安全管理信息。安全管理信息是指企业在日常生产工作中，为认真贯彻落实安全生产方针、政策、法律、法规及标准，在企业内部的安全管理工作实施的管理制度和方法等方面的信息。安全管理信息包括安全组织领导信息、安全教育信息、安全检查信息、安全技术措施信息等。

(3) 安全指标信息。安全指标信息是指企业对生产实践活动中的各类安全生产指标进行统计、分析和评价后得出的信息，包括各类事故的控制率和实际发生率,职工安全教育、培训率和合格率、尘毒危害率和治理率、隐患查出率和整改率、安全措施项目的完成率、安全设施的完好率等。

(4) 安全事故信息。安全事故信息是指在生产实践活动中所发生的各类事故方面的统计信息,包括事故发生的单位、时间、地点、经过,事故人员的姓名、性别、年龄、工种、工龄,事故分析后认定的事故原因、事故性质、事故等级、事故责任和处理情况、防范措施等。

按照安全信息载体样式划分,可以分为:

(1) 安全管理记录。如安全会议、安全检查、安全教育等记录。

(2) 安全管理报表。如安全工作月报表、事故速报表等。

(3) 安全管理登记表。如重大隐患登记表、违章人员登记、事故登记表等。

(4) 安全管理台账。如职工安全管理台账,隐患和事故统计台账等。

(5) 安全管理图表。如安全工作周期表、事故动态图、事故预防、控制图等。是反映安全工作规律和综合安全信息的一种形式。

(6) 安全管理卡片。如职工安全卡片,特种作业人员卡片,尘毒危害人员卡片等。

(7) 安全管理档案。如安全文件、安措工程、安全技术装备、安全法规等档案。

(8) 安全管理通知书。是反馈安全信息的一种形式。如隐患整改、违章处理通知书等。

(9) 安全宣传形式。如安全简报、安全标志、安全板报、安全显示板、安全广播等。

(10) 综合形式。主要以计算机安全信息管理系统所建立的数据库、查询、分析处理结果等形式。

此外,还可以按照信息的分类方式将安全信息划分为:

(1) 外部安全信息。反映安全信息系统的外部安全环境的信息,包括国内外政治经济形势、社会安全文化状况和法律环境,以及现代科学技术,特别是安全科学技术的发展信息及应用研究,同类企业安全生产相关的安全法律法规、制度、标准、规范,国内外相关企业的重大事故案例信息等。

(2) 内部安全信息。反映企业系统内部各个职能部门的运行状况、发展趋势。如企业内部安全生产活动中的人、机、环境的运行状态的相关信息。

(3) 原始安全信息。原始安全信息也叫一次安全信息,是指来自生产一线且与安全直接相关的全部安全信息。如各类隐患汇报卡、事故汇报、检测数据等。由于一次信息直接来自信息源点(如生产现场、施工作业过程、具体危险源监控点以及事故发生后的现场等),因此,能够反映生产或生活过程中人、机、环境的客观安全性,具有动态性、实时性。

(4) 加工信息。加工信息也叫二次信息,是指经过处理、加工、汇总的安全信息,如安全法规、规程、标准、文献、经验、报告、规划、总结、分析报告、事故档案等。

原始信息与加工信息即有区别，又相互联系，如事故档案是根据事故整理出来的，反过来根据档案进行统计分析、事故树分析等可以发现事故规律，通过检查表的编制可以及时发现不安全隐患，进而识别一次信息，并通过及时处理防止事故发生。

综合上述，作为示例，图 2-12 给出了民用机场安全信息分类应用。

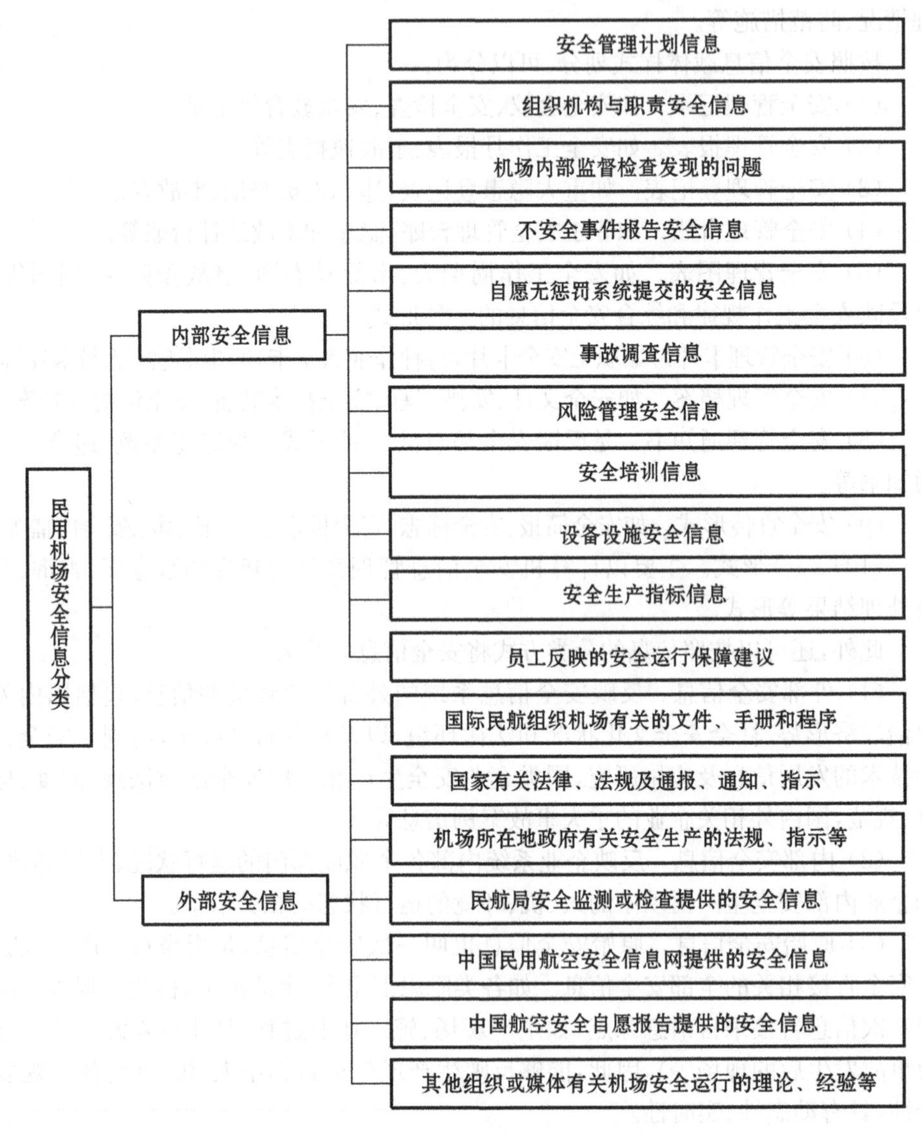

图 2-12 民用机场安全信息分类示例

2.3.3　安全信息的特性与功能

安全信息具备一切信息的特性。例如，安全信息是经过安全管理者，安全检查、监察人员，班组长，事故调查人员等悉心采集、仔细分析后获取的，它可以服务企业安全管理决策，给企业带来经济效益。因此，安全信息具有价值性。由于信息处理过程需要耗费时间，安全信息采集到真正用于安全管理活力之间，有时间差。因此，安全信息具有滞后性。此外，随着时间推移，企事业单位的设备在陈旧、更新、人员在流动、环境状况也因时间而改变，政策及安全目标的调整都会改变，信息对管理活动的作用也将减弱或消失。因此，安全信息还具有时效性。

安全管理决策需要正确的、及时的、可靠的安全信息支持，安全信息是管理的持续改进重要的触发因素及永不衰竭的动力。以安全信息收集、分析评估、形势研判为核心的安全信息管理工作在现代安全管理工作中占有极为重要的地位，概述来讲，安全信息的功能有如下几点：

(1) 安全信息是企业编制安全管理方案的依据。企业在编制安全管理方案，确定目标值和保证措施时，需要有大量可靠的信息作为依据。例如，既要有安全生产方针、政策、法规和上级安全指示、要求等指令性信息，又要有企业内部历年来安全工作经验教训、各项安全目标实现的数据，以及通过事故预测获知生产安危等信息，作为安全决策的依据，这样才能编制出符合实际的安全目标和保证措施。

(2) 安全信息具有间接预防事故的功能。安全生产过程是一个极其复杂的系统，不仅同静态的人、机、环境有联系，而且同动态中人、机、环境结合的生产实践活动有联系，同时又与安全管理效果有关。如何对其进行有效的安全组织、协调和控制，主要是通过安全指令性信息(如安全生产方针、政策、法规，安全工作计划和领导指示、要求)，统一生产现场员工的安全操作和安全生产行为，促进生产实践规律运动，以此预防事故的发生，这样安全信息就具有了间接预防事故的功能。

(3) 安全信息具有间接控制事故的功能。在生产实践活动中，员工的各种异常行为，工具、设备等物质的各种异常状态等大量的不良生产信息，均是导致事故发生的因素。企业管理人员通过安全信息的管理方式，获知了不利安全生产的异常信息之后，通过采取安全教育、安全工程技术、安全管理手段等，改变了人的异常行为、物的异常状态，使之达到安全生产的客观要求，这样安全信息就具有了间接控制事故的功能。

2.3.4　安全信息管理流程

安全信息管理内容可包括安全信息收集、安全信息分析与处理、安全信息的发布与利用等几个环节，其管理流程如图 2-13 所示。

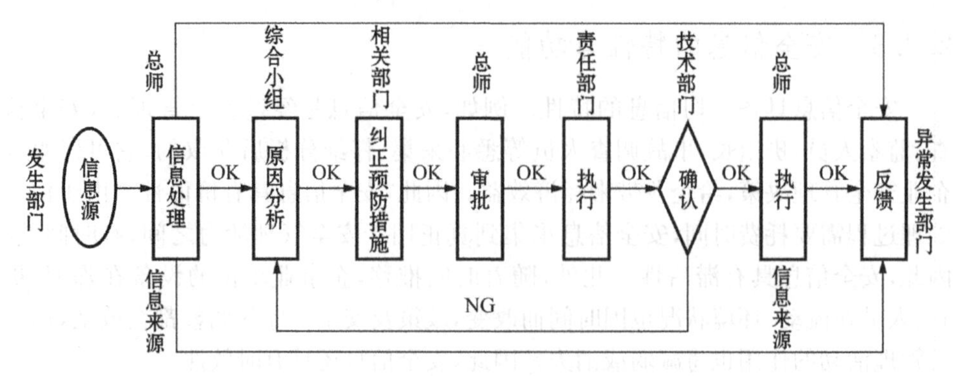

图 2-13　安全信息管理流程图

1. 安全信息收集

不同行业的安全信息收集方式，不尽相同。一般可以采用如下方式收集安全信息：日常运行监控、员工报告和反馈、监督检查、审核、调查、安全会议、风险管理、安全绩效监控和安全趋势分析、外来安全信息、法律法规适用性评估和跟踪等。

2. 安全信息的分析与处理

企业应该定期或不定期地收集安全信息，进行识别、分类、统计，更新安全信息数据库，评估不安全事件和不正常情况的严重性，分析企业运行中的薄弱环节，预测安全发展趋势。一般来讲，应按照下列步骤进行分析处理：

(1) 日常运行数据、安全管理活动记录等信息，由安全管理员经过整理后直接输入安全信息数据库存档。

(2) 对于不安全事件，事发单位应进行初步分析、核实，确保信息的完整性和准确性，及时上报安全管理部。

(3) 对于不正常情况信息，安全管理员应进行初步分析、核实，确保信息的完整性和准确性，经部门核实后上报安全管理部。

(4) 上级安全监督检查的信息由安全管理部负责分析整理，输入安全信息数据库存档，并向各相关运行单位发布。

(5) 风险管理过程中产生的相关信息应制定专门的管理程序，对安全信息进行专门管理。

(6) 举报信息由安全管理部负责收集、处理、上报、反馈和发布。

(7) 对于外部安全信息，各运行部门分析后报安全管理相关部，有关部门整理分析后视情况输入安全信息数据库。

3. 安全信息的发布与利用

企业安全信息发布和利用的形式主要包括：

(1) 召开安委会、安全研讨会、工作例会、讲评、案例分析等。

(2) 通过知识传授、模拟训练等方式对员工进行安全教育培训。

(3) 向有关部门报告和向员工发布安全公告。

(4) 利用内部办公网络、刊物、安全简报、板报等直接发布信息。

(5) 其他适合的形式。

2.3.5 安全信息的使用要点

安全信息使用有三个基本要点：

1. 根据信息来管理能量

1961年，吉布森提出了事故是一种不正常的或不希望的能量释放，各种形式的能量是构成伤害的直接原因。因此，应该通过控制能量或控制作为能量达及人体媒介的能量载体来预防伤害事故。在吉布森的研究基础上，哈登完善了能量意外释放理论，提出“人受伤害的原因只能是某种能量的转移”，并提出了能量逆流于人体造成伤害的分类方法，将伤害分为两类：第一类伤害是由于施加了局部或全身性损伤阈值的能量引起的；第二类伤害是由影响了局部或全身性能量交换引起的，主要指中毒窒息和冻伤。

这就是能量事故致因理论，根据能量意外释放论，可以利用各种屏蔽来防止意外的能量转移，从而防止事故的发生。那么用什么对能量进行管理呢？正确的回答是：使用信息对各种能量进行控制管理。要搞好安全信息管理，认清这点非常重要。

2. 抓生产第一线的信息

上级文件，有关安全生产的方针政策、法令、标准、规程，以及各种工程技术和企业管理的文献及其中的数据，甚至包括安全教育的图书、杂志和事故的统计、分析、研究报告等材料，都可以说是安全信息。

但是，伤亡事故的危害源是单元作业，绝大多数事故发生在生产现场，而不是发生在书本和文献之中。要想利用信息来管理能量，防止由于能量转移而造成的伤亡事故，主要的信息必须在劳动现场，即生产第一线获得，这是理所当然的。

3. 利用安全信息建立“事故预测”管理体制

过去的安全管理支柱，即所谓“三同时”、“五同时”以及制订安全措施计划等经验是有一定作用的；“戴明环”，即所谓“P-D-C-A”(P——Plan，D——Do，C——Check，A——Action)的引入在企业全面质量管理及安全管理上也有其显著的优点。一般这种“循环”都是在计划的基础上实施，再根据实施结果的检查改善计划。在这种“P-D-C-A”循环当中，对计划方案的研究，实施中途的检查以及分析结果时，安全信息的利用虽然非常重要，但却往往易被人们忽略。

为此，必须建立以“事故预测”为中心的安全管理新体制，通过充分利用安全信息来大幅度地降低伤亡事故，做到安全生产。这是当前我国安全管理部门和厂矿企业必须立即着手的一项重大改革。

这种新的管理体制是建立在计划、实施、检查三项重要机能的基础上，再加之以“系统安全”的新的重要内容：信息的获得，信息的分析（也是一种系统安全分析）和安全评价。其系统管理的构成如图 2-14 所示。

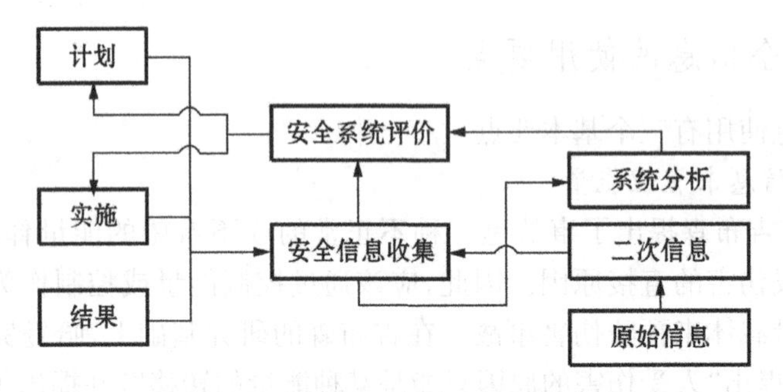

图 2-14 “事故预测”管理体制构成图

图 2-14 表明，管理者可以从计划、实施、结果检查等步骤中经常吸收安全信息，把握生产现场和企业管理的实际状况，但是吸收信息的多少是有弹性的，这取决于个人的知识水平和组织的管理能力。为此，设置一个情报系统是非常必要的。分析和评价工作在系统安全中占有重要位置。在这一新体制中，分析和评价相当于各个阶段、各类问题的研究结论以及对关键安全问题的确认。这样，就可对系统的计划、实施进行频繁而及时的评价和经常性的检查。

2.3.6 安全管理信息系统

如果企业操作标准、法律法规、记录监测信息等安全信息的管理，都需要工作人员手动记录、处理和筛选，就会带来信息准确性低下、可利用性不高等问题，容易导致安全管理部门在工作中作出错误的判断，造成人为隐患，甚至可能导致事故的发生。且上下级之间、部门之间的安全信息传递完全依赖人工传送，还会浪费宝贵的人力与物力。

因此，建立企业安全信息管理系统，把信息技术、网络技术及数据库技术等融入到企业安全管理中，使安全信息管理工作逐步走向科学化、系统化和规范化，对提高目前安全管理水平具有实际意义。

企业安全管理信息系统构建时应注重：

(1) 物理模型的构建。在系统全面调查分析的基础上，建立完善合理的系统逻辑模型和合理划分子系统，确定功能模块和分步实施计划，将日常工作管理融于安全管理联动协议（Safety Management Internet Protocol，SMIP）之中，实现安监工作管理现代化。

(2) 根据关系模式的规范化理论,构造合理的关系模式,避免数据冗余,更新异常等问题,使用户使用起来方便、灵活。

(3) 合理地安排计算机和通讯网络设施在可用性前提下,简化信息传输通道,规范设计数据库和应用程序,提高信息处理的规范性、准确性和时效性。

(4) 建立良好的人—机界面,有效地使用各种数据信息,为各级管理人员及时地提供综合信息和辅助决策信息,从根本上提高管理水平,创造更高的经济效益。

(5) 新系统的管理模式,将结合安监工作的特点和实际情况,进行一体化综合管理,促进管理的优化和进化,使系统具有典型性、通用性和先进性。

(6) 系统采用中央数据库和分布式数据库管理相结合的形式,将共享程度高的数据分别送入公共数据库,中央数据库由公共数据库组成,实行集中管理。

(7) 开发应用软件必须注重实效性、实用性和可用性,符合工作、管理的实际情况,真正在安全管理中发挥其作用和效益。

关于如何构建企业安全管理信息系统,本书后面章节将有详细描述。

2.4 安全信息管理中的常见风险评估方法

安全信息可以应用于危险性分析与安全评价。危险性分析与安全评价作为事故预防的基础,其工作是建立在对危险源信息的掌握。危险分析就是采用各种系统科学的手段掌握分析对象足够的安全信息,包括物质的危险信息、设备的信息、生产工艺的信息、人员的信息等,通过分析这些安全信息,辨识分析对象的危险因素,评价其危险水平,并根据得到的信息采取相应的措施,以达到实现安全的目的。常用的风险评价方法有风险矩阵法、模糊评价方法、神经网络法等。

2.4.1 风险分析矩阵法

为了明确系统危险发生的可能性及后果的严重程度,以寻求最低的事故发生率和最低损失,必须建立系统的风险评估模型。一个好的风险评价模型应能使决策者正确了解风险的大小及为把风险降低到可接受水平所要采取的措施和付出的代价。

风险分析矩阵法(Risk Assessment Code,RAC)是定性风险估算常用的方法,它是将决定危险事件的风险的两种因素——危险严重性(S)和危险可能性(P),按其特点划分为相对的等级,形成一种风险评价矩阵,并赋予一定的加权值来定性地衡量风险大小。

根据事故发生后人员、生产和设备的损害程度,将危险事件发生的严重性定性地分为若干等级,称为危险事件严重度等级。通常严重等级分为四级,可能性划分为五级,如表 2-4、表 2-5 所示。按可能性与严重性建立一个二维矩阵,矩阵的每一个元素都对应一个可能性和严重性等级,并用一个数值或代码表示,称为“风险评价指数”,用来表示风险的大小。最为常见的两种风险评价矩阵如表2-6、表2-8所示。在两种评价矩阵中,均将危险评价指数按风险的大小分为四类,并建议采取不同的控制原则,如表2-7、表2-9所示。

表2-4 危险严重性分类表

说 明	等级	定 义
灾难性	Ⅰ	死亡、系统报废、严重环境破坏
严重性	Ⅱ	严重伤害、严重职业病、系统或环境的较严重破坏
轻度型	Ⅲ	轻度伤害、轻度职业病、系统或环境的轻度破坏
可忽略性	Ⅳ	轻于轻度伤害及轻度职业病、轻于系统或环境的轻度破坏

表2-5 危险可能性等级表

说 明	等级	单个项目	总 体
频繁	A	可能经常发生	连续发生
很可能	B	在寿命周期内出现若干次	频繁发生
偶然	C	在寿命周期内可能有时发生	发生若干次
很少	D	在寿命周期内不易发生,但可能发生	不易发生,但有理由可能预期发生
不可能	E	不易发生,可以认为不会发生	不易发生,但可能发生

表2-6 风险评价矩阵示例一

危险等级	Ⅰ/灾难性的	Ⅱ/严重性的	Ⅲ/轻度的	Ⅳ/可忽略的
(A) 频繁($X>10^{-1}$)	1A	2A	3A	4A
(B) 很可能($10^{-1}>X>10^{-2}$)	1B	2B	3B	4B
(C) 偶然($10^{-2}>X>10^{-3}$)	1C	2C	3C	4C
(D) 很少($10^{-3}>X>10^{-6}$)	1D	2D	3D	4D
(E) 不可能($10^{-6}>X$)	1E	2E	3E	4E

表2-7 定量准则表

危险风险指数	建议准则
1A、1B、1C、2A、2B、3A	不可接受
1D、2C、2D、3B、3C	不希望(需要MA评审)
1E、2E、3D、3E、4A、4B	可接受,但需要MA评审
4C、4D、4E	不需要评审即可接受

表 2-8　风险评价矩阵示例二

危险类别	灾难性的	严重性的	轻度的	可忽略的
频繁	1	3	7	13
很可能	2	5	9	16
偶然	4	6	11	18
很少	8	10	14	19
不可能	12	15	17	20

表 2-9　定量准则表

危险风险指数	建议准则
1～5	不可接受
6～9	不希望(需要 MA 评审)
10～17	可接受,但需要 MA 评审
18～20	不需要评审即可接受

此外,为了评价所选择的危险控制措施,还可采用控制程度指数(Control Rating Code,CRC)。按能量控制优先顺序构成一个 6×4 的二维矩阵,如表 2-10 所示。

表 2-10　CRC 矩阵

	设计Ⅰ	被动安全设施Ⅱ	主动安全设施Ⅲ	警告设施Ⅳ
A 消除能量源	1	1	2	3
B 限制能量源	1	1	2	3
C 防止逸散	1	2	2	3
D 提供屏蔽	2	2	3	4
E 改变逸散方式	2	3	4	4
F 使伤害最小化	3	3	4	4

在进行产品或者系统的风险评估时,可将 RAC 与 CRC 结合一起使用。RAC 采用形式如表 2-11 所示,控制准则表如表 2-12 所示。

表 2-11　RAC 矩阵

危险类型 / 控制类型	灾难性的	严重的	轻度的	可忽略的
Ⅰ	1	1	3	5

（续表）

控制类型＼危险类型	灾难性的	严重的	轻度的	可忽略的
Ⅱ	1	2	4	5
Ⅲ	2	3	5	5
Ⅳ	3	4	5	5

表 2-12　定量准则表

危险风险指数	建议准则
1	高度风险——重点分析与测试
2	中度风险——进行要求与设计分析及进一步测试
3～4	适度风险——进行 MA 认可，可接受的高层次分析与测试
5	低度风险——可接受

采用 RAC 和 CRC 结合在一起进行风险评价时，应遵循以下规则：

(1) *CRC* 值≤*RAC* 值。

(2) 单点故障的严重性不允许达到Ⅰ级或Ⅱ级。

(3) *RAC*=1 或 2 的危险不能采用“注意”、“报警”或个体防护设备来进行控制。

采用 RAC 和 CRC 进行危险风险评价的过程如图 2-15 所示。

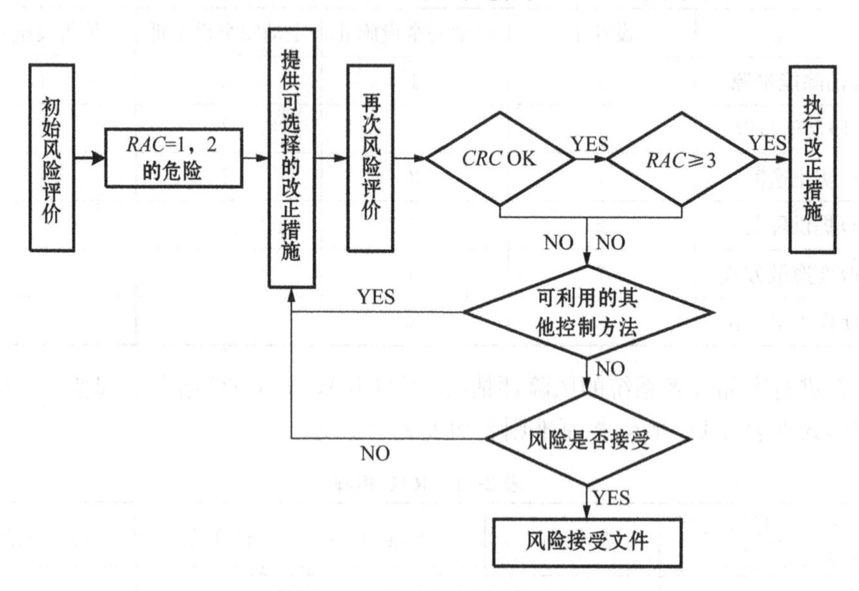

图 2-15　CRC、RAC 评价过程

2.4.2 模糊风险评价方法

模糊综合评价以模糊数学为基础，应用模糊关系合成原理，将复杂系统层级化，对不易定量因素定量化，以进行综合评价的一种方法。该方法应用模糊集理论方法，对系统的失效可能性和失效后果进行定量分析评价。对于较复杂的系统，由于存在着许多诱发系统事故、影响事故后果的模糊因素，采用模糊集方法来描述和处理这些模糊因素，能使得评价结果更接近工程实际。它既减了获取风险评价的输入数据的难度，又能结合工程技术人员的实际经验和判断构造模糊数的隶属函数，并在一定程度上容忍描述的误差，因此该方法具有较大的灵活性和适应性。

设$\boldsymbol{U}=\{u_1,u_2,\cdots,u_m\}$为被评价对象的$m$种因素，即因素集。$\boldsymbol{V}=\{v_1,v_2,\cdots,v_n\}$为每一因素所处状态的$n$种决断，即决断集。这里存在着两类模糊集，以主观赋权为例，一类是标志因素集$\boldsymbol{U}$中在人们心目中的重要程度的量，表现为因素集$\boldsymbol{U}$上的模糊权重向量$\boldsymbol{A}=\{a_1,a_2,\cdots,a_m\}$；另外一类是$\boldsymbol{U}\times\boldsymbol{V}$上的模糊关系，表现为$m\times n$模糊矩阵$\boldsymbol{R}$，再对两类集施加某种模糊运算，便得到$\boldsymbol{V}$上的一个模糊子集$\boldsymbol{B}=\{b_1,b_2,\cdots,b_n\}$。因此，模糊综合评价是指寻找模糊权重向量$\boldsymbol{A}=\{a_1,a_2,\cdots,a_m\}\in F(U)$，以及一个从$\boldsymbol{U}$到$\boldsymbol{V}$的模糊变换$\tilde{f}$，即对单因素$u_i$做出单独判断：

$$\tilde{f}(u_i)=(r_{i1},r_{i2},\cdots,r_{in})\in F(V),\quad i=1,2,\cdots,m \tag{2-2}$$

据此构造模糊矩阵$\boldsymbol{R}=[r_{ij}]_{m\times n}\in F(U\times V)$，其中$r_{ij}$表示因素$u_i$具有评语$v_j$的程度。进而求出模糊评价$\boldsymbol{B}=(b_1,b_2,\cdots,b_n)\in F(V)$，其中$b_i$表示被评价对象具有评语$v_j$的程度，即$v_j$对模糊集$\boldsymbol{B}$的隶属度。

所以，模糊综合评价的数学模型涉及三个要素：

因素集$\boldsymbol{U}=\{u_1,u_2,\cdots,u_m\}$

决断集$\boldsymbol{V}=\{v_1,v_2,\cdots,v_m\}$

单因素判断$\tilde{f}:\boldsymbol{U}\rightarrow F(\boldsymbol{V})$

由$\tilde{f}$可诱导模糊关系$R_f\in F(U\times V)$，其中$R_f(u_i,v_j)=f(u_i)(v_j)=r_{ij}$，而由$R_f$可构成模糊矩阵：

$$\boldsymbol{R}=\begin{bmatrix} r_{11} & r_{12} & \cdots & r_{1n} \\ r_{21} & r_{22} & \cdots & r_{2n} \\ \cdots & \cdots & \cdots & \cdots \\ r_{m1} & r_{m2} & \cdots & r_{mn} \end{bmatrix} \tag{2-3}$$

对于因素集$\boldsymbol{U}$上的权重模糊向量$\boldsymbol{A}=(a_1,a_2,\cdots,a_m)$，通过$\boldsymbol{R}$变换为决断集$\boldsymbol{V}$上的模糊集$\boldsymbol{B}=\boldsymbol{A}\cdot\boldsymbol{R}$，于是$(\boldsymbol{U},\boldsymbol{V},\boldsymbol{R})$构成一个评价模型。

例如：某机场“人—机—环境”的一级指标、二级指标如表2-13所示。

表 2-13 系统实现安全程度评估指标数据

目标层	因素层（权重）	子因素	权重	隶属度				
				优	较优	一般	差	较差
系统安全度	飞行（人）(0.67)	责任心与警惕性	0.12	1/10	5/10	3/10	1/10	0
		机组资源管理	0.12	0	3/10	6/10	1/10	0
		遵章守纪	0.14	2/10	2/10	5/10	1/10	0
		知识	0.15	1/10	4/10	3/10	1/10	1/10
		技术和经验	0.15	1/10	6/10	3/10	0	0
		生理和保健	0.10	7/10	2/10	1/10	0	0
		飞行组织与准备	0.12	3/10	4/10	2/10	1/10	0
		人员培训工作	0.05	0	2/10	5/10	2/10	1/10
		乘务工作	0.05	8/10	2/10	0	0	0
	飞机与维修（机）(0.28)	责任心与警惕性	0.15	1/10	6/10	3/10	0	0
		遵章守纪	0.17	2/10	5/10	2/10	1/10	0
		知识与技能	0.14	2/10	4/10	4/10	0	0
		人员培训工作	0.08	0	2/10	6/10	2/10	0
		维修管理	0.10	1/10	3/10	4/10	2/10	0
		飞机放行	0.16	3/10	5/10	2/10	0	0
		飞机	0.15	5/10	3/10	2/10	0	0
		设施与设备	0.05	8/10	2/10	0	0	0
	飞行保障（环境）(0.05)	责任心与警惕性	0.15	2/10	4/10	2/10	2/10	0
		遵章守纪	0.20	1/10	3/10	4/10	0	1/10
		知识与技能	0.20	3/10	4/10	3/10	0	0
		人员培训	0.15	1/10	2/10	5/10	1/10	1/10
		飞行组织与保障	0.20	4/10	3/10	3/10	0	0
		设施与设备	0.10	8/10	2/10	0	0	0

对 1949—1999 年我国民航事故原因统计分析以及 1980—2001 年全球民航事故原因的统计分析表明，由于飞行人员的不安全行为导致的事故大致占 67.0%，由机务方面引起的占 27.7%，由于飞行环境保障不力引发的占 5.3%。因此，人、机、环境 3 项指标的权重分别取为 0.67，0.28 和 0.05。

在航空安全检查中，通常采用 5 分制，将模糊评判集分为 5 级。5～1 级分别表示好(v_1)、较好(v_2)、一般(v_3)、差(v_4)、很差(v_5)。评判集为：

$$\mathbf{V} = \{v_1, v_2, v_3, v_4, v_5\}$$

根据民航系统的实际情况，采用同行评议统计法确定指标隶属度。在实际操作过程中，邀请 10 位专家组成评判小组进行评判。

$$e_{ijt} = \frac{n_t}{n}$$

其中，n_t 表示赞同某因素或指标归属于第 t 个评判集的评价人数；n 表示参加评估的专家总人数。通过计算，得到人、机和环境3子系统的模糊评判向量分别为：

$$\boldsymbol{B}_1=\{0.216,0.362,0.327,0.075,0.020\}$$

$$\boldsymbol{B}_2=\{0.250,0.412,0.285,0.053,0.000\}$$

$$\boldsymbol{B}_3=\{0.285,0.310,0.305,0.045,0.035\}$$

将其组成评判矩阵，进行二级模糊综合评判得：

$$\boldsymbol{G}=[0.67,0.28,0.05]\cdot\begin{bmatrix}0.216 & 0.362 & 0.327 & 0.075 & 0.020\\0.250 & 0.412 & 0.285 & 0.053 & 0.000\\0.285 & 0.310 & 0.305 & 0.045 & 0.035\end{bmatrix}$$

$$=(0.229\quad 0.373\quad 0.314\quad 0.067\quad 0.015)$$

以结果向量为权重，对评价集加权后的计算结果为3.728。与模糊评判集对照，系统的人—机—环境处于一般到较好之间。

2.4.3 灰色关联分析评价方法

安全管理中的各要素诸如安全管理手段、制度、组织机构、安全信息反馈和处理、安全管理系统协调性等要素，均呈现出不确定性，且具有小样本、贫信息的特征，属于灰色系统的研究范畴，运用灰色理论进行风险评价，能够对问题的本质准确地描述和分析。

灰色系统是信息不完全确知的系统，即部分信息已知部分信息未知的系统。灰色系统理论是我国著名学者邓聚龙教授1982年创立的，已广泛应用于工业、农业和社会经济等各个领域。灰色关联度分析是灰色系统理论的一个重要组成部分。灰色关联分析是一种系统分析技术，是分析系统中各因素关联程度的方法。它是根据因素之间发展态势的相似和相异程度，即系统中有关统计数据的几何关系及其相似程度，来判断各因素有关联程度。

该模型的具体步骤如下：

设 m 为参评对象数据序列数，每个参评数据序列所对应的影响因素的测定数据数目为 n。则参评数据序列描述为：

$$A_i(k)=\{A_i(1),A_i(2),\cdots,A_i(n)\},\quad i=1,2,\cdots,m \tag{2-4}$$

式中 $A_i(k)$ 为第 i 个参评对象 k 项评价因子的取值。

为了对参评对象数据序列进行评价，需确定评价标准数据序列，记为：

$$A_0(k)\{A_0(1),A_0(2),\cdots,A_0(n)\} \tag{2-5}$$

评价过程中，由于评价指标的量纲不同，数据在数量上差异性很大，无法进行关联计算，需要对各指标的数据进行归一化处理，一般采用均值化方法。设 $X_i(k)$ 为归一化处理后的数据序列，计算公式如下：

$$X_i(k)=\frac{A_i}{\frac{1}{m+1}\sum_{j=0}^{m}A_j(k)}$$

$$=\begin{Bmatrix} X_0(1) & X_0(2) & \cdots & X_0(n) \\ X_1(1) & X_1(2) & \cdots & X_1(n) \\ \vdots & \vdots & \vdots & \vdots \\ X_m(1) & X_m(2) & \cdots & X_m(n) \end{Bmatrix} \tag{2-6}$$

$$(i=0,1,\cdots,n)$$

对应于一个标准数据序列，有若干个参评数据序列，用公式：

$$\zeta_0(k)=\frac{\min_i\min_k|X_0(k)-X_i(k)|+p\max_i\max_k|X_0(k)-X_i(k)|}{|X_0(k)-X_i(k)|+p\max_i\max_k|X_0(k)-X_i(k)|} \tag{2-7}$$

$$(i=1,2,\cdots,n)$$

表示第 i 个评价数据序列与标准数据序列在对应的第 k 个指标的相对差，即为关联系数，这是灰色关联评价的核心模型。

式中：

$|X_0(k)-X_i(k)|$为标准数据序列与第 i 个参评数据序列对应第 k 个指标差的绝对值；

$\min_i\min_k|X_0(k)-X_i(k)|$为两级最小差；

$\max_i\max_k|X_0(k)-X_i(k)|$为两级最大差。

p 为分辨系数，当 p 在 $p\left[\left(\frac{1}{2}\right)(e-1),\frac{1}{2}\right]$区间内取值时具有最大信息量和最大信息分辨率，这里取 $p=\frac{1}{2}$。

据式(2-6)和式(2-7)得到关联矩阵：

$$\xi_{0i}(k)=\begin{Bmatrix} \xi_{01}(1) & \xi_{01}(2) & \cdots & \xi_{01}(n) \\ \xi_{02}(1) & \xi_{02}(2) & \cdots & \xi_{02}(n) \\ \vdots & \vdots & \vdots & \vdots \\ \xi_{0m}(1) & \xi_{0m}(2) & & \xi_{0m}(n) \end{Bmatrix} \tag{2-8}$$

$$(i=1,2,\cdots,m;k=1,2,\cdots,n)$$

将参评数据序列的关联系数集中为一个值，来作为关联程序的数量表征，用 R_0 表示，并根据式(2-9)的计算结果进行分析，以确定参评数据序列与标准数据序列的关联程度。

$$R_{01}=\frac{1}{n}\sum_{k=1}^{n}\xi_{0i}(k),\quad (i=1,2,\cdots,m) \tag{2-9}$$

例如：某矿山 1998—2003 年度安全生产状况统计见表 2-14。

表 2-14　某矿安全生产状况

年度	百万吨死亡率	百万吨重伤率	百万吨轻伤率	千人伤亡率	事故影响日数(天)
1998	2.778	0.000	8.481	5.797	21 425
1999	0.000	0.909	5.455	3.939	725
2000	0.000	0.000	6.667	4.533	450
2001	2.400	1.600	6.400	7.956	12 150
2002	1.538	0.769	6.923	7.344	12 050
2003	1.481	0.000	4.444	4.866	10 575

参考序列 $A_0(k)$ 由各个指标的最优值组成。对于上述各个评价指标，最优值就是最小值。即在参加评价的各个年度中，分别挑选出各个指标的最小值，组成一个新的序列作为参考序列：

$$A_0(k)=\{A_0(1),A_0(2),\cdots,A_0(n)\}=\{0,0,4.444,3.939,450\}$$

由 $A_0(k)$ 和表 2-14 中的数据构成数据阵：

$$\boldsymbol{A}_i(k)=\{A_i(1),A_i(2),\cdots,A_i(n)\}$$

$$=\begin{Bmatrix} 0.000 & 0.000 & 4.444 & 3.939 & 450 \\ 2.778 & 0.000 & 8.481 & 5.797 & 21\,425 \\ 0.000 & 0.900 & 5.455 & 3.939 & 725 \\ 0.000 & 0.000 & 6.667 & 4.533 & 450 \\ 2.400 & 1.600 & 6.400 & 7.956 & 12\,150 \\ 1.538 & 0.769 & 9.923 & 7.344 & 12\,050 \\ 1.481 & 0.000 & 4.444 & 4.866 & 10\,575 \end{Bmatrix}$$

其中，$i=1,2,\cdots,m$。

根据式(2-6)，数据进行归一化处理后得数据矩阵：

$$\boldsymbol{X}_i(k)=\begin{Bmatrix} 0.000 & 0.000 & 0.679 & 0.719 & 0.054 \\ 2.372 & 0.000 & 1.296 & 1.057 & 2.594 \\ 0.000 & 0.275 & 0.833 & 0.719 & 0.088 \\ 0.000 & 0.000 & 1.019 & 0.827 & 0.054 \\ 2.05 & 0.489 & 0.978 & 1.451 & 1.471 \\ 1.313 & 0.235 & 1.516 & 1.34 & 1.459 \\ 1.265 & 0.000 & 0.679 & 0.888 & 1.280 \end{Bmatrix}$$

令 $\Delta_i = |X_0(k) - X_i(k)|$，则可求得参考序列 $X_0(k)$ 与其他各比较序列的绝对差值，如表 2-15 所示。

表 2-15 绝对差值

k	1	2	3	4	5
$\Delta_1(k)$	2.372	0.000	0.617	0.338	2.540
$\Delta_2(k)$	0.000	0.275	0.154	0.000	0.034
$\Delta_3(k)$	0.000	0.000	0.340	0.108	0.000
$\Delta_4(k)$	2.05	0.489	0.299	0.732	1.417
$\Delta_5(k)$	1.313	0.235	0.837	0.621	1.405
$\Delta_6(k)$	1.265	0.000	0.000	0.169	1.226

由表 2-15 可以看出两级最小差和两级最大差分别为：

$$\Delta_{\min} = \min_{i} \min_{k} \mid X_0(k) - X_i(k) \mid = 0$$

$$\Delta_{\max} = \max_{i} \max_{k} \mid X_0(k) - X_i(k) \mid = 2.5$$

关联系数矩阵为：

$$\xi_{0i}(k) = \begin{Bmatrix} 0.349 & 1.000 & 0.673 & 0.790 & 0.333 \\ 1.000 & 0.822 & 0.892 & 1.000 & 0.974 \\ 1.000 & 1.000 & 0.789 & 0.922 & 1.000 \\ 0.383 & 0.722 & 0.809 & 0.634 & 0.473 \\ 0.492 & 0.844 & 0.603 & 0.672 & 0.475 \\ 0.501 & 1.000 & 1.000 & 0.883 & 0.509 \end{Bmatrix}$$

由式(2-9)可得：

$$R_{01} = \{0.6284 \quad 0.9376 \quad 0.9422 \quad 0.6042 \quad 0.6172 \quad 0.7786\}$$

关联度 R_{01} 即是矿山每年度安全生产水平的综合表示，R_{01} 越大，安全程度越好。由评估结果可知，该矿山企业在 2001 年安全生产状况突然下降，连续出现职工重大伤亡事故。由于前几年的安全状况较好，致使该矿山企业管理放松，对于一些隐患没有引起足够的重视。近 3 年来，由于该矿山投入大量的人力物力加强了安全管理，其安全状态有了明显的提高。

2.4.4 人工神经网络评价方法

人工神经网络(Artificial Neural Network，ANN)是由多个非常简单的处理单元彼此按某种方式相互连接而形成的计算系统，该系统是靠其状态对外部信息的动态响应来处理信息的。并行处理、分布式存储的结构特征，自学习、自组织与自适应性的能力构成了人工神经网络的基本特征。它是对生物神经的简化、抽象与模拟，目前已提出上百种人工神经网络模型。它们在模式识别、系统辨识、信号处理、自动控制、组织优化、预测估计、故障诊断、医学与经济学等领域已成功地解决了许多现代计算机难以解决的许多问题。

BP(Back Propagation)网络是1986年由Rumelhart和McCelland为首的科学家小组提出，是一种按误差逆传播算法训练的多层前馈网络，是目前应用最广泛的神经网络模型之一。BP网络能学习和存贮大量的输入-输出模式映射关系，而无需事前揭示描述这种映射关系的数学方程。它的学习规则是使用最速下降法，通过反向传播来不断调整网络的权值和阈值，使网络的误差平方和最小。BP神经网络模型拓扑结构包括输入层(input layer)、隐层(hide layer)和输出层(output layer)，如图2-16所示。

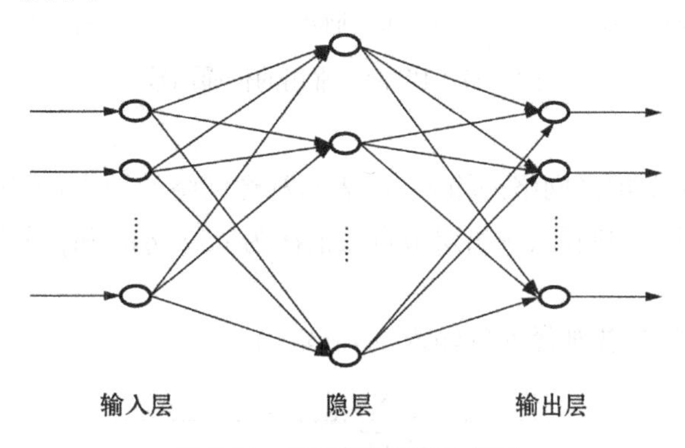

图2-16 BP神经网络示意图

一般来说，确定了网络层数、每层节点数、传递函数、初始权系数、学习算法等也就确定了BP网络。其应用的主要步骤如下：

1) 层数及节点的确定

1998年Robert Hecht-Nielson证明了对任何在闭区间内的连续函数，都可以用一个隐层的BP网络来逼近，因而一个三层的BP网络可以完成任意的n维到m维的映照。因此，只有一个输入层、一个隐层、一个输出层的BP神经网络是目前普遍采用的。

对于多层前馈网络来说，隐层节点数的确定是成败的关键。若数量太少，则网络所能获取的用以解决问题的信息太少；若数量太多，不仅增加训练时间，更重要的是隐层节点过多还可能出现所谓"过渡吻合"(overfitting)问题，即测试误差增大导致泛化能力下降，因此合理选择隐层节点数非常重要。关于隐层数及其节点数的选择比较复杂，一般原则是在能正确反映输入输出关系的基础上，应选用较少的隐层节点数，以使网络结构尽量简单。

2）BP 网络常用传递函数

BP 网络的传递函数有多种。Log-sigmoid 型函数的输入值可取任意值，输出值在 0 和 1 之间；tan-sigmod 型传递函数 tansig 的输入值可取任意值，输出值在 −1 到 +1 之间；线性传递函数 purelin 的输入与输出值可取任意值。各种传递函数如图 2-17 所示。

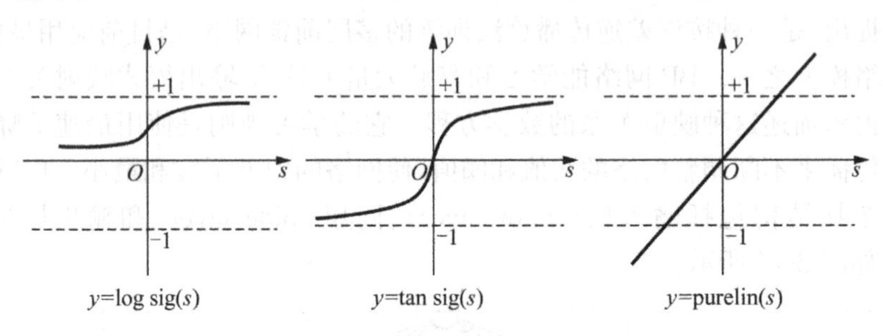

图 2-17 BP 网络常用的传递函数

3）学习算法

我们用 x_i 表示神经网络的输入，y_k 表示神经网络的输出，连接权值 w_{ij}、w_{jk} 和阈值 θ_j、η_k；输入层、中间层、输出层节点数依次为 m、n、q；α 和 β 分别为权值和阈值调整参数。

（1）计算中间层各神经元的输入 v_j，和输出 o_j：

$$v_j = \sum_{i=1}^{m} w_{ij} x_i - \theta_j \tag{2-10}$$

$$o_j = f(v_j) = 1/[1 + \exp(-v_j)] \tag{2-11}$$

上式中，采用 Sigmoid 函数。

（2）计算输出层各神经元的输入和输出：

$$s_k = \sum_{j=1}^{n} w_{jk} o_j - \eta_k \tag{2-12}$$

$$y_k = f(s_k) = 1/[1 + \exp(-s_k)] \tag{2-13}$$

（3）计算连接到输出层单元上的权值误差：

$$\delta_k = (1 - y_k)(d_k - y_k) y_k \tag{2-14}$$

d_k——样本期望值。

（4）计算连接到中间层单元上的权值误差 σ_j：

$$\sigma_j = o_j (1 - o_j) \sum_{k=1}^{q} \delta_k w_{jk} \tag{2-15}$$

（5）更新连接权值 w_{jk}，阈值 η_k：

$$w_{jk}(N+1)=w_{jk}(N)+\alpha\delta_k o_j \tag{2-16}$$

$$\eta_{jk}(N+1)=\eta_{jk}(N)-\beta\delta_k \tag{2-17}$$

（6）更新连接权值 w_{ij}，阈值 θ_j：

$$w_{ij}(N+1)=w_{ij}(N)+\alpha\sigma_j x_i \tag{2-18}$$

$$\theta_j(N+1)=\theta_j(N)-\beta\sigma_j \tag{2-19}$$

（7）输入下一个样本，重复上述过程。样本学习到均方值误差：

$$E_t=\frac{1}{2}\sum_{k=1}^{q}(c_k-y_k)^2 \tag{2-20}$$

满足 $\left|\sum_{t=1}^{z}E_t\right|\leqslant\varepsilon$ 为止，ε 为学习精度。

训练稳定的神经网络就可以用来预测各种指标的走势结果。同时，上述机理可以借助于MATLAB神经网络工具箱来实现，将免去许多编写计算程序的烦恼。Matlab 2008是Mathworks公司开发的数学计算软件，其中神经网络工具箱NNTOOL编程功能极为强大，可以根据需要进行自定义和开发，为各个行业所广泛采纳。

例如：要预测某企业某年某月的某种不安全事件的次数，可以以当年该月的前 m 个月的该不安全事件的次数为训练集，即输入 m 个影响变量。例如：以2011年6月份的鸟击航空器次数为基准，采用2011年1，2，3，4，5月份五个月的鸟击航空器次数数据作为输入矢量集，2011年6月份鸟击航空器次数数据作为期望输出，得到一组样本对的映射。以此类推，可得到 $m\times(k-m)$ 的输入矩阵和 $1\times(k-m)$ 的目标矩阵。然后编制matlab程序进行神经网络训练，就可得到BP神经网络的权值及阈值向量。

具体示例如下，某机场2011—2012年2年的不安全事件的数量统计值作为实际监测值，如表2-16所示。以每6个月的作为一组输入数据，下一个月的数据作为目标数据制成训练样本，如表2-17所示。

表2-16　某机场2011—2012年不安全事件统计数据　单位：次

时　间	运行	安保	消防	清仓	设备运行	应急救援	其他	合计
2011年1月	2	3	1	6	32	6	4	54
2011年2月	11	8	1	5	26	4	7	62
2011年3月	15	7	5	7	27	6	6	73
2011年4月	12	3	2	9	29	6	6	67
2011年5月	18	5	3	3	28	3	6	66

（续表）

时　间	运行	安保	消防	清仓	设备运行	应急救援	其他	合计
2011年6月	21	8	0	6	37	6	4	82
2011年7月	24	9	2	4	37	5	12	93
2011年8月	22	4	0	16	62	13	16	133
2011年9月	13	1	6	4	23	5	3	55
2011年10月	12	5	1	7	30	7	3	65
2011年11月	9	3	5	8	19	8	5	57
2011年12月	15	4	3	9	22	12	2	67
2012年1月	6	2	4	7	13	1	5	38
2012年2月	8	3	1	8	5	2	7	34
2012年3月	2	1	2	2	13	8	7	35
2012年4月	5	1	2	7	24	1	6	46
2012年5月	10	3	1	5	17	7	8	51
2012年6月	9	2	1	7	12	5	9	45
2012年7月	4	3	2	6	36	6	9	66
2012年8月	37	1	0	3	18	4	8	71
2012年9月	27	1	2	6	23	1	7	67
2012年10月	15	3	0	2	22	2	6	50
2012年11月	8	7	0	4	24	8	6	57
2012年12月	10	5	0	7	28	2	3	55

表 2-17　学习样本

序号	输入数据						输　出
1	54	62	73	67	66	82	62
2	62	73	67	66	82	93	63
3	73	67	66	82	93	133	67
4	67	66	82	93	133	55	66
5	66	82	93	133	55	65	82

(续表)

序号	输入数据						输　出
6	82	93	133	55	65	57	93
7	93	133	55	65	57	67	133
8	133	55	65	57	67	38	55
9	55	65	57	67	38	34	65
10	65	57	67	38	34	35	57
11	57	67	38	34	35	46	67
12	67	38	34	35	46	51	38
13	38	34	35	46	51	45	34
14	34	35	46	51	45	66	35
15	35	46	51	45	66	71	46
16	46	51	45	66	71	67	51
17	51	45	66	71	67	50	45
18	45	66	71	67	50	57	66
19	66	71	67	50	57	55	71

建立一个三层、隐含层12个节点的BP神经网络，其传递函数采用tansig函数，学习算法采用matlab神经网络工具箱内置的TRAINGDM算法，编制程序如下：

```
%%创建一个新的前向神经网络
net=newff(minmax(P),[12,1],{'tansig','purelin'},'trainlm');
%当前输入层权值和阈值
inputWeights=net.IW{1,1}
inputbias=net.b{1}
%当前网络层权值和阈值
layerWeights=net.LW{2,1}
layerbias=net.b{2}
%%设置训练参数
net.trainParam.show=50; %显示训练结果的间隔步数
net.trainParam.epochs=1000; %最大训练步数
net.trainParam.goal=0.0001; %训练目标误差
```

```
net. trainParam. mu=0.0002；%学习系数的初始值
net. trainParam. mu_dec=0.1；%学习系数的下降因子
net. trainParam. mu_inc=10；%学习系数的上升因子
net. trainParam. mu_max=1000000；%学习系数的最大值
net. trainParam. min_grad=1e-10；%训练中最小允许梯度值
%%调用 TRAINGDM 算法训练 BP 网络：
[net,tr]=train(net,P,T)；
%%对 BP 网络进行仿真
A = sim(net,P)
%计算仿真误差
E = T - A
MSE=mse(E)
```

2.5 事故信息管理

事故信息是企业最重要的安全生产信息，对于企业安全管理控制与决策，乃至安全信息系统的构建都至关重要。事故分析是一个原始信息经过加工整理形成二次信息的过程。

2.5.1 事故定义

事故(accident)，一般是指造成死亡、疾病、伤害、损坏或者其他损失的意外情况。

事故是一系列的事件和行为所导致的不希望出现的后果(如：伤亡、财产损失、工作延误、干扰)的最终产物，而后果包括了事故本身和其产生的后果。事件是其中的过程或者行动，一个事件不一定有一个明确的开头和结尾，例如，载油车翻倒在公路上，油流出来，溅满道路，并流入下水道。这时，不容易区分事件的开头和结束。

综上，事故可以更加全面地定义为：是一项主观上不愿意出现、导致人员伤亡、健康损失、环境及商业机会损失的不期望事件。

安全生产事故，又叫安全事故。是指在生产经营领域中发生的意外的突发事件，通常会造成人员伤亡或财产损失，使正常的生产、生活活动中断。

2.5.2 事故信息的组成结构要素

按照《生产安全事故报告和调查处理条例》(国务院令第 493 号)及《生产安全事故信息报告和处置办法》(总局令第 21 号)中相关管理规定，事故信息的组成及机构要素如图 2-18 所示。

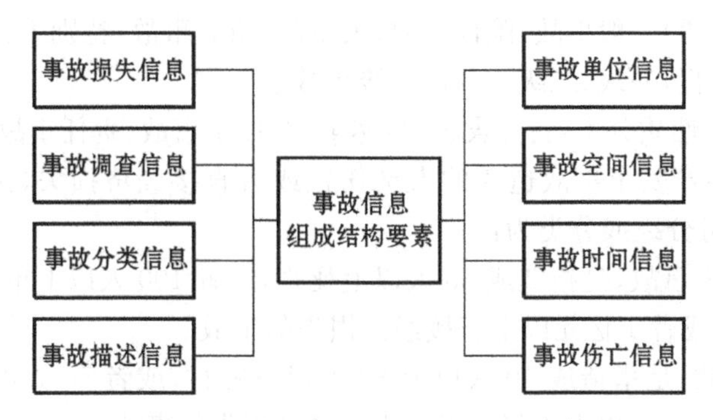

图 2-18　事故信息的组成及结构要素

2.5.3　事故信息分类方法及原则

安全生产事故分类的一般方法有两种：

(1) 经验式的实用主义的上行分类方法，由基本事件归类到事件的方法。

(2) 演绎的逻辑下行分类方法，由事件按规则逻辑演绎到基本事件的方法。

对安全生产事故分类采用何种方法，要视表述和研究对象的情况而定，一般遵守以下原则：

(1) 最大表征事故信息原则。

(2) 类别互斥原则。

(3) 有序化原则。

(4) 表征清晰原则。

2.5.4　事故信息的分类

1. 下行分类

(1) 一般可以把安全生产事故分为生产安全事故和非生产安全事故。其中，生产安全事故分为伤亡事故、设备安全事故、质量安全事故、环境污染事故、职业危害事故、其他安全事故等。非生产安全事故分为盗窃事故、人为破坏事故、其他事故等。

(2) 按行业可划分为：建筑工程事故、交通事故、工业事故、农业事故、林业事故、渔业事故、商贸服务业事故、教育安全事故、医药卫生安全事故、食品安全事故、电力安全事故、矿业安全事故、信息安全事故、核安全事故等。

(3) 按事故严重程度分类或分级：

➢ (工业生产)一般事故，重大事故，特别重大事故。

➢ (道路交通)轻微事故，一般事故，重大事故，特大事故，特别重大事故。

➢ (水上交通)小事故,一般事故,大事故,重大事故。

➢ (铁路交通)一般事故,险性事故,大事故,重大事故,特别重大事故。

➢ (建设工程)一级、二级、三级、四级事故。

(4) 按事故性质分类:自然灾害、自然事故、技术事故、责任事故。

(5) 根据生产安全事故造成的人员伤亡或者直接经济损失(国务院令第493号),事故一般可分级或分类为:

➢ 特别重大事故,是指造成30人以上死亡,或者100人以上重伤(包括急性工业中毒,下同),或者1亿元以上直接经济损失的事故。

➢ 重大事故,是指造成10人以上30人以下死亡,或者50人以上100人以下重伤,或者5000万元以上1亿元以下直接经济损失的事故。

➢ 较大事故,是指造成3人以上10人以下死亡,或者10人以上50人以下重伤,或者1000万元以上5000万元以下直接经济损失的事故。

➢ 一般事故,是指造成3人以下死亡,或者10人以下重伤,或者1000万元以下直接经济损失的事故。

2. 上行分类

(1) 按伤害部位分类:颅脑、面颌部、眼部、鼻、耳、口、颈部、胸部、腹部、腰部、脊柱、上肢、腕及手、下肢、踝及脚,共计15大部,详细见表2-18。

表2-18 事故按伤害部位分类

分类号	受伤部位	分类号	受伤部位
1.01	颅脑	1.09	腹部
1.01.1	脑	1.10	腰部
1.01.2	颅骨	1.11	脊柱
1.01.3	头皮	1.12	上肢
1.02	面颌部	1.12.1	肩胛部
1.03	眼部	1.12.2	上臂
1.04	鼻	1.12.3	肘部
1.05	耳	1.12.4	前臂
1.06	口	1.13	腕及手
1.07	颈部	1.13.1	腕
1.08	胸部	1.13.2	掌

（续表）

分类号	受伤部位	分类号	受伤部位
1.13.3	指	1.15	踝及脚
1.14	下肢	1.15.1	踝部
1.14.1	髋部	1.15.2	跟部
1.14.2	股骨	1.15.3	部(距骨、舟骨、骨)
1.14.3	膝部	1.15.4	趾
1.14.4	小腿		

（2）按受伤性质分类，见表2-19。

表2-19　事故按受伤性质分类

分类号	分　类	分类号	分　类
2.01	电伤	2.10	切断伤
2.02	挫伤、轧伤、压伤	2.11	冻伤
2.03	倒塌压埋伤	2.12	烧伤
2.04	辐射损伤	2.13	烫伤
2.05	割伤、擦伤、刺伤	2.14	中暑
2.06	骨折	2.15	冲击
2.07	化学性灼伤	2.16	生物致伤
2.08	撕脱伤	2.17	多伤害
2.09	扭伤	2.18	中毒

（3）按起因物分类，见表2-20。

表2-20　事故按起因物分类

分类号	分　类	分类号	分　类
3.01	锅炉	3.06	企业车辆
3.02	压力容器	3.07	船舶
3.03	电气设备	3.08	动力传送机构
3.04	起重机械	3.09	放射性物质及设备
3.05	泵、发动机	3.10	非动力手工具

（续表）

分类号	分　类	分类号	分　类
3.11	电动手工具	3.20	非金属矿物
3.12	其他机械	3.21	粉尘
3.13	建筑物及构筑物	3.22	梯
3.14	化学品	3.23	木材
3.15	煤	3.24	工作面(人站立面)
3.16	石油制品	3.25	环境
3.17	水	3.26	动物
3.18	可燃性气体	3.27	其他
3.19	金属矿物		

(4) 按致害物分类,见表 2-21。

表 2-21　事故按致害物分类

分类号	分　类	分类号	分　类
4.01	煤、石油产品	4.05.3	电气保护装置
4.01.1	煤	4.05.4	电阻箱
4.01.2	焦炭	4.05.5	蓄电池
4.01.3	沥青	4.05.6	照明设备
4.01.4	其他	4.05.7	其他
4.02	木材	4.06	梯
4.02.1	树	4.07	空气
4.02.2	原木	4.08	工作面(人站立面)
4.02.3	锯材	4.09	矿石
4.02.4	其他	4.10	粘土、砂、石
4.03	水	4.11	锅炉、压力容器
4.04	放射性物质	4.11.1	锅炉
4.05	电气设备	4.11.2	压力容器
4.05.1	母线	4.11.3	压力管道
4.05.2	配电箱	4.11.4	安全阀

（续表）

分类号	分　类	分类号	分　类
4.11.5	其他	4.14.3	农业机械
4.12	大气压力	4.14.4	林业机械
4.12.1	高压(指潜水作业)	4.14.5	铁路工程机械
4.12.2	低压(指空气稀薄的高原地区)	4.14.6	铸造机械
4.13	化学品	4.14.7	锻造机械
4.13.1	酸	4.14.8	焊接机械
4.13.2	碱	4.14.9	粉碎机械
4.13.3	氢	4.14.10	金属切削机床
4.13.4	氨	4.14.11	公路建筑机械
4.13.5	液氧	4.14.12	矿山机械
4.13.6	氯气	4.14.13	冲压机
4.13.7	酒精	4.14.14	印刷机械
4.13.8	乙炔	4.14.15	压辊机
4.13.9	火药	4.14.16	筛选、分离机
4.13.10	炸药	4.14.17	纺织机械
4.13.11	芳香烃化合物	4.14.18	木工刨床
4.13.12	砷化物	4.14.19	木工锯机
4.13.13	硫化物	4.14.20	其他木工机械
4.13.14	二氧化碳	4.14.21	皮带传送机
4.13.15	一氧化碳	4.14.22	其他
4.13.16	含氰物	4.15	金属件
4.13.17	卤化物	4.15.1	钢丝绳
4.13.18	金属化合物	4.15.2	铸件
4.13.19	其他	4.15.3	铁屑
4.14	机械	4.15.4	齿轮
4.14.1	搅拌机	4.15.5	飞轮
4.14.2	送料装置	4.15.6	螺栓

（续表）

分类号	分　类	分类号	分　类
4.15.7	销	4.16.11	电动葫芦
4.15.8	丝杠、光杠	4.16.12	绞车
4.15.9	绞轮	4.16.13	卷扬机
4.15.10	轴	4.16.14	桅杆式起重机
4.15.11	其他	4.16.15	壁上起重机
4.16	起重机械	4.16.16	铁路起重机
4.16.1	塔式起重机	4.16.17	千斤顶
4.16.2	龙门式起重机	4.16.18	其他
4.16.3	梁式起重机	4.17	噪声
4.16.4	门座式起重机	4.18	蒸气
4.16.5	浮游式起重机	4.19	手工具(非动力)
4.16.6	甲板式起重机	4.20	电动手工具
4.16.7	桥式起重机	4.21	动物
4.16.8	缆索式起重机	4.22	企业车辆
4.16.9	履带式起重机	4.23	船舶
4.16.10	叉车		

(5) 按伤害方式分类，见表 2-22。

表 2-22　事故按伤害方式分类

分类号	分　类	分类号	分　类
5.01	碰撞	5.03.1	由高处坠落平地
5.01.1	人撞固定物体	5.03.2	由平地坠入井、坑洞
5.01.2	运动物体撞人	5.04	跌倒
5.01.3	互撞	5.05	坍塌
5.02	撞击	5.06	淹溺
5.02.1	落下物	5.07	灼烫
5.02.2	飞来物	5.08	火灾
5.03	附落	5.09	辐射

（续表）

分类号	分　类	分类号	分　类
5.10	爆炸	5.13	接触
5.11	中毒	5.13.1	高低温环境
5.11.1	吸入有毒气体	5.13.2	高低温物体
5.11.2	皮肤吸收有毒物质	5.14	掩埋
5.11.3	经口	5.15	倾覆
5.12	触电		

（6）按不安全状态分类，见表2-23。

表2-23 事故按不安全状态分类

分类号	分　类
6.01	防护、保险、信号等装置缺乏或有缺陷
6.01.1	无防护
6.01.1.1	无防护罩
6.01.1.2	无安全保险装置
6.01.1.3	无报警装置
6.01.1.4	无安全标志
6.01.1.5	无护栏或护栏损坏
6.01.1.6	(电气)未接地
6.01.1.7	绝缘不良
6.01.1.8	局扇无消音系统、噪声大
6.01.1.9	危房内作业
6.01.1.10	未安装防止“跑车”的挡车器或挡车栏
6.01.1.11	其他
6.01.2	防护不当
6.01.2.1	防护罩未在适当位置
6.01.2.2	防护装置调整不当
6.01.2.3	坑道掘进、隧道开凿支撑不当
6.01.2.4	防爆装置不当

（续表）

分类号	分 类
6.01.2.5	采伐、集材作业安全距离不够
6.01.2.6	放炮作业隐蔽所有缺陷
6.01.2.7	电气装置带电部分裸露
6.01.2.8	其他
6.02	设备、设施、工具、附件有缺陷
6.02.1	设计不当，结构不合安全要求
6.02.1.1	通道门遮挡视线
6.02.1.2	制动装置有缺陷
6.02.1.3	安全间距不够
6.02.1.4	拦车网有缺陷
6.02.1.5	工件有锋利毛刺、毛边
6.02.1.6	设施上有锋利倒棱
6.02.1.7	其他
6.02.2	强度不够
6.02.2.1	机械强度不够
6.02.2.2	绝缘强度不够
6.02.2.3	起吊重物的绳索不合安全要求
6.02.2.4	其他
6.02.3	设备在非正常状态下运行
6.02.3.1	设备带“病”运转
6.02.3.2	超负荷运转
6.02.3.3	其他
6.02.4	维修、调整不良
6.02.4.1	设备失修
6.02.4.2	地面不平
6.02.4.3	保养不当、设备失灵
6.02.4.4	其他

（续表）

分类号	分　类
6.03	个人防护用品用具——防护服、手套、护目镜及面罩、呼吸器官护具、听力护具、安全带、安全帽、安全鞋等缺少或有缺陷
6.03.1	无个人防护用品、用具
6.03.2	所用的防护用品、用具不符合安全要求
6.04	生产(施工)场地环境不良
6.04.1	照明光线不良
6.04.1.1	照度不足
6.04.1.2	作业场地烟雾尘弥漫视物不清
6.04.1.3	光线过强
6.04.2	通风不良
6.04.2.1	无通风
6.04.2.2	通风系统效率低
6.04.2.3	风流短路
6.04.2.4	停电停风时放炮作业
6.04.2.5	瓦斯排放未达到安全浓度放炮作业
6.04.2.6	瓦斯超限
6.04.2.7	其他
6.04.3	作业场所狭窄
6.04.4	作业场地杂乱
6.04.4.1	工具、制品、材料堆放不安全
6.04.4.2	采伐时，未开“安全道”
6.04.4.3	迎门树、坐殿树、搭挂树未作处理
6.04.4.4	其他
6.04.5	交通线路的配置不安全
6.04.6	操作工序设计或配置不安全
6.04.7	地面滑
6.04.7.1	地面有油或其他液体
6.04.7.2	冰雪覆盖

（续表）

分类号	分　类
6.04.7.3	地面有其他易滑物
6.04.8	贮存方法不安全
6.04.9	环境温度、湿度不当

（7）按不安全行为分类，见表2-24。

表2-24　事故按不安全行为分类

分类号	分　类
7.01	操作错误，忽视安全，忽视警告
7.01.1	未经许可开动、关停、移动机器
7.01.2	开动、关停机器时未给信号
7.01.3	开关未锁紧，造成意外转动、通电或泄漏等
7.01.4	忘记关闭设备
7.01.5	忽视警告标志、警告信号
7.01.6	操作错误（指按钮、阀门、扳手、把柄等的操作）
7.01.7	奔跑作业
7.01.8	供料或送料速度过快
7.01.9	机械超速运转
7.01.10	违章驾驶机动车
7.01.11	酒后作业
7.01.12	客货混载
7.01.13	冲压机作业时，手伸进冲压模
7.01.14	工件紧固不牢
7.01.15	用压缩空气吹铁屑
7.01.16	其他
7.02	造成安全装置失效
7.02.1	拆除了安全装置
7.02.2	安全装置堵塞，失掉了作用
7.02.3	调整的错误造成安全装置失效

（续表）

分类号	分　类
7.02.4	其他
7.03	使用不安全设备
7.03.1	临时使用不牢固的设施
7.03.2	使用无安全装置的设备
7.03.3	其他
7.04	手代替工具操作
7.04.1	用手代替手动工具
7.04.2	用手清除切屑
7.04.3	不用夹具固定、用手拿工件进行机加工
7.05	物体(指成品、半成品、材料、工具、切屑和生产用品等)存放不当
7.06	冒险进入危险场所
7.06.1	冒险进入涵洞
7.06.2	接近漏料处(无安全设施)
7.06.3	采伐、集材、运材、装车时,未离危险区
7.06.4	未经安全监察人员允许进入油罐或井中
7.06.5	未“敲帮问顶”开始作业
7.06.6	冒进信号
7.06.7	调车场超速上下车
7.06.8	易燃易爆场合明火
7.06.9	私自搭乘矿车
7.06.10	在绞车道行走
7.06.11	未及时观望
7.07	攀、坐不安全位置(如平台护栏、汽车挡板、吊车吊钩)
7.08	在起吊物下作业、停留
7.09	机器运转时加油、修理、检查、调整、焊接、清扫等工作
7.10	有分散注意力行为
7.11	在必须使用个人防护用品用具的作业或场合中,忽视其使用

（续表）

分类号	分　类
7.11.1	未戴护目镜或面罩
7.11.2	未戴防护手套
7.11.3	未穿安全鞋
7.11.4	未戴安全帽
7.11.5	未佩戴呼吸护具
7.11.6	未佩戴安全带
7.11.7	未戴工作帽
7.11.8	其他
7.12	不安全装束
7.12.1	在有旋转零部件的设备旁作业穿过肥大服装
7.12.2	操纵带有旋转零部件的设备时戴手套
7.12.3	其他
7.13	对易燃、易爆等危险物品处理错误

(8) 按受伤害方式分类：物体打击、车辆伤害、机械伤害、起重伤害、触电、淹溺、灼烫、火灾、高处坠落、坍塌、冒顶片帮、透水、放炮、火药爆炸、瓦斯爆炸、锅炉爆炸、容器爆炸、其他爆炸、中毒和窒息、其他伤害，共计 20 种。

相关分类方式来源自《企业职工伤亡事故分类标准》(GB 6441-86)。一个科学的、系统的分类方式有利于提高事故信息的使用价值。

2.5.5 事故统计分析

伤亡事故统计分析是死亡事故综合分析的主要内容。它是以大量的伤亡事故资料为基础，应用数理统计的原理和方法、从宏观上探索伤亡事故发生原因及规律的过程。通过伤亡事故的综合分析，可以了解一个企业、部门在某一时期的安全状况。掌握伤亡事故发生、发展的规律和趋势，探求伤亡事故发生的原因和有关的影响因素，从而为有效地采取预防事故措施提供依据，为宏观事故预测及安全决策提供依据。

事故统计分析的目的包括 3 个方面：

一是进行企业外的对比分析。依据伤亡事故的主要统计指标进行部门与部门之间、企业与企业之间、企业与本行业平均指标之间的对比。

二是对企业、部门的不同时期的伤亡事故发生情况进行对比，用来评价企业安全状况是否有所改善。

三是发现企业事故预防工作存在的主要问题，研究事故发生原因，以便采取措施防止事故发生。

1. 统计分析基础

事故统计分析是运用数理统计来研究事故发生规律的一种方法。对任何一个人来说，很少有遇到伤害事故的情况，因而几乎很少有人仅仅根据个人的经历就能清楚地认识到事故预防的重要性。事故统计数据可以把危险状况展现在人们面前，提高人们对事故的认识，使存在的急需解决的问题暴露出来。

事故的发生是一种随机现象。随机现象是在一定条件下可能发生也可能不发生，在个别试验、观测中呈现出不确定性，但是在大量重复试验、观测中又具有统计规律性的现象。研究随机现象需要借助概率论和数理统计的方法。

1）统计分布的基本概念

事故的发生是一种随机现象。在概率论及数理统计中通过随机变量来描述随机现象。随机变量是"当对某量重复观测时仅出于机会而产生变化的量"。它与人们通常接触的变量概念不同。随机变量不能适当地用一个数值来描述、必须用实际数字系统的分布来描述。由于实际数字分布系统不同，随机变量分为离散型随机变量和连续型随机变量，在描述事故统计规律时，需要恰当地确定随机变量的类型。例如，一定时期内企业事故发生次数只能是非负的整数，相应地，其数字分布系统是离散型的；两次事故之间的时间间隔则应该属于连续型随机变量，因为与时间相应的数字分布系统是连续型的。

为了描述随机变量的分布情况，利用数学期望（平均值）来描述其数值的大小：

$$\bar{x} = \frac{1}{n}\sum_{i=1}^{n} x_i \quad (i = 1, 2, \cdots, n) \tag{2-21}$$

利用方差来描述其随机波动情况：

$$\sigma^2 = \frac{\sum_{i=1}^{n}(x_i - \bar{x})^2}{n-1} \tag{2-22}$$

上述公式中，x_i 为观测值。

某一随机现象在统计范围内出现的次数称为频数。如果与某种随机现象对应的随机变量是连续型随机变量，则往往把它的观测值划分为若干个等级区段，然后考察某一等级区段对应的随机现象出现次数。在某规定值以下所有随机现象出现频数之和称为累计频数。某种随机现象出现频数与被观测的所有随机现象出现总次数之比称为频率。某企业两年内每个月事故发生次数及频率分布情况见表2-25。

图 2-19 所示为该企业事故的频数分布；图 2-20 所示为其累计频数分布。

表 2-25 事故发生次数和频率分布

事故次数	频数(次)	累计频数(次)	频 率	累计频率
0	1	1	0.041 67	0.041 67
1	2	3	0.083 33	0.125 00
2	3	6	0.125 00	0.250 00
3	4	10	0.166 67	0.416 67
4	4	14	0.166 67	0.583 34
5	3	17	0.125 00	0.708 33
6	2	19	0.083 33	0.791 66
7	2	21	0.083 33	0.874 99
8	1	22	0.041 67	0.916 66
9	1	23	0.041 67	0.958 33
>10	1	24	0.041 67	1.000 00

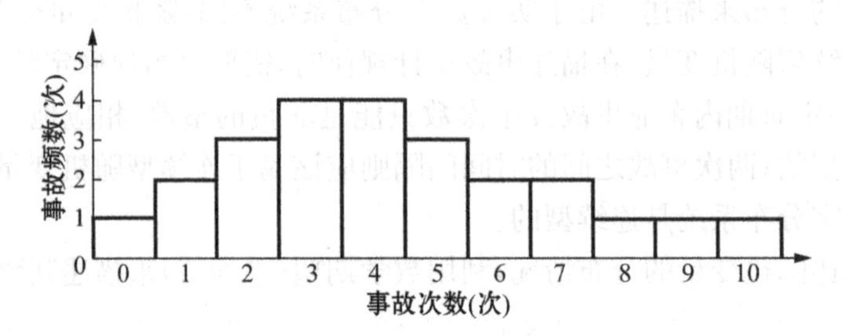

图 2-19 事故频数分布

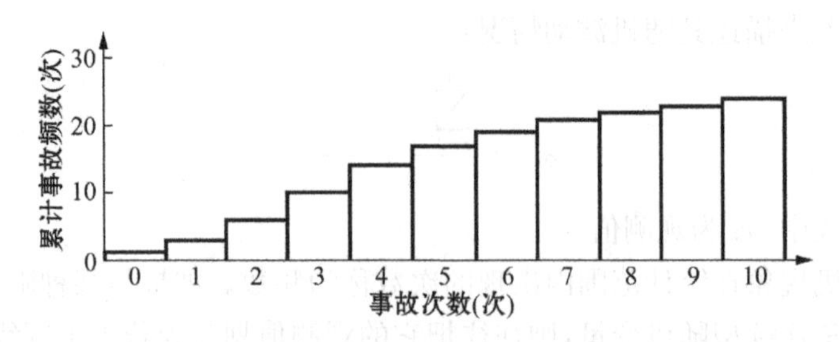

图 2-20 事故累计频数分布

频率在一定程度上反映了某种随机现象出现的可能性。但是，在观测次数少的场合，频率呈现出强烈的波动性。随着观测次数的增加频率逐渐稳定于某常数，此常数称为概率，它是随机现象发生可能性的度量。

2）事故统计分布

在研究事故发生的统计规律时，我们关心的是在一定时间间隔内事故发生的次数，即事故发生率，或两次事故之间的时间间隔，即无事故时间。事故发生率和无事故时间是衡量一个企业或部门安全程度的重要指标。

（1）无事故时间。

无事故时间。是指两次事故之间的间隔时间，故又称作事故间隔时间。

根据大量观测、研究，事故的发生与生产、生活活动的经历时间有关。设某次事故发生后的瞬间为研究的初始时刻，到 t 时刻发生事故的概率记为 $F(t)$，不发生事故的概率记为 $R(t)$，则事故时间分布函数，即事故发生概率为：

$$F(t)=P_t\{T\leqslant t\} \tag{2-23}$$

$$F(0)=0 \tag{2-24}$$

而不发生事故的概率为：

$$R(t)=1-F(t) \tag{2-25}$$

$$R(0)=1 \tag{2-26}$$

当事故时间分布 $F(t)$ 可微分时，则可表示为：

$$f(t)=\frac{\mathrm{d}F(t)}{\mathrm{d}t} \tag{2-27}$$

$$F(t)=\int_0^t f(t)\mathrm{d}t \tag{2-28}$$

这里，$f(t)$ 称为概率密度函数。当 $\mathrm{d}t$ 非常小时，$f(t)\mathrm{d}t$ 表示在时间间隔 $(t,t+\mathrm{d}t)$ 发生事故的概率。定义：

$$\lambda(t)=\frac{f(t)}{R(t)} \tag{2-29}$$

为事故发生率函数。当 $\mathrm{d}t$ 非常小时，$\lambda(t)\mathrm{d}t$ 表示到 t 时刻没有发生事故而在时间间隔 $(t,t+\mathrm{d}t)$ 内发生事故的概率。该式也可写成：

$$\lambda(t)=\frac{\mathrm{d}F(t)}{\mathrm{d}t\cdot R(t)}=-\frac{\mathrm{d}R(t)}{R(t)\mathrm{d}t} \tag{2-30}$$

把它积分则为：

$$\int_0^t\lambda(t)\mathrm{d}t=-[\ln R(t)]_0^t=-[\ln R(t)-\ln R(0)]=-\ln R(t) \tag{2-31}$$

$$R(t)=\mathrm{e}^{-\int_0^t\lambda(t)\mathrm{d}t} \tag{2-32}$$

于是，自初始时刻到 t 时刻事故发生的概率为：

$$F(t)=1-R(t)=1-\mathrm{e}^{-\int_0^t \lambda(t)\mathrm{d}t} \tag{2-33}$$

式中，事故发生率函数 $\lambda(t)$ 决定了 $F(t)$ 的分布形式。

当事故发生率为常数时，$\lambda(t)=\lambda$，事故发生概率变为指数分布：

$$F(t)=1-\mathrm{e}^{-\lambda t} \tag{2-34}$$

$$f(t)=\lambda\mathrm{e}^{-\lambda t} \tag{2-35}$$

事故发生率 λ 是指数分布唯一的分布参数，也是一个最具有实际意义的参数。它表示单位时间里发生事故的次数，是衡量企业安全状况的重要指标。严格地讲，任何企业的事故发生率都是不断变化的。但是，在考察一段比较短的时间间隔内的事故发生情况时，为简单计，我们可以近似地认为事故发生率是恒定的。

指数分布的数学期望 $E(x)$ 为：

$$E(x)=\frac{1}{\lambda}=\theta \tag{2-36}$$

它等于事故发生率 λ 的倒数，通常记为 θ，称作平均无事故时间，或平均事故间隔时间。显然，平均无事故时间越长越好。

指数分布的方差 $V(x)$ 为：

$$V(x)=\frac{1}{\lambda^2} \tag{2-37}$$

指数分布的方差比较大。

指数分布的 $f(t)$ 如图 2-21 所示。

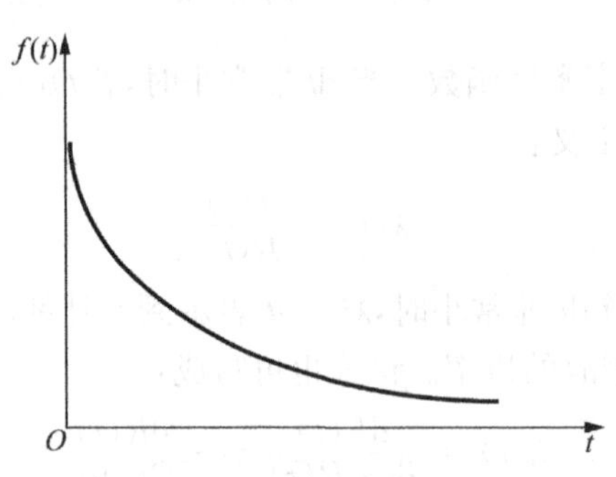

图 2-21　指数分布的 $f(t)$

(2) 事故发生次数。

在事故统计中经常以一定时间间隔内发生的事故次数作为统计指标。

当事故时间分布服从指数分布，即事故发生率 λ 为常数时，一定时间间隔内事故发生次数 $N(t)$ 服从泊松(Poisson)分布。

自时刻 $t=0$ 到 t 时刻发生 n 次事故的概率记为：

$$P_n(t) = P_r\{N(t) = n\} \tag{2-38}$$

则对于 $n=0,1,2,\cdots$，有：

$$P_n(t) = \frac{(\lambda t)^n}{n!}e^{-\lambda t} \tag{2-39}$$

该式称作参数 λt 的泊松分布。由该式可以导出到 t 时刻发生不超过 n 次事故的概率：

$$P_r\{N(t) \leqslant n\} = \sum_{k=0}^{n} \frac{(\lambda t)^k}{k!}e^{-\lambda t} \tag{2-40}$$

在实际事故统计中往往固定时间间隔并取其为单位时间，即 $t=1$，例如一个月或一年等。这种场合，发生 n 次事故的概率为：

$$f(n) = \frac{\lambda^n}{n!}e^{-\lambda} \tag{2-41}$$

该式称作参数 λ 的泊松分布。

在单位时间内发生事故不超过 λ 次的概率为：

$$F(\leqslant n) = \sum_{k=0}^{n} \frac{\lambda^k}{k!}e^{-\lambda} \tag{2-42}$$

发生 n 次以上的事故的概率为：

$$F(\geqslant n) = 1 - F(\leqslant n) = 1 - \sum_{k=0}^{n} \frac{\lambda^k}{k!}e^{-\lambda} \tag{2-43}$$

在参数 λt 的泊松分布中，其数学期望和方差都是 λt。在参数 λ 的泊松分布中，其数学期望和方差都是 λ。

(3) 置信区间。

随机地从总体中抽取一个样本。在推断总体期望值的场合，我们可以根据样本观测值计算样本的期望值 $\hat{\theta}$。根据总体分布的概率密度函数，可以求出 $\hat{\theta}$ 落入任意两个值 t_1 与 t_2 之间的概率。对于某一特定的概率($1-\alpha$)，如果：

$$P_t(t_1 \leqslant \hat{\theta} \leqslant t_2) = 1 - \alpha \tag{2-44}$$

则称 t_1 与 t_2 之间(包括 t_1 与 t_2 在内)的所有值的集合为参数 $\hat{\theta}$ 的置信区间，t_1 与 t_2 分别为置信上限和置信下限。对应于置信区间的特定概率($1-\alpha$)或称为置信度，α 称为显著性水平。

置信度与置信区间在事故统计分析中具有重要意义，可以被用来估计统计分析的可靠程度，以及参数估计的区间估计。

2. 事故统计方法

常用的伤亡事故统计方法主要有柱状图、趋势图、管理图、扇形团、玫瑰图和分布图等。

1）柱状图

柱状图以柱状图形来表示各统计指标的数值大小。由于它绘制容易、清晰醒目，所以应用得十分广泛。图 2-22 所示为某单位人员伤害部位分布的柱状图。

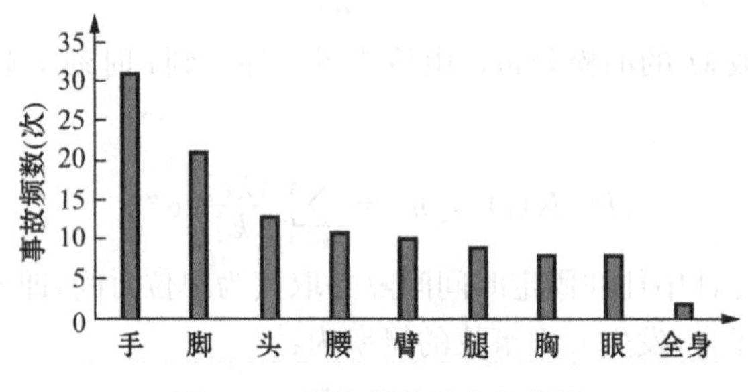

图 2-22 伤害部位分布柱状图

在进行伤亡事故统计分析时，有时需要把各种因素的重要程度直观地表现出来。这时可以利用排列图（或称主次因素排列图）来实现。绘制排列图时，把统计指标（通常是事故频数、伤亡人数、伤亡事故频率等）数值最大的因素排列在柱状图的最左端，然后按统计指标数值的大小依次向右排列，并以折线表示累计值（或累计百分比）。

在管理方法中有一种以排列图为基础的 ABC 管理法。它按累计百分比把所有因素划分为 A、B、C 三个级别，其中累计百分比 0%～80%为 A 级、80%～90%为 B 级、90%～100%为 C 级。A 级因素相对数目较少但累计百分比达到 80%，是"关键的少数"，是管理的重点；相反，C 级因素属于"无关紧要的多数"。图 2-23 为某企业各类伤亡事故发生次数的排列图。由该图可以看出，物体打击、机械伤害是该企业伤亡事故的主要类别，是事故预防工作的重点。

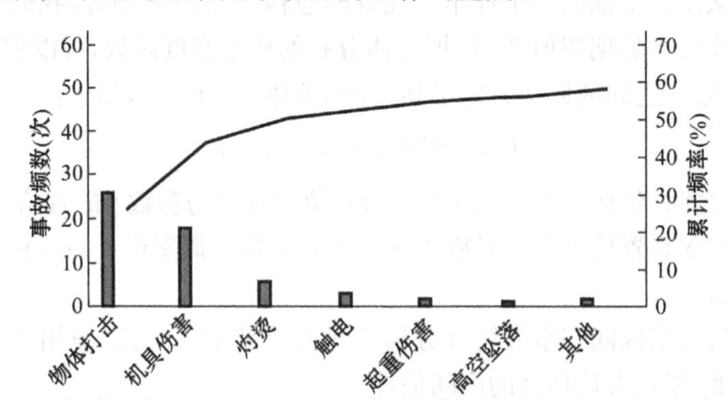

图 2-23 伤亡事故发生次数的排列图

2）事故发生趋势图

伤亡事故发生趋势图是一种折线图。它用不间断的折线来表示各统计指标的数值大小和变化，最适合于表现事故发生与时间的关系。

事故发生趋势图用于图示事故发生趋势分析。事故发生趋势分析是按时间顺序对事故发生情况进行的统计分析。它按照时间顺序对比不同时期的伤亡事故统计指标，展示伤亡事故发生趋势和评价某一个时期内企业的安全状况。

某企业自 1980 年到 1989 年间伤亡事故发生趋势图如图 2-24 所示，由图可看出，1984 年以前千人负伤率下降幅度较大，之后呈稳定下降趋势。

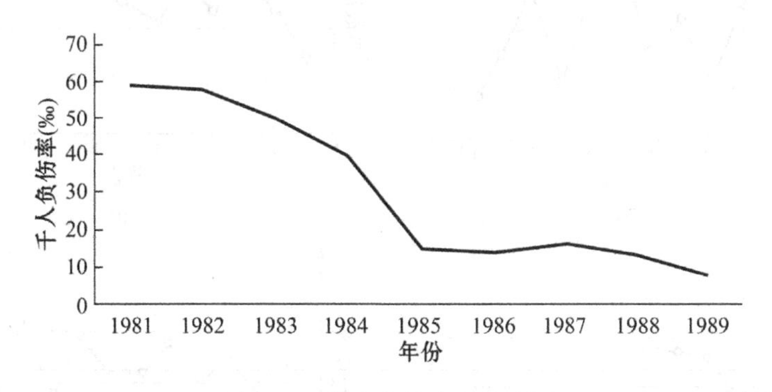

图 2-24　伤亡事故发生趋势图

3）伤亡事故管理图

伤亡事故管理图也称伤亡事故控制图。为了预防伤亡事故发生，降低伤亡事故发生频率，企业、部门广泛开展安全目标管理。伤亡事故管理图是实施安全目标管理中，为及时掌握事故发生情况而经常使用的一种统计图表。

在实施安全目标管理时，把作为年度安全目标的伤亡事故指标逐月分解，确定月份管理目标。

一般地、一个单位的职工人数在短时间内是稳定的，故往往以伤亡事故次数作为安全管理的目标值。

如前所述，在一定时期内一个单位里伤亡事故发生次数的概率分布服从泊松分布，并且泊松分布的数学期望和方差部是 λ。这里 λ 是事故发生率，即单位时间里的事故发生次数。若以 λ 作为每个月伤亡事故发生次数的目标值，当置信度取 90％时，按下述公式确定安全目标管理的上限 U 和下限 L：

$$U = \lambda + 2\sqrt{\lambda} \tag{2-45}$$

$$L = \lambda - 2\sqrt{\lambda} \tag{2-46}$$

在实际安全工作中，人们最关心的是实际伤亡事故发生次数的平均值是否超过安全目标。所以，往往不必考虑管理下限而只注重管理上限，力争每个月里伤亡事故发生次数不超过管理上限。

绘制伤亡事故管理图时，以月份为横坐标、事故次数为纵坐标，用实线画出管理目标线，用虚线画出管理上限和下限，并注明数值和符号，如图 2-25 所示。把每个月的实际伤亡事故次数点在图中相应的位置上，并将代表各月份伤亡事故发生次数的点连成折线，根据数据点的分布情况和折线的总体走向，可以判断当前的安全状况。

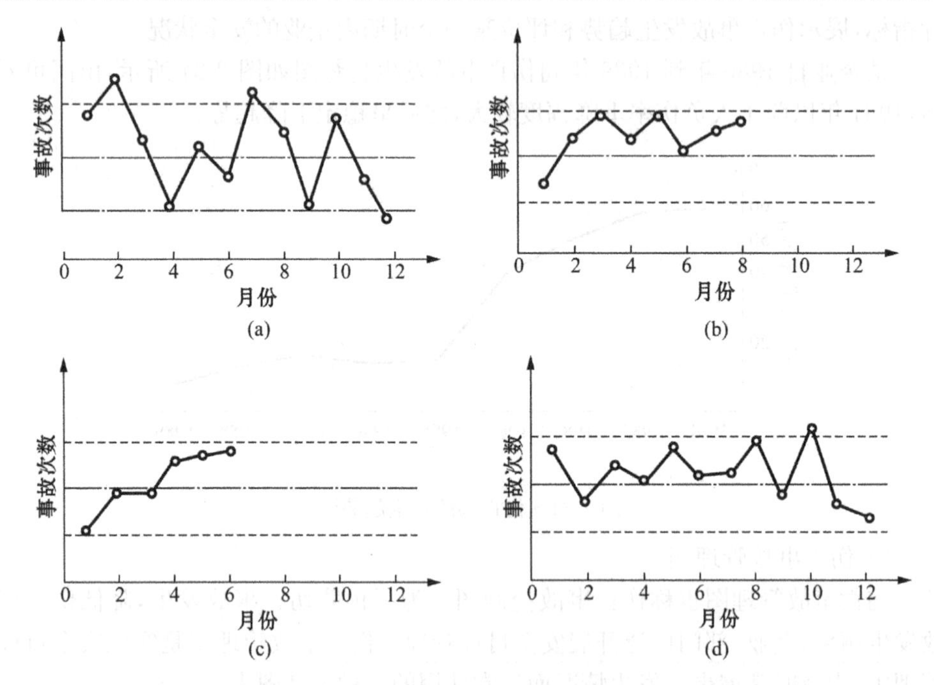

图 2-25　伤亡事故管理图

(a) 个别数据点超出管理上限　(b) 连续数据点在目标值以上

(c) 多个数据点连续上升　(d) 大多数数据点在目标值以上

正常情况下，各月份的实际伤亡事故发生次数应该在管理上限之内围绕安全目标值随机波动。当管理图上出现如图 2-25 所示情况之一时，就应该认为安全状况发生了变化，不能实现预定的安全目标，需要查明原因及时改正。

4) 其他方法

除了上述方法以外，还有扇形图、玫瑰图和分布图等。

(1) 扇形图。它用一个圆形中各个扇形面积的大小不同来代表各种事故因素、事故类别、统计指标的所占比例。又称作圆形结构图。

(2) 玫瑰图。利用圆的角度表示事故发生的时序，用径向尺度表示事故发生的频数。

(3) 分布图。把曾经发生事故的地点用符号在厂区、车间的平面图上表示出来。不同的事故用不同的颜色和符号表示，符号的大小代表事故的严重程度。

3. 事故统计指标

为了便于统计、分析、评价企业、部门的伤亡事故发生情况，需要规定一些通用的、统一的统计指标。在1948年8月召开的国际劳工组织会议上，确定了以伤亡事故频率和伤害严重率为伤亡事故统计指标。

1）伤亡事故频率

生产过程中发生的伤亡事故次数与参加生产的职工人数、经历的时间及企业的安全状况等因素有关。在一定的时间内参加生产的职工人数不变的场合，伤亡事故发生次数主要取决于企业的安全状况。于是，可以用伤亡事故频率作为表征企业安全状况的指标。

$$\alpha = \frac{A}{NT} \tag{2-47}$$

式中：α——伤亡事故频率；

A——伤亡事故发生次数（次）；

N——参加生产的职工人数（人）；

T——统计期间。

2）事故严重率

我国的国家标准《企业伤亡事故分类》（GB 6441-1986）规定，按伤害严重率、伤害平均严重率和按产品产量计算死亡率等指标计算事故严重率。

此外，我国安全生产涉及工矿企业（包括商贸流通企业）、道路交通、水上交通、铁路交通、民航飞行、农业机械、渔业船舶等行业。各个有关行业主管部门针对本行业特点，制定并实施了各自的事故统计报表制度和统计指标体系来反映本行业的事故情况。

指标通常分为绝对指标和相对指标。绝对指标是指反映伤亡事故全面情况的绝对数值，如事故次数、死亡人数、重伤人数、轻伤人数、直接经济损失、损失工作日等。相对指标是伤亡事故的两个相联系的绝对值指标之比，表示事故的比例关系，如千人死亡率、千人重伤率等。

为了综合反映我国生产安全事故情况，国家安全生产监督管理局成立后，围绕国家安全生产工作的总体思路和部署，结合我国经济发展和行业特点，借鉴国外先进的生产安全事故指标体系和分析方法，对统计指标体系进行了改革，提出了适应我国的生产安全事故统计指标体系，如图2-26所示。

总的说来，我国生产安全事故指标体系的内容分为4大类，具体介绍如下：

（1）综合类伤亡事故统计指标体系。

事故起数、死亡事故起数、死亡人数、受伤人数、直接经济损失、重大事故起数、

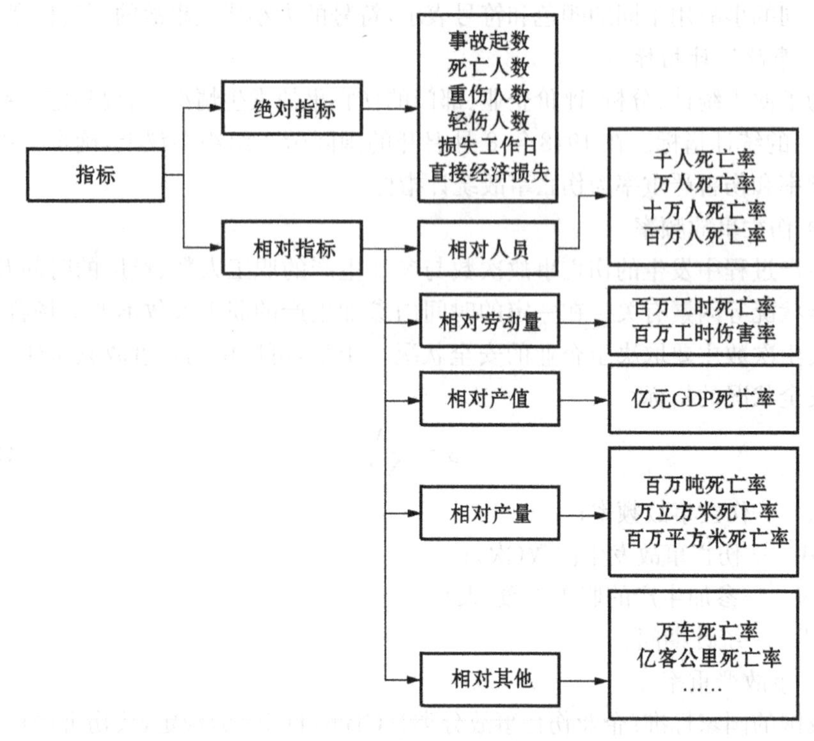

图 2-26　事故统计指标体系

重大事故死亡人数、特大事故起数、特大事故死亡人数、特别重大事故起数、特别重大事故死亡人数、重大事故率、特大事故率。

(2) 工矿企业类伤亡事故统计指标体系。

煤矿企业伤亡事故统计指标：伤亡事故起数、死亡事故起数、死亡人数、重伤人数、轻伤人数、直接经济损失、损失工作日、重大事故起数、重大事故死亡人数、特大事故起数、特大事故死亡人数、特别重大事故起数、特别重大事故死亡人数、百万吨死亡率、千人死亡率、千人重伤率、百万工时死亡率、重大事故率、特大事故率。

金属和非金属矿企业(原非煤矿山企业)伤亡事故统计指标：伤亡事故起数、死亡事故起数、死亡人数、重伤人数、轻伤人数、直接经济损失、损失工作日、重大事故起数、重大事故死亡人数、特大事故起数、特大事故死亡人数、特别重大事故起数、特别重大事故死亡人数、千人死亡率、千人重伤率、百万工时死亡率、重大事故率、特大事故率。

工商企业(原非矿山企业)伤亡事故统计指标：伤亡事故起数、死亡事故起数、死亡人数、重伤人数、轻伤人数、直接经济损失、损失工作日、重大事故起数、重大事故死亡人数、特大事故起数、特大事故死亡人数、特别重大事故起数、特别重大事故死亡人数、千人死亡率、千人重伤率、百万工时死亡率、重大事故率、特大事故率。

建筑业伤亡事故统计指标:伤亡事故起数、死亡事故起数、死亡人数、重伤人数、轻伤人数、直接经济损失、损失工作日、重大事故起数、重大事故死亡人数、特大事故起数、特大事故死亡人数、特别重大事故起数、特别重大事故死亡人数、千人死亡率、千人重伤率、百万工时死亡率、重大事故率、特大事故率。

危险化学品伤亡事故统计指标:伤亡事故起数、死亡事故起数、死亡人数、重伤人数、轻伤人数、直接经济损失、损失工作日、重大事故起数、重大事故死亡人数、特大事故起数、特大事故死亡人数、特别重大事故起数、特别重大事故死亡人数、千人死亡率、千人重伤率、百万工时死亡率、重大事故率、特大事故率、危险化学品分类、环节。

烟花爆竹伤亡事故统计指标:伤亡事故起数、死亡事故起数、死亡人数、重伤人数、轻伤人数、直接经济损失、损失工作日、重大事故起数、重大事故死亡人数、特大事故起数、特大事故死亡人数、特别重大事故起数、特别重大事故死亡人数、千人死亡率、千人重伤率、百万工时死亡率、重大事故率、特大事故率。

(3) 行业类事故统计指标体系。

道路交通事故统计指标:事故起数、死亡事故起数、死亡人数、受伤人数、直接财产损失、重大事故起数、重大事故死亡人数、特大事故起数、特大事故死亡人数、特别重大事故起数、特别重大事故死亡人数、万车死亡率、十万人死亡率、生产性事故起数、生产性事故死亡人数、重大事故率、特大事故率。

火灾事故统计指标:事故起数、死亡事故起数、死亡人数、受伤人数、直接财产损失、重大事故起数、重大事故死亡人数、特大事故起数、特大事故死亡人数、特别重大事故起数、特别重大事故死亡人数、百万人火灾发生率、百万人火灾死亡率、生产性事故起数、生产性事故死亡人数、重大事故率、特大事故率。

水上交通事故统计指标:事故起数、死亡事故起数、死亡和失踪人数、受伤人数、直接经济损失、重大事故起数、重大事故死亡人数、特大事故起数、特大事故死亡人数、特别重大事故起数、特别重大事故死亡人数、沉船艘数、千艘船事故率、亿客公里死亡率、重大事故率、特大事故率。

铁路交通事故统计指标:事故起数、死亡事故起数、死亡人数、受伤人数、直接经济损失、重大事故起数、重大事故死亡人数、特大事故起数、特大事故死亡人数、特别重大事故起数、特别重大事故死亡人数、百万机车总走行公里死亡率、重大事故率、特大事故率。

民航飞行事故统计指标:飞行事故起数、死亡事故起数、死亡人数、受伤人数、重大事故万时率、亿客公里死亡率。

农机事故统计指标:伤亡事故起数、死亡事故起数、死亡人数、重伤人数、轻伤人数、直接经济损失、重大事故起数、重大事故死亡人数、特大事故起数、特大事故死亡人数、特别重大事故起数、特别重大事故死亡人数、重大事故率、特大事故率。

渔业和其他船舶事故统计指标：事故起数、死亡事故起数、死亡和失踪人数、受伤人数、直接经济损失、重大事故起数、重大事故死亡人数、特大事故起数、特大事故死亡人数、特别重大事故起数、特别重大事故死亡人数、千艘船事故率、重大事故率、特大事故率。

(4) 地区安全评价类统计指标体系。

死亡事故起数、死亡人数、直接经济损失、重大事故起数、重大事故死亡人数、特大事故起数、特大事故死亡人数、特别重大事故起数、特别重大事故死亡人数、亿元国内生产总值(GDP)死亡率、十万人死亡率。

4. 部分安全事故统计指标的意义与计算方法

(1) 千人死亡率。一定时期内，平均每千名从业人员，因伤亡事故造成的死亡人数。

$$\text{千人死亡率} = \frac{\text{死亡人数}}{\text{从业人员数}} \times 10^3 \tag{2-48}$$

(2) 千人重伤率。一定时期内，平均每千名从业人员，因伤亡事故造成的重伤人数。

$$\text{千人重伤率} = \frac{\text{重伤人数}}{\text{从业人员数}} \times 10^3 \tag{2-49}$$

(3) 百万工时死亡率。一定时期内，平均每百万工时，因事故造成死亡的人数。

$$\text{百万工时死亡率} = \frac{\text{死亡人数}}{\text{实际总工时}} \times 10^6 \tag{2-50}$$

(4) 百万吨死亡率。一定时期内，平均每百万吨产量，因事故造成的死亡人数。

$$\text{百万吨死亡率} = \frac{\text{死亡人数}}{\text{实际产量(吨)}} \times 10^6 \tag{2-51}$$

(5) 重大事故率。一定时期内，重大事故占总事故的比率。

$$\text{重大事故率} = \frac{\text{重大事故起数}}{\text{事故总起数}} \times 100\% \tag{2-52}$$

(6) 特大事故率。一定时期内，特大事故占总事故的比率。

$$\text{特大事故率} = \frac{\text{特大事故起数}}{\text{事故总起数}} \times 100\% \tag{2-53}$$

(7) 百万人火灾发生率。一定时期内，某地区平均每一百万人中，火灾发生的次数。

$$\text{百万人火灾发生率} = \frac{\text{火灾发生次数}}{\text{地区总人口}} \times 10^6 \tag{2-54}$$

(8) 百万人火灾死亡率。一定时期内，某地区平均每一百万人中，因火灾造成的死亡人数。

$$百万人火灾死亡率=\frac{火灾造成的死亡人数}{地区总人口}\times 10^6 \quad (2\text{-}55)$$

(9) 万车死亡率。一定时期内，平均每一万辆机动车辆中，造成的死亡人数。

$$万车死亡率=\frac{机动车造成的死亡人数}{机动车数}\times 10^4 \quad (2\text{-}56)$$

(10) 十万人死亡率。一定时期内，某地区平均每10万人中，因事故造成的死亡人数。

$$十万人死亡率=\frac{死亡人数}{地区总人口}\times 10^5 \quad (2\text{-}57)$$

(11) 亿客公里死亡率。

$$亿客公里死亡率=\frac{死亡人数}{运营旅客数\times运营公里数}\times 10^8 \quad (2\text{-}58)$$

(12) 千艘船事故率。一定时期内，平均每千艘船，发生事故的比例。

$$千艘船事故率=\frac{一般以上事故船舶总艘数}{(本单位)船舶总艘数}\times 10^3 \quad (2\text{-}59)$$

(13) 百万机车总行走公里死亡率。

$$百万机车总行走公里死亡率=\frac{死亡人数}{机车总行走公里}\times 10^6 \quad (2\text{-}60)$$

(14) 重大事故万时率。重大事故万时率是指飞行一万小时发生的重大事故次数。

$$重大事故万时率=\frac{重大事故次数}{飞行总小时}\times 10^4 \quad (2\text{-}61)$$

(15) 亿元国内生产总值(GDP)死亡率。某时期内，某地区平均每生产亿元国内生产总值时，造成的死亡人数。

$$亿元国内生产总值(GDP)死亡率=\frac{死亡人数}{国内生产总值}\times 10^8 \quad (2\text{-}62)$$

5. 伤亡事故发生规律分析

伤亡事故统计分析可以宏观地研究伤亡事故发生规律。它从造成大量伤亡事故的诸多因素中找出带有普遍性的原因，为进一步的分析研究和采取预防措施提供依据。

1) 事故伤害统计分析

在伤亡事故统计分析中，选择统计分类项目是非常重要的。只有选择了合适的分类项目，才有可能在此基础之上，收集相关数据，并进行相应的统计分析，得出我们进行管理决策所需的依据。反之则不然。如机械能伤害是工伤事故中最主要的一种伤害形式，但若统计机械能伤害的数量，则在大多数情况下对指导安全管理工作毫无意义可言。在吸收了国外先进经验的基础之上，我国事故统计的分类项目除事故类别、人的不安全行为和物的不安全状态外，还有受伤部位、受伤性质、起因物、致害物、伤害方式等5项。

2）事故原因分析

事故信息的统计分析，也可以按照事故的原因分类进行。我国事故调查分析主要依据国家标准《企业职工伤亡事故调查分析规则》(GB/T 6442-86)。在标准中对事故的直接原因、间接原因的分析有明确的规定。

在国家标准《企业职工伤亡事故调查分析规则》中规定，属于下列情况者为直接原因：

(1) 机械、物质或环境的不安全状态。

(2) 人的不安全行为。

两者在国标《企业职工伤亡事故分类标准》(GB/T 6441-1986)中有规定，具体见表2-20、表2-21。

《企业职工伤亡事故调查分析规则》(GB/T 6442-86)中规定属于下列情况者为间接原因：

(1) 技术和设计上有缺陷——工业构件、建筑物、机械设备、仪器仪表、工艺过程、操作方法、维修检验等的设计，施工和材料使用存在问题。

(2) 教育培训不够，未经培训，缺乏或不懂安全操作技术知识。

(3) 劳动组织不合理。

(4) 对现场工作缺乏检查或指导错误。

(5) 没有安全操作规程或不健全。

(6) 没有或不认真实施事故防范措施；对事故隐患整改不力。

(7) 其他。

6. 伤亡事故统计分析中应该注意的问题

事故的发生是一种随机现象。按照伯努利(Bernoulli)大数定律，只有样本容量足够大时，随机现象出现的频率才趋于稳定。样本容量越小，即观测的数据量越少，随机波动越强烈，统计结果的可靠性越差。据国外的经验，观测低于20万工时的场合，统计的伤亡事故频率会有明显的波动，往往很难做出正确的判断；在观测达到100万工时的场合可以得到比较稳定的结果。

在应用统计分析的方法研究伤亡事故发生规律或利用伤亡事故统计指标评价企业的安全状况时，为了获得可靠的统计结果，应该设法增加样本容量。可以从两个方面采取措施扩大样本容量。

(1) 延长观测期间。对于职工人数较少的单位，可以通过适当增加观测期间来扩大样本容量。例如，采用千人负伤率作为统计指标时，如果以月为单位统计的话，得到的统计结果波动性很大；如果以年为单位统计，则得到的统计结果比较稳定。

(2) 扩大统计范围。事故的发生具有随机性，事故发生后有无伤害和伤害的严重程度也具有随机性。根据海因里希法则，越严重的伤害出现的概率越小。因此，统计范围越小，即仅统计其伤害严重度达到一定程度的事故，则统计结果的随机波动性越大。

2.5.6 伤亡事故经济损失计算方法

事故一旦发生，往往造成人员伤亡或设备、装置、建筑物等的破坏。这一方面给企业带来许多不良的社会影响，另一方面也给企业带来巨大的经济损失。在伤亡事故的调查处理中，仅仅注重人员的伤亡情况、事故经过、原因分析、责任人处理、人员教育、措施制定等是完全不够的，还必须对事故经济损失进行统计。

伤亡事故的经济损失是安全经济学的核心问题。对伤亡事故的经济损失进行统计、计算，有助于了解事故的严重程度和安全经济规律。除此之外，为了避免或减少工业事故的发生，及其造成社会的、经济的损失，企业必须采取一些切实可行的安全措施，提高系统的安全性。但是，采取安全措施需要花费人力和物力，即需要一定的安全投入。在按照某种安全措施方案进行安全投入的情况下，能够取得怎样的效益，该安全措施方案是否经济合理，是安全经济评价的主要内容。而伤亡事故经济损失的统计、计算是安全经济评价的基础。

事故造成的物质破坏而带来的经济损失很容易计算出来，而弄情人员伤亡带来的经济损失却是件十分困难的事情。为此，人们进行了大量的研究，寻求一种方便、准确的经济损失计算方法。值得注意的是，所有的伤亡事故经济损失计算方法都是以实际统计资料为基础的。

1. 伤亡事故直接经济损失与间接经济损失

一起伤亡事故发生后，给企业带来多方面的经济损失。一般地，伤亡事故的经济损失包括直接经济损失和间接经济损失两部分。其中，直接经济损失很容易直接统计出来，而间接经济损失比较隐蔽，不容易直接由财务账面上查到。国内外对伤亡事故的直接经济损失和间接经济损失做了不同规定。

1）国外对伤亡事故直接经济损失和间接经济损失的划分

在国外，特别在西方国家，事故的赔偿主要由保险公司承担。于是，把由保险公司支付的费用定义为直接经济损失，而把其他由企业承担的经济损失定义为间接经济损失。

2）我国对伤亡事故直接经济损失和间接经济损失的划分

1987年，我国开始执行国家标准《企业职工伤亡事故经济损失统计标准》(GB 6721-1986)。该标准把因事故造成人身伤亡及善后处理所支出的费用，以及被毁坏的财产的价值规定为直接经济损失，把因事故导致的产值减少、资源的破坏和受事故影响而造成的其他损失规定为间接经济损失。

《企业职工伤亡事故经济损失统计标准》(GB 6721-1986)对于实现我国伤亡事故经济损失统计工作的科学化和标准化起到了十分重要的作用。当时颁布、实施这一标准时，我国尚未进行工伤保险和医疗保险改革，特别是原劳动部《企业职工工伤保险试行办法》颁布以后，该标准已经不能适应当前形势的发展，有关内容需要进行修订。

3) 伤亡事故直接经济损失与间接经济损失的比例

如前面所述，伤亡事故间接经济损失很难被直接统计出来，于是人们就尝试如何由伤亡事故直接经济损失来算出间接经济损失。进而估计伤亡事故的总经济损失。

海因里希最早进行了这方面的工作。他通过对 5 000 余起伤亡事故经济损失的统计分析，得出直接经济损失与间接经济损失的比例为 1∶4的结论。即伤亡事故的总经济损失为直接经济损失的 5 倍。这一结论至今仍被国际劳联(ILO)所采用；作为估算各国伤亡事故经济损失的依据。

如果把伤亡事故经济损失看作一座浮在海面上的冰山，则直接经济损失相当于冰山露出水面的部分，占总经济损失 4/5 的间接经济损失相当于冰山的水下部分，不容易被人们发现。

继海因里希的研究之后，许多国家的学者探讨了这一问题。人们普遍认为，由于生产条件、经济状况和管理水平等方面的差异，伤亡事故直接经济损失与间接经济损失的比例，在较大的范围之内变化。例如，芬兰国家安全委员会 1982 年公布的数字为 1∶1；英国的雷欧普尔德(Leapold)等对建筑业伤亡事故经济损失的调查，得到的比例为 5∶1；博德在分析 20 世纪七八十年代美国伤亡事故直接与间接经济损失时，得到如图 2-27 所示的冰山图。由该图可以看出，间接经济损失最高可达直接经济损失的 50 多倍。

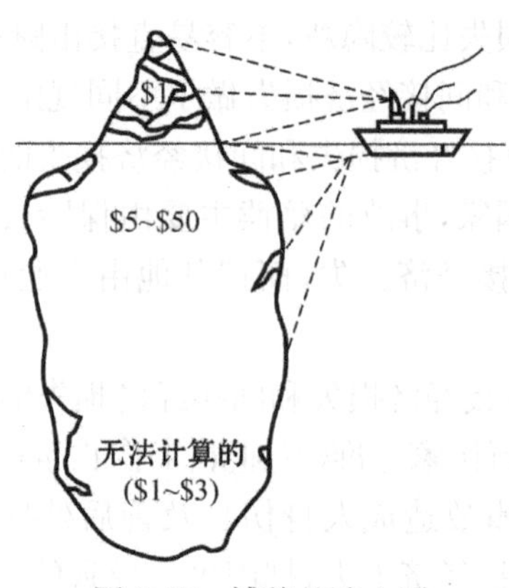

图 2-27 博德的冰山图

由于国内外对伤亡事故直接经济损失和间接经济损失划分不同，直接经济损失与间接经济损失的比例也不同。我国规定的直接经济损失项目中，包含了一些在国外属于间接经济损失的内容。一般来说，我国的伤亡事故直接经济损失所占的比例应该较国外大。根据对少数企业伤亡事故经济损失资料的统计，直接经济损失与间接经济损失的比例约为1∶1.2～1∶2之间。

2. 伤亡事故经济损失计算方法

伤亡事故经济损失 C_T 可由直接经济损失与间接经济损失之和求出，即：

$$C_T = C_D + C_I \tag{2-63}$$

式中：C_D——直接经济损失；

C_I——间接经济损失。

由于间接经济损失的许多项目很难得到准确的统计结果，所以人们必须探索一种实际可行的伤亡事故经济损失计算方法。主要有海因里希算法、西蒙兹算法、辛克莱算法、斯奇巴算法、直接计算法。这里主要介绍我国现行标准规定的计算方法。

(1) 工作损失。

工作损失可以按式(2-64)计算，即：

$$L = D \cdot \frac{M}{S \cdot D_0} \tag{2-64}$$

式中：L——工作损失价值(万元)；

D——损失工作日数，死亡一名职工按6 000个工作日计算，受伤职工视伤害情况按《企业职工伤亡事故分类》(GB/T 6441-1986)的附表或《事故损失工作日标准》(GB/T 15499-1995)确定；

M——企业上年的利税(万元)；

S——企业上年平均职工人数(人)；

D_0——企业上年法定工作日数(日)。

(2) 医疗费用。

它是指用于治疗受伤害职工所需费用。事故结案前的医疗费用按实际费用计算即可。

于事故结案后仍需治疗的受伤害职工的医疗费用，其总的医疗费按式(2-65)计算，即：

$$M = M_b + \frac{M_b}{P} \cdot D_c \tag{2-65}$$

式中：M——被伤害职工的医疗费(万元)；

M_b——事故结案日前的医疗费(万元)；

P——事故发生之日至结案之日的天数(日)；

D_c——延续医疗天数，指事故结案后还须继续医治的时间，由企业劳资、安全、工会等按医生诊断意见确定。上述公式是测算一名被伤害职工的医疗费，一次事故中多名被伤害职工的医疗费应累计计算。

(3) 歇工工资。

歇工工资按式(2-66)计算，即：

$$L = L_a(D_a + D_k) \tag{2-66}$$

式中：L——被伤害职工的歇工工资(元)；

L_a——被伤害职工日工资(元)；

D_a——事故结案日前的歇工日(日)；

D_k——延续歇工日，指事故结案后被伤害职工还须继续歇工的时间，由企业劳资、安全、工会等部门与有关单位酌情商定。上述公式是测算一名被伤害职工的歇工工资，一次事故中多名被伤害职工工资应累计计算。

(4) 处理事故的事务性费用。

包括交通及差旅费、亲属接待费、事故调查处理费、5S材料费、工亡者尸体处理费等。按实际之费用统计。

(5) 现场抢救费用。

现场抢救费用包括清理事故现场尘、毒、放射性物质及消除其他危险和有害因素所需费用，整理、整顿现场所需费用等。

(6) 事故罚款和赔偿费用。

事故罚款是指依据法律、法规，上级行政及行业管理部门对事故单位的罚款，而不是对事故责任人的罚款。赔偿费用包括事故单位因不能按期履行产品生产合同而导致的对用户的经济赔偿费用和因公共设施的损坏而需赔偿的费用。它不包括对个人的赔偿和因环境污染造成的赔偿。

(7) 固定资产损失价值。

包括报废的固定资产损失价值和损坏后有待修复的固定资产损失价值两个部分。前者用固定资产净值减去固定资产残值来计算；后者由修复费用来决定。

(8) 流动资产损失价值。

流动资产是指在企业生产过程中和流通领域中不断变换形态的物质，它主要包括原料、燃料、辅助材料、产品、半成品、在制品等。原料、燃料、辅助材料的损失价值为账面值减去残留值；产品、半成品、在制品的损失价值为实际成本减去残值。

(9) 资源损失价值。

它主要是指由于发生工伤事故而造成的物质资源损失价值。例如，煤矿井下发生火灾事故，造成一部分煤炭资源被烧掉，另一部分煤炭资源被永久冻结。物质资源损失涉及的因素较多，且较复杂，其损失价值有时很难计算，所以常常采用估算法来确定。

(10) 处理环境污染的费用。

它主要包括排污费、治理费、保护费和赔损费等。

(11) 补充新职工的培训费用。

补充技术工人，每人的培训费用按2 000元计算；技术人员的培训费用按每人10 000元计算。在新的培训费用标准出台之前，当前仍执行这一标准。

(12) 补助费、抚恤费。

被伤害职工供养未成年直系亲属的抚恤费累计统计到16周岁，普通中学在校生累计统计到18周岁。

被伤害职工及供养成年直系亲属补助费、抚恤费累计统计到我国人口的平均寿命68周岁。

2.5.7 事故信息报表制度

如何真实完整地收集和记录每起事故数据，是进行统计分析的基础。每起事故所包含的信息量，对事故统计分析至关重要。事故所包含的信息量要能够体现事故致因的科学原理，体现判定事故原因的正确方法。为此，国家统计局以国统函[2003]253号文件批准执行了新的《生产安全事故统计报表制度》。该制度适用于中华人民共和国领域内从事生产经营活动的单位。伤亡事故统计实行地区考核为主的制度，采用逐级上报的程序。

《生产安全事故统计报表制度》中最重要的就是两张基层报表，其他各类统计报表都是在基层报表的基础上产生的。因此正确理解基层报表的各项指标是做好伤亡事故统计工作的基础，基层报表的各项指标归纳起来分以下四个方面。

(1) 事故发生单位情况。

包括事故单位的名称、单位地址、单位代码、邮政编码、从业人员数、企业规模、经济类型、所属行业、行业类别、行业中类、行业小类、主管部门。

(2) 事故情况。

包括事故发生地点、发生日期(年、月、日、时、分)、事故类别、人员伤亡总数(死亡、重伤、轻伤)、非本企业人员伤亡(死亡、重伤、轻伤)、事故原因、损失工作日、直接经济损失、起因物、致害物、不安全状态、不安全行为。

(3) 事故概况。

主要包括事故经过、事故原因、事故教训和防范措施、结案情况，以及其他需要说明的情况。

(4) 伤亡人员情况。

包括伤亡人员的姓名、性别、年龄、工种、工龄、文化程度、职业、伤害部位、伤害程度、受伤性质、就业类型、死亡日期、损失工作日。

2.6 信息流与安全信息管理

信息流的广义定义是指人们采用各种方式来实现信息交流，从面对面的直接交谈直到采用各种现代化的传递媒介，包括信息的收集、传递、处理、储存、检索、分析等渠道和过程。

信息流的狭义定义是从现代信息技术研究、发展、应用的角度看，指的是信息处理过程中信息在计算机系统和通信网络中的流动。

企业生产活动中信息是相互关联的、流动的，通过对信息流梳理，有助于企业安全生产管理。通常情况下，企业内部安全信息存在于以下几种信息流中，即组织系统的信息流、上下级之间的信息流、以安全检查人员及监督人员为中心的信息流、人机系统中的信息流、机械中的信息流、环境中的信息流。

(1) 组织系统的信息流。

生产管理部门，如部、局、处、公司等属于经营者；厂长、矿长受上级经管者的领导，履行管理职责，又向下级(车间主任、工段长)监督人员传达指令，直至一般工作人员。这种上下流通的信息，有的是通过干部使用计算机对信息进行整理，也有的是通过规程、标准等二次信息对各级人员传达指示信息。流动于组织系统中的信息流如图 2-28 中所示。

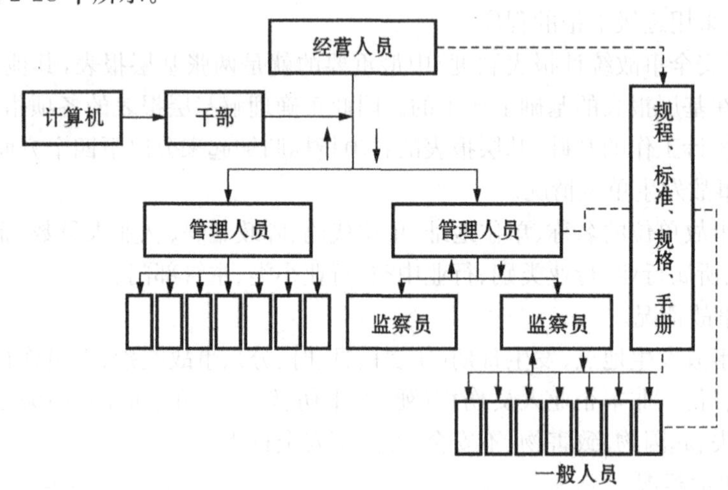

图 2-28 组织系统的信息流

(2) 上下级之间的信息流。

以车间、工段等监督人员和安全检查人员为中心的上下级信息流系统如图 2-29 所示。

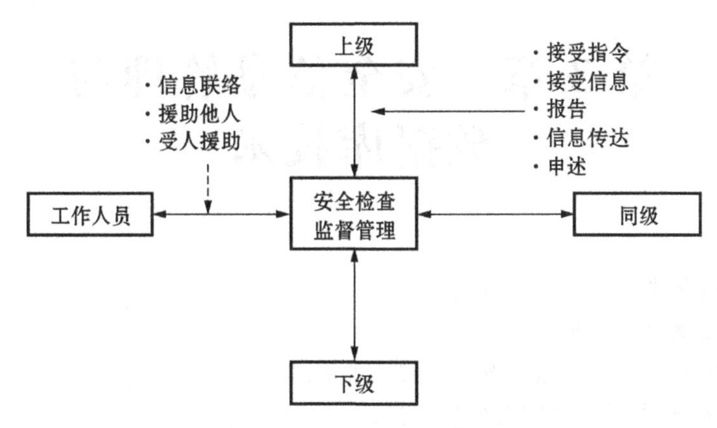

图2-29 上下级之间的信息流

(3) 人机系统的信息流。

人使用机器进行操作时，人和机械接触面上有信息流，这时信息随能量的流动而传递。把人和机械两个系统的全部能流集合在一起的系统，称为人机系统。图2-30表示在人机系统中，流动于人机之间的信息流模型。对于不使用机械的手工操作，可省略中间模线以下的部分。

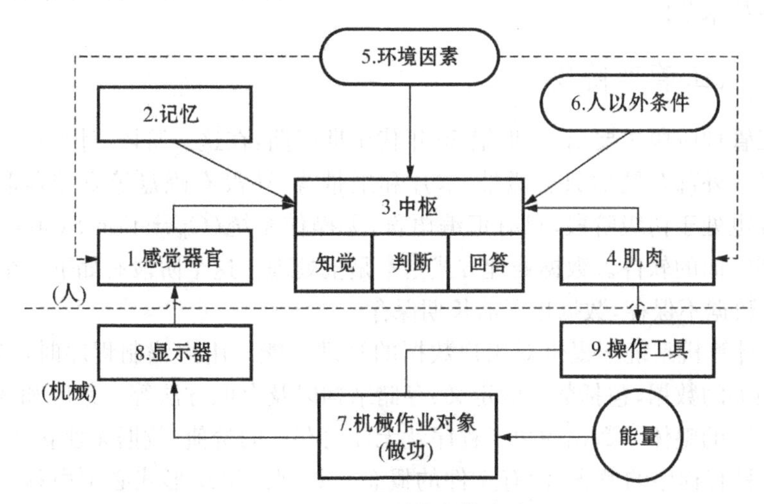

图2-30 人机系统的信息流

评价企业成功与否，一个简易的办法是看其物流、工作流和信息流“三流”的情况。其中，信息流的质量、速度和覆盖范围，尤其可以“映照”企业的生产、管理和决策等各方面的“成色”。因为物流、工作流在企业的“生命活动”中无不最终以信息流的“高级形式”展现，就像生物体的所有活动都是基于神经系统传递的生物电信号一样。因此，深入认识“信息流”，将掀开企业发展的新视角。

第3章　安全信息管理与数据库技术

学习目标

1. 了解数据管理技术的发展概况。
2. 了解常用数据库系统及其特点。
3. 理解关系型数据库的基本概念及相关术语定义。
4. 理解 SQL 语句基本原理及使用方法。
5. 理解数据库二次开发技术及方法。

3.1　数据管理概述

数据管理技术是伴随着数据处理量的增长以及计算机科学技术飞速发展而产生的，其过程先后经历了四个阶段：人工管理阶段、文件系统阶段、数据库阶段和高级数据库技术阶段。

3.1.1　人工管理阶段

人工管理阶段主要指 20 世纪 50 年代中期以前，在这一阶段，计算机主要用于科学计算。外部存储器只有磁带、卡片和纸带等，还没有磁盘等直接存取存储设备。软件也处于初级阶段，只有汇编语言，无操作系统(Operation System，OS)和数据管理方面的软件。数据处理方式基本是批处理。这个阶段有如下几个特点：

(1) 数据不保存，数据也无需长期保存。

(2) 计算机系统不提供对用户数据的管理功能。用户编制程序时，必须全面考虑好相关的数据，包括数据的定义、存储结构以及存取方法等。程序和数据是一个不可分割的整体。数据脱离了程序就无任何存在的价值，数据无独立性。

(3) 只有程序的概念，没有文件的概念。数据的组织形式必须由程序员自行设计。

(4) 数据不能共享。不同的程序均有各自的数据，这些数据对不同的程序通常是不相同的，不可共享；即使不同的程序使用了相同的一组数据，这些数据也不能共享，程序中仍然需要各自加入这组数据，谁也不能省略。基于这种数据的不可共享性，必然导致程序与程序之间存在大量的重复数据，浪费了存储空间。

(5) 数据面向程序，不单独保存数据。基于数据与程序是一个整体，数据只为本程序所使用,数据只有与相应的程序一起保存才有价值,否则就毫无用处。所以,所有程序的数据均不单独保存。

3.1.2　文件系统阶段

文件系统阶段主要指20世纪50年代后期至60年代中期,在这一阶段,计算机不仅用于科学计算,还利用在信息管理方面。随着数据量的增加,数据的存储、检索和维护问题成为紧迫的需要,数据结构和数据管理技术迅速发展起来。此时,外部存储器已有磁盘、磁鼓等直接存取的存储设备。软件领域出现了操作系统和高级软件。操作系统中的文件系统是专门管理外存的数据管理软件,文件是操作系统管理的重要资源之一。数据处理方式有批处理,也有联机实时处理。这个阶段有如下几个特点:

(1) 数据以“文件”形式可长期保存在外部存储器的磁盘上。由于计算机的应用转向信息管理,因此对文件要进行大量的查询、修改和插入等操作。

(2) 数据的逻辑结构与物理结构有了区别,但比较简单。程序与数据之间具有“设备独立性”,即程序只需用文件名就可与数据打交道,不必关心数据的物理位置。由操作系统的文件系统提供存取方法(读/写)。

(3) 文件组织已多样化。有索引文件、链接文件和直接存取文件等。但文件之间相互独立、缺乏联系。数据之间的联系要通过程序去构造。

(4) 数据不再属于某个特定的程序,可以重复使用,即数据面向应用。但是文件结构的设计仍然是基于特定的用途,程序基于特定的物理结构和存取方法,因此程序与数据结构之间的依赖关系并未根本改变。

(5) 对数据的操作以记录为单位。这是由于文件中只存储数据,不存储文件记录的结构描述信息。文件的建立、存取、查询、插入、删除、修改等所有操作,都要用程序来实现。

随着数据管理规模的扩大,数据量急剧增加,文件系统显露出一些缺陷:

(1) 编写应用程序不方便,程序员不得不记住文件的组织形式和包含的内容。

(2) 数据冗余大。由于文件之间缺乏联系,造成每个应用程序都有对应的文件,有可能同样的数据在多个文件中重复存储。数据冗余不仅浪费了空间,还导致数据的潜在的不一致性和修改数据较困难。

(3) 不一致性。这往往是由数据冗余造成的,在进行更新操作时,稍不谨慎,就可能使同样的数据在不同的文件中不一样。

(4) 数据独立性差。如果存储文件的逻辑结构发生了变化或存储结构发生了变化,不得不修改程序,程序和数据之间的独立性仍然较差。

(5) 不支持对文件的并发访问。

(6) 数据间的联系较弱。这是由于文件之间相互独立,缺乏联系造成的。

(7) 难以按不同用户的需要来表示数据。

(8) 安全控制功能较差。

3.1.3 数据库管理系统阶段

数据库管理系统阶段从20世纪60年代后期开始,这一阶段,计算机越来越多地应用于管理领域,且规模也越来越大。数据库系统克服了文件系统的缺陷,提供了对数据更高级、更有效的管理。这个阶段的程序和数据的联系通过数据库管理系统来实现(Database Management System,DBMS)。

概括起来,数据库系统阶段的数据管理具有以下特点:

(1) 数据结构化。在描述数据的时候,不仅要描述数据本身,还要描述数据之间的联系,这样把相互关联的数据集成了起来。

(2) 数据共享。数据不再面向特定的某个或多个应用,而是面向整个应用系统。

(3) 大大降低数据冗余。

(4) 有较高的数据独立性(Data Independence)。数据独立性是指存储在数据库中的数据与应用程序之间不存在依赖关系,而是相互独立的。可分为逻辑独立性和物理独立性两部分。逻辑独立性是指当数据的逻辑结构发生变化(如增加一列或减少一列)而不影响应用程序的特性。物理独立性是指当存储数据的物理结构发生变化时(如由顺序存储变为链式存储)而不影响应用程序的特性。

(5) 保证了安全可靠性和正确性。通过对数据的完整性控制、安全性控制、并发控制和数据的备份与恢复策略,使存储在数据库中的数据有了更大的保障。

此外,数据库系统为用户提供了方便的用户接口。用户可以使用查询语言或终端命令操作数据库,也可以用程序方式操作数据库,如用C一类高级语言和数据库语言联合编制的程序。

3.2 常用数据库系统

数据库系统(Database System),是由数据库及其管理软件组成的系统。它是为适应数据处理的需要而发展起来的一种较为理想的数据处理系统,也是一个实际可运行的存储、维护和应用系统。提供数据的软件系统是存储介质、处理对象和管理系统的集合体。目前,常用的数据管理系统有关系型及面向对象型等几类。其中,面向对象的数据库管理系统,技术较为先进,且易于开发、维护,但尚未有成熟的、商品化的产品。主流的商品化的数据库管理系统多以关系型数据库为主,国际国内的主流关系型数据库管理系统有 Oracle、Sybase、INFORMIX 和 INGRES

等。这些产品都支持多平台，如 UNIX、VMS、Windows，但支持的程度不一样。IBM 的 DB2 也是成熟的关系型数据库。但是，DB2 内嵌于 IBM 的 AS/400 系列机中，只支持 OS/400 操作系统。

3.2.1 MySQL 数据库

MySQL 是最受欢迎的开源 SQL 数据库管理系统。它由 MySQL AB 开发、发布和支持。MySQL AB 是一家基于 MySQL 开发人员的商业公司。它是一家使用成功的商业模式来结合开源价值和方法论的第二代开源公司。MySQL 是 MySQL AB 的注册商标。

MySQL 是一个快速的、多线程、多用户和健壮的 SQL 数据库服务器。MySQL 服务器支持关键任务、重负载生产系统的使用，也可以将它嵌入到一个大配置(mass-deployed)的软件中去。

与其他数据库管理系统相比，MySQL 具有以下优势：

(1) MySQL 是一个关系数据库管理系统。

(2) MySQL 是开源的。

(3) MySQL 服务器是一个快速的、可靠的和易于使用的数据库服务器。

(4) MySQL 服务器工作在客户/服务器或嵌入系统中。

(5) 有大量的 MySQL 软件可以使用。

3.2.2 SQL Server 数据库

SQL Server 是微软公司开发的大型关系型数据库系统。SQL Server 的功能比较全面，效率高，可以作为大中型企业或单位的数据库平台。SQL Server 在可伸缩性与可靠性方面做了许多工作，近年来在许多企业的高端服务器上得到了广泛的应用。同时，该产品继承了微软产品界面友好、易学易用的特点，与其他大型数据库产品相比，在操作性和交互性方面独树一帜。SQL Server 可以与 Windows 操作系统紧密集成，这种安排使 SQL Server 能充分利用操作系统所提供的特性，不论是应用程序开发速度还是系统事务处理运行速度，都能得到较大的提升。另外，SQL Server 可以借助浏览器实现数据库查询功能，并支持内容丰富的扩展标记语言(XML)，提供了全面支持 Web 功能的数据库解决方案。对于在 Windows 平台上开发的各种企业级信息管理系统来说，不论是 C/S(客户机/服务器)架构还是 B/S(浏览器/服务器)架构，SQL Server 都是一个很好的选择。SQL Server 的缺点是只能在 Windows 系统下运行。

SQL Server 数据库系统的特点有：

(1) 高度可用性。借助日志传送、在线备份和故障群集，实现业务应用程序可用性的最大化目标。

(2) 可伸缩性。可以将应用程序扩展至配备32个CPU和64GB系统内存的硬件解决方案。

(3) 安全性。借助基于角色的安全特性和网络加密功能,确保应用程序能够在任何网络环境下均处于安全状态。

(4) 分布式分区视图。可以在多个服务器之间针对工作负载进行分配,获得额外的可伸缩性。

(5) 索引化视图。通过存储查询结果并缩短响应时间的方式从现有硬件设备中挖掘出系统性能。

(6) 虚拟接口系统局域网络。借助针对虚拟接口系统局域网络的内部支持特性,改善系统整体性能表现。

(7) 复制特性。借助SQL Server实现与异类系统间的合并、事务处理与快照复制特性。

(8) 纯文本搜索。可同时对结构化和非结构化数据进行使用与管理,并能够在Microsoft Office文档间执行搜索操作。

(9) 内容丰富的XML支持特性。通过使用XML的方式,对后端系统与跨防火墙数据传输操作之间的集成处理过程实施简化。

(10) 与Microsoft BizTalk Server和Microsoft Commerce Server这两种.NET企业服务器实现集成。SQL Server可与其他Microsoft服务器产品高度集成,提供电子商务解决方案。

(11) 支持Web功能的分析特性。可对Web访问功能的远程OLAP多维数据集的数据资料进行分析。

(12) Web数据访问。在无需进行额外编程工作的前提下,以快捷的方式,借助Web实现与SQL Server数据库和OLAP多维数据集之间的网络连接。

(13) 应用程序托管。具备多实例支持特性,使硬件投资得以全面利用,以确保多个应用程序的顺利导出或在单一服务器上的稳定运行。

(14) 点击流分析。获得有关在线客户行为的深入理解,以制定出更加理想的业务决策。

3.2.3 Oracle数据库

甲骨文(Oracle)公司成立于1977年,最初是一家专门开发数据库的公司。Oracle在数据库领域一直处于领先地位。1984年,首先将关系型数据库转到了桌面计算机上。然后,Oracle 5率先推出了分布式数据库、客户/服务器结构等崭新的概念。Oracle 6首创行锁定模式以及对称多处理计算机的支持,最新的Oracle 8

主要增加了对象技术，成为关系——对象数据库系统。目前，Oracle产品覆盖了大、中、小型机等几十种机型，Oracle数据库成为世界上使用最广泛的关系型数据系统之一。

Oracle数据库产品具有以下优良特性：

(1) 兼容性。Oracle产品采用标准SQL，并经过美国国家标准技术所(NIST)测试。与IBM SQL/DS、DB2、INGRES、IDMS/R等兼容。

(2) 可移植性。Oracle的产品可运行于很宽范围的硬件与操作系统平台上。可以安装在70种以上不同的大、中、小型机上；可在VMS、DOS、UNIX、Windows等多种操作系统下工作。

(3) 可联结性。Oracle能与多种通讯网络相连，支持各种协议，例如TCP/IP、DECnet、LU 6.2等。

(4) 高生产率。Oracle产品提供多种开发工具，能极大地方便用户进行进一步的开发。

(5) 开放性。Oracle良好的兼容性、可移植性、可连接性和高生产率使Oracle RDBMS具有良好的开放性。

3.2.4 Sybase数据库

1984年，Mark B. Hiffman和Robert Epstern创建了Sybase公司，并在1987年推出了Sybase数据库产品。Sybase主要有三种版本：一是UNIX操作系统下运行的版本；二是Novell Netware环境下运行的版本；三是Windows NT环境下运行的版本。对UNIX操作系统，目前应用最广泛的是Sybase 10及Sybase 11 for SCO UNIX。

Sybase数据库的特点：

(1) 它是基于客户/服务器体系结构的数据库。

一般的关系数据库都是基于"主/从"式模型的。在"主/从"式的结构中，所有的应用都运行在一台机器上。用户只是通过终端发命令或简单地查看应用运行的结果。

而在C/S(客户机/服务器)结构中，应用被分在了多台机器上运行。一台机器是另一个系统的客户，或是另外一些机器的服务器。这些机器通过局域网或广域网联接起来。

客户/服务器模型的好处是：它支持共享资源且在多台设备间平衡负载；允许容纳多个主机的环境，充分利用了企业已有的各种系统。

(2) 它是真正开放的数据库。

由于采用了C/S(客户机/服务器)结构，应用被分在了多台机器上运行。更进一步，运行在客户端的应用不必是Sybase公司的产品。对于一般的关系数据库，为了让其他语言编写的应用能够访问数据库，提供了预编译。Sybase数据库，不只是简单地提供了预编译，而且公开了应用程序接口DB-LIB，鼓励第三方编写DB-LIB接口。由于开放的客户DB-LIB允许在不同的平台使用完全相同的调用，因而使得访问DB-LIB的应用程序很容易从一个平台向另一个平台移植。

(3) 它是一种高性能的数据库。

Sybase真正吸引人的地方还是它的高性能，体现在以下几方面：

➢ 可编程数据库。通过提供存储过程，创建了一个可编程数据库。存储过程允许用户编写自己的数据库子例程。这些子例程是经过预编译的，因此不必为每次调用都进行编译、优化、生成查询规划，因而查询速度要快得多。

➢ 事件驱动的触发器。触发器是一种特殊的存储过程。通过触发器可以启动另一个存储过程，从而确保数据库的完整性。

➢ 多线索化。Sybase数据库的体系结构的另一个创新之处就是多线索化。一般的数据库都依靠操作系统来管理与数据库的连接。当有多个用户连接时，系统的性能会大幅度下降。Sybase数据库不让操作系统来管理进程，把与数据库的连接当作自己的一部分来管理。此外，Sybase的数据库引擎还代替操作系统来管理一部分硬件资源，如端口、内存、硬盘，绕过了操作系统这一环节，提高了性能。

3.2.5 DB2数据库

DB2是内嵌于IBM的AS/400系统上的数据库管理系统，直接由硬件支持。它支持标准的SQL(Structured Query Language)语言，具有与异种数据库相连的GATEWAY。因此它具有速度快、可靠性好的优点。但是，只有硬件平台选择了IBM的AS/400，才能选择使用DB2数据库管理系统。DB2能在所有主流平台上运行，包括Windows，最适于海量数据。

DB2在企业级的应用最为广泛，在全球的500家最大的企业中，几乎85%以上都用DB2数据库服务器。

3.2.6 Visual FoxPro数据库

Visual FoxPro是微软公司开发的一个微机平台关系型数据库系统，支持网络功能，适合作为客户机/服务器和Internet环境下管理信息系统的开发工具。Visual FoxPro的设计工具、面向对象的以数据为中心的语言机制、快速数据引擎、创建组件功能使它成为一种功能较为强大的开发工具，开发人员可以使用它开发基于Windows分布式内部网应用程序(Windows Distributed Internet Applications)。

Visual FoxPro是在dBASE和FoxBase系统的基础上发展而成的。20世纪

80年代初期，dBASE成为PC机上最流行的数据库管理系统。当时超过大多数的管理信息系统采用了dBASE作为系统开发平台。后来出现的FoxBase几乎完全支持了dBASE的所有功能，已经具有了强大的数据处理能力。Visual FoxPro的出现是FoxBase系列数据库系统的一个飞跃，给PC数据库开发带来了革命性的变化。Visual FoxPro不仅在图形用户界面的设计方面采用了一些新的技术，还提供了所见即所得的报表和屏幕格式设计工具。同时，增加了Rushmore技术，使系统性能有了本质的提高。Visual FoxPro只能在Windows系统下运行。Visual FoxPro的主要功能有：

(1) 创建表和数据库，将数据整理、保存，并且进行数据管理。

(2) 使用查询和视图，从已建立的表和数据库中查找满足一定筛选条件的数据。

(3) 使用表单，设计功能强大的用户界面，使操作更加简便。

(4) 使用报表和标签，可以将统计或查找到的结果打印成报表文档。

使用Visual FoxPro开发一个应用程序时，需要创建相应的表、数据库、查询、视图、报表、标签、表单和程序等。Visual FoxPro提供了大量可视化的设计工具和向导。使用这些工具和向导，可以快速、直观地创建以上各种组件。另外，可以使用项目管理器管理系统中的所有文件，使程序的连接和调试更加简便。Visual FoxPro的主要特点有：

(1) 增强的项目及数据库管理。Visual FoxPro提供了一个进行集中管理的环境，可以对项目及数据有更强的控制。可以创建和集中管理应用程序中的任何元素，便于更改数据库中对象的外观。

(2) 简便、快速、灵活的应用程序开发。提供了“应用程序向导”功能，可以快速开发应用程序。同时，界面和调试环境的可操作程度较高，可以较方便地分析和调试应用程序的项目代码。

(3) 不用编程就可以创建界面。组件实例中收集了一系列应用程序组件，可以利用这些组件解决现实世界的问题。

(4) 提供了面向对象程序设计。在支持面向过程的程序设计方式的同时，提供了面向对象程序设计的能力。借助Visual FoxPro的对象模型，可以充分使用面向对象程序设计的所有功能，包括继承性、封装性、多态性和子类。

(5) 使用了优化应用程序的Rushmore技术。Rushmore是一种从表中快速地选取记录集的技术，它可将查询响应时间从数小时或数分钟降低到数秒，可以显著地提高查询的速度。

(6) 支持项目小组协同开发。如果是几个开发者开发一个应用程序，可以同时访问数据库组件。若要跟踪或保护对源代码的更改，还可以使用带有“项目管理器”的源代码管理程序。

(7) 可以开发客户机/服务器解决方案,增强客户/服务器性能。

(8) 支持多语言编程。支持英语、冰岛语、日语、朝鲜语、繁体汉语以及简体汉语等多种语言的字符集,能在几个领域提供对国际化应用程序开发。

3.2.7 Access 数据库

Access 是微软 Office 办公套件中一个重要成员。自从 1992 年开始销售以来,Access 已经卖出了超过 6 000 万份,现在它已经成为世界上最流行的桌面数据库管理系统。

与 Visual FoxPro 相比,Access 更加简单易学,一个普通的计算机用户即可掌握并使用它。同时,Access 的功能也足以应付一般的小型数据管理及处理需要。无论用户是要创建一个个人使用的独立的桌面数据库,还是部门或中小公司使用的数据库,在需要管理和共享数据时,都可以使用 Access 作为数据库平台,提高个人的工作效率。例如,可以使用 Access 处理公司的客户订单数据;管理自己的个人通讯录;科研数据的记录和处理等等。Access 只能在 Windows 系统下运行。

Access 最大的特点是界面友好,简单易用,和其他 Office 成员一样,极易被一般用户所接受。因此,在许多低端数据库应用程序中,经常使用 Access 作为数据库平台;在初次学习数据库系统时,很多用户也是从 Access 开始的。Access 的主要功能有:

(1) 使用向导或自定义方式建立数据库,以及表的创建和编辑功能。

(2) 定义表的结构和表之间的关系。

(3) 图形化查询功能和标准查询。

(4) 建立和编辑数据窗体。

(5) 报表的创建、设计和输出。

(6) 数据分析和管理功能。

(7) 支持宏扩展(Macro)。

3.3 关系型数据库基础知识

3.3.1 实体关系模型相关概念

实体关系模型(Entity-Relationship Model)简称 E-R Model,是陈品山(Peter P. S Chen)博士于 1976 年提出的一套数据库的设计工具,是概念数据模型的高层描述所使用的数据模型或模式图,它为表述这种实体关系模式图形式的数据模型提供了图形符号。这种数据模型典型的用在信息系统设计的第一阶段,例如在需求分析阶段用来描述信息需求及要存储在数据库中的信息的类型。实体关系模型利用图形的方式来表示数据库的概念设计，有助于设计过程中的构思及沟通讨论。

实体（Entity）：客观存在并可以相互区分的事务，例如：学生张三，一本计算机书籍。

属性（Attribute）：实体所具有的某一特性，一个实体可以有若个属性来刻画。

域（Domain）：属性的取值范围。

实体集（Entity Set）：同型实体的集合成为实体集。实体是实体集的一个特例。

联系（Relationship）：实体之间的相互关联。例如：学生与老师间的授课关系等。同类联系的集合称为联系集。

元或者度（Degree）：参与联系的实体集的个数称为联系的元。如学生与选修课程是二元联系。

码（key）：能唯一标识实体的属性或者属性组称作超码，超码的任意超集也是超码。其任意真子集都不能成为超码的最小超码成为候选码。从所有候选马中选定一个用来区别同一实体集中的不同实体，叫做主码。

通常实体集用矩形表示，矩形框内写明实体名字；属性用圆来表示，并用无向边将其与相应的实体相连。示例如图3-1所示。

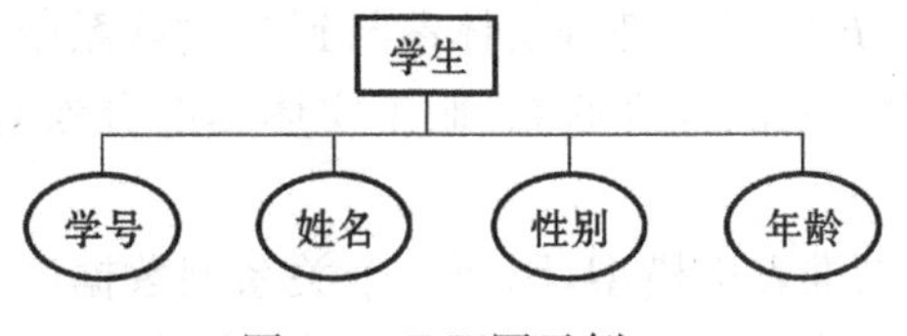

图3-1　E-R图示例一

联系用菱形表示，菱形框内写明联系名，并用无向边分别与有关实体连接起来，同时在无向边旁标上联系的类型（1∶1，1∶n或者m∶n）。示例如图3-2所示。

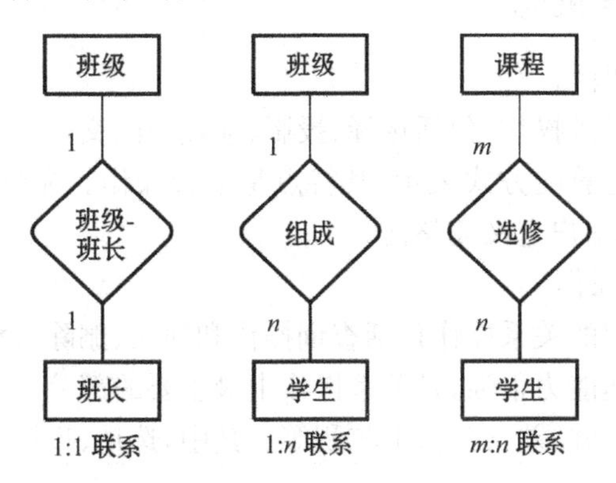

图3-2　E-R图示例二

联系本身也是一种实体型，也可以有属性，如果一个联系具有属性，则这些属性也要用无向边与该联系连接起来。示例如图3-3所示。

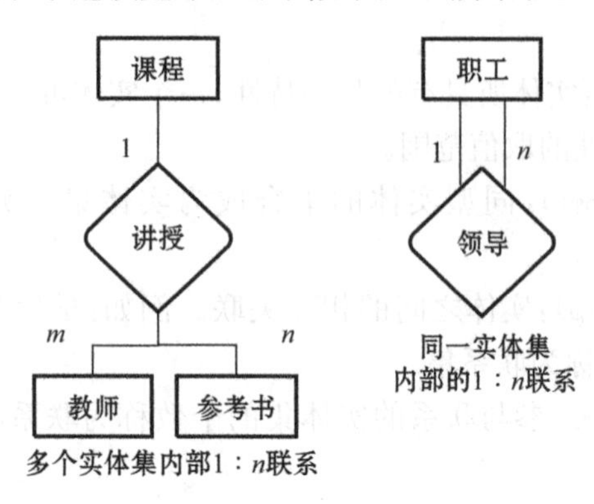

图3-3　E-R图示例三

码的表示方法：实体集属性中作为主码的一部分属性用下划线来表明。

参与(Participation)：实体集之间的关联称为参与，即实体参与联系。例如张三选择“数据库基础”，表示实体“张三”与“数据库基础”参与了联系“选修”。

如果实体集E中的每个实体都参与到联系集R中的至少一个联系，则称E全部参与R，如果实体集E中只有部分实体参与到R的联系中，则称E部分参与R。

例如：职工与部门之间的经理联系，职工实体集部分参与，而部门实体集完全参与。

关系模型就是指二维表格模型，因而一个关系型数据库就是由二维表及其之间的联系组成的一个数据组织。当前主流的关系型数据库有Oracle、DB2、Microsoft SQL Server、Microsoft Access、MySQL等。

3.3.2　关系操作概念

1) 关系操作的概念

对关系实施的各种操作，包括选择、投影、连接、并、交、差、增、删、改等，这些关系操作可以用代数运算的方式表示，其特点是集合操作。完整性约束包括实体完整性、参照完整性和用户定义完整性。

2) 基本的关系操作

关系模型中常用的关系操作包括查询操作和插入、删除、修改操作两大部分。

关系的查询表达能力很强，是关系操作中最主要的部分。查询操作可以分为：选择、投影、连接、除、并、差、交、笛卡尔积等。其中，选择、投影、并、差、笛卡尔积是五种基本操作。

关系数据库中的核心内容是关系即二维表。而对这样一张表的使用主要包括按照某些条件获取相应行、列的内容，或者通过表之间的联系获取两张表或多张表相应的行、列内容。概括起来关系操作包括选择、投影、连接操作。关系操作其操作对象是关系，操作结果亦为关系。

(1) 选择(Selection)操作是指在关系中选择满足某些条件的元组(行)，如图 3-4 所示。例如，有一个学生课程数据库，包括学生关系(Student)、课程关系(Course)和选修关系(SC)，其中学生关系如表 3-1 所示。查询信息系(IS 系)全体学生的选择操作：

$$\sigma_{Sdept} = 'IS'(Student)$$

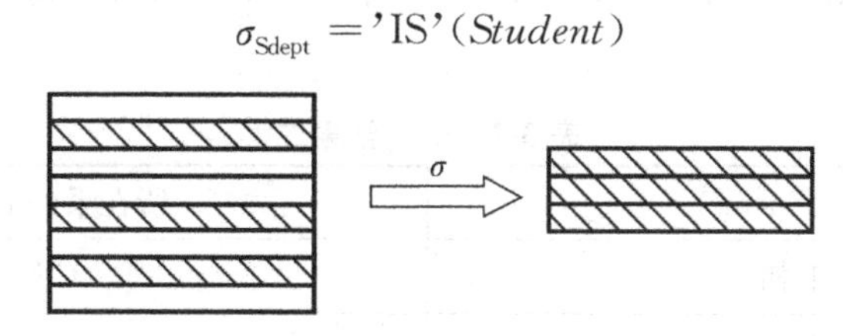

图 3-4　选择操作示意图

表 3-1　学生关系表

学号(Sno)	姓名(Sname)	性别(Ssex)	年龄(Sage)	所在系(Sdept)
95001	王朝	男	20	CS
95002	李宁	女	19	IS
95003	陈星	男	18	MA
95004	张丽	女	19	IS

对应的 SQL 语句为：Select * from student where Sdept='IS'，得到的结果如表 3-2 所示。

表 3-2　查询结果一

学号(Sno)	姓名(Sname)	性别(Ssex)	年龄(Sage)	所在系(Sdept)
95002	李宁	女	19	IS
95004	张丽	女	19	IS

(2) 投影(Projection)操作是在关系中选择若干属性列组成新的关系。投影之后不仅取消了原关系中的某些列，而且还可能取消某些元组，这是因为取消了某些属性列后，可能出现重复的行，应该取消这些完全相同的行，示意图如图 3-5 所示。例如，查询学生的姓名和所在系，即求 Student 关系上学生姓名和所在系两个属性上的投影：

$$\pi_{Sname,Sdept} = (Student)$$

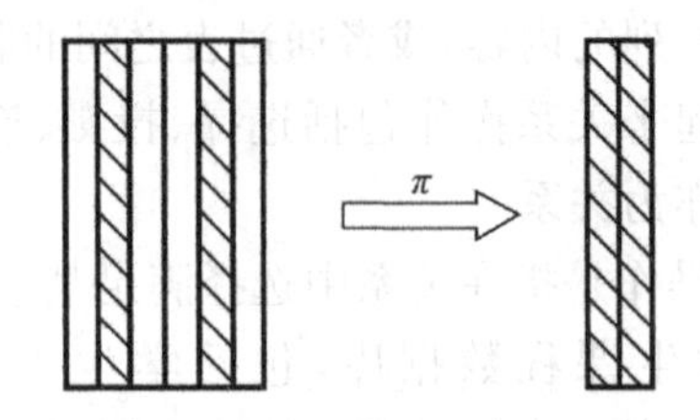

图 3-5 投影操作示意图

对应的 SQL 语句为：Select Sname，Sdept from student，得到的结果如表 3-3 所示。

表 3-3 查询结果二

姓名(Sname)	所在系(Sdept)
王朝	CS
李宁	IS
陈星	MA
张丽	IS

(3) 连接(Join)操作是将不同的两个关系连接成为一个关系。对两个关系的连接其结果是一个包含原关系所有列的新关系。新关系中属性的名字是原有关系属性名加上原有关系名作为前缀。这种命名方法保证了新关系中属性名的唯一性，尽管原有不同关系中的属性可能是同名的。新关系中的元组是通过连接原有关系的元组而得到的，示意图如图 3-6 所示，A 和 B 分别为 R 和 S 上度数相等且可比的属性组，其中 θ 为比较运算符。θ 为"＝"的连接运算，称为等值连接(equijoin)，即从关系 R 与 S 的广义笛卡尔积中选取 A、B 属性值相等的那些元组，例如，有关系表 3-4、表 3-5，对其进行等值连接，得到的结果如表 3-6 所示。

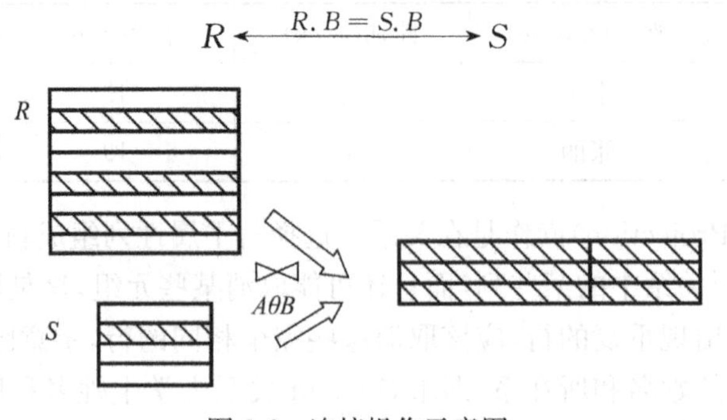

图 3-6 连接操作示意图

表 3-4 连接操作示例表一(R)

A	B	C
a_1	b_1	5
a_1	b_2	6
a_2	b_3	8
a_2	b_4	12

表 3-5 连接操作示例表二(S)

B	E
b_1	3
b_2	7
b_3	10
b_3	2
b_5	2

表 3-6 等值连接操作结果

A	$R.B$	C	$S.B$	E
a_1	b_1	5	b_1	3
a_1	b_2	6	b_2	7
a_2	b_3	8	b_3	10
a_2	b_3	8	b_3	2

在等值连接中有一种特殊的等值连接——自然连接(Natural join),即两个关系中进行比较的分量必须是相同的属性组,在结果中把重复的属性列去掉。例如,对关系表 3-4、表 3-5,进行自然连接,得到的结果如表 3-7 所示。

表 3-7 自然连接操作结果

A	B	C	E
a_1	b_1	5	3
a_1	b_2	6	7
a_2	b_3	8	10
a_2	b_3	8	2

此外,还有非等值连接,例如,对关系表 3-4、表 3-5,进行非等值连接($C<E$),

得到的结果如表 3-8 所示。

表 3-8 非等值连接操作结果

A	$R.B$	C	$S.B$	E
a_1	b_1	5	b_2	7
a_1	b_1	5	b_3	10
a_1	b_2	6	b_2	7
a_1	b_2	6	b_3	10
a_2	b_3	8	b_3	10

(4) 其他操作是可以用基本操作来定义和导出的。

3) 关系操作的特点

关系操作的特点是集合操作方式,即操作的对象和结果都是集合。这种操作方式也称为一次一集合的方式。相应地,非关系数据模型的数据操作方式则为一次一记录的方式。

3.3.3 关系完整性

关系完整性是为保证数据库中数据的正确性和相容性,对关系模型提出的某种约束条件或规则。完整性通常包括域完整性、实体完整性、参照完整性和用户定义完整性,其中域完整性、实体完整性和参照完整性,是关系模型必须满足的完整性约束条件。

1) 区域完整性约束(Regional integrity constraints)

区域完整性约束是保证数据库字段取值的合理性要求。属性值应是域中的值,这是关系模式规定了的。除此之外,一个属性能否为 NULL,这是由语义决定的,也是域完整性约束的主要内容。域完整性约束是最简单、最基本的约束。在当今的关系型数据库管理系统中,一般都有域完整性约束检查功能。具体包括主键(PRIMARY KEY)、检查(CHECK)、默认值(DEFAULT)、唯一(UNIQUE)、不为空(NOT NULL)、外键(FOREIGN KEY)等约束。

2) 实体完整性约束(Entity integrity constraints)

实体完整性是指关系的主关键字不能重复也不能取“空值”。一个关系对应现实世界中一个实体集。现实世界中的实体是可以相互区分、识别的,也即它们应具有某种唯一性标识。在关系模式中,以主关键字作为唯一性标识,而主关键字中的属性(称为主属性)不能取空值,否则,表明关系模式中存在着不可标识的实体(因空值是“不确定”的),这与现实世界的实际情况相矛盾,这样的实体就不是一个完整实体。按实体完整性规则要求，主属性不得取空值，如主关键字是多个属性的组合，则所有主属性均不得取空值。例如，如果将表3-1中学号作为主关键字，那么，该列不得有空值，否则无法对应某个具体的学生，这样的表格不完整，对应关系不符合实体完整性规则的约束条件。

3）参照完整性约束(Referential integrity constraints)

参照完整性约束是定义建立关系之间联系的主关键字与外部关键字引用的约束条件。

关系数据库中通常都包含多个存在相互联系的关系，关系与关系之间的联系是通过公共属性来实现的。所谓公共属性，它是一个关系 R(称为被参照关系或目标关系)的主关键字，同时又是另一关系 K(称为参照关系)的外部关键字。如果参照关系 K 中外部关键字的取值，要么与被参照关系 R 中某元组主关键字的值相同，要么取空值。那么，在这两个关系间建立关联的主关键字和外部关键字引用，符合参照完整性规则要求。如果参照关系 K 的外部关键字也是其主关键字，根据实体完整性要求，主关键字不得取空值，因此，参照关系 K 外部关键字的取值实际上只能取相应被参照关系 R 中已经存在的主关键字值。

例如，在学生管理数据库中，如果将选课表作为参照关系，学生表作为被参照关系，以"学号"作为两个关系进行关联的属性，则"学号"是学生关系的主关键字，是选课关系的外部关键字。选课关系通过外部关键"学号"参照学生关系。

4）用户定义完整性约束(user defined integrity constraints)

实体完整性和参照完整性适用于任何关系型数据库系统，它主要是针对关系的主关键字和外部关键字取值必须有效而做出的约束。用户定义完整性则是根据应用环境的要求和实际的需要，对某一具体应用所涉及的数据提出约束性条件。这一约束机制一般不应由应用程序提供，而应有由关系模型提供定义并检验，用户定义完整性主要包括字段有效性约束和记录有效性。

3.3.4　SQL语言基础

结构化查询语言SQL(Structured Query Language，SQL)语言是1974年由Boyce和Chamberlin提出的一种介于关系代数与关系演算之间的结构化查询语言。它是一个通用的、功能极强的关系型数据库语言，用于存取数据以及查询、更新和管理关系数据库系统；同时也是数据库脚本文件的扩展名。结构化查询语言是高级的非过程化编程语言，允许用户在高层数据结构上工作。它不要求用户指定对数据的存放方法，也不需要用户了解具体的数据存放方式，所以具有完全不同底层结构的不同数据库系统可以使用相同的结构化查询语言作为数据输入与管理的接口。结构化查询语言语句可以嵌套，这使他具有极大的灵活性和强大的功能。

结构化查询语言SQL是最重要的关系数据库操作语言，并且它的影响已经超出数据库领域，得到其他领域的重视和采用，如人工智能领域的数据检索，第四代软件开发工具中嵌入SQL的语言等。

SQL语言是一种交互式查询语言，允许用户直接查询存储数据，但它不是完整的程序语言，如它没有DO或FOR类似的循环语句，但它可以嵌入到另一种语言中，也可以借用VB、C、JAVA等语言，通过调用级接口(CALL LEVEL INTERFACE)直接发送到数据库管理系统。SQL基本上是域关系演算，但可以实现关系代数操作。

结构化查询语言包含6个部分：

(1) 数据查询语言(Data Query Language,DQL)，也称为“数据检索语句”，用以从表中获得数据，确定数据怎样在应用程序给出。保留字SELECT是DQL(也是所有SQL)用得最多的动词，其他DQL常用的保留字有WHERE,ORDER BY,GROUP BY和HAVING。这些DQL保留字常与其他类型的SQL语句一起使用。

(2) 数据操作语言(Data Manipulation Language,DML)，其语句包括动词INSERT,UPDATE和DELETE。它们分别用于添加，修改和删除表中的行，也称为动作查询语言。

(3) 事务处理语言(TPL)，它的语句能确保被DML语句影响的表的所有行及时得以更新。TPL语句包括BEGIN TRANSACTION,COMMIT和ROLLBACK。

(4) 数据控制语言(DCL)，它的语句通过GRANT或REVOKE获得许可，确定单个用户和用户组对数据库对象的访问。某些RDBMS可用GRANT或REVOKE控制对表单个列的访问。

(5) 数据定义语言(DDL)，其语句包括动词CREATE和DROP。在数据库中创建新表或删除表(CREAT TABLE或DROP TABLE)；为表加入索引等。DDL包括许多从数据库目录中获得数据有关的保留字，它也是动作查询的一部分。

(6) 指针控制语言(CCL)，它的语句，像DECLARE CURSOR,FETCH INTO和UPDATE WHERE CURRENT用于对一个或多个表单独行的操作。

本书中主要将使用第一、第二部分，即数据查询及数据检索部分：

1) 选择列表

选择列表(select_list)指出所查询列，它可以是一组列名列表、星号、表达式、变量(包括局部变量和全局变量)等构成。

(1) 选择所有列。

例如，下面语句显示test_tb表中所有列的数据：SELECT * FROM test_tb

(2) 选择部分列并指定它们的显示次序。

查询结果集合中数据的排列顺序与选择列表中所指定的列名排列顺序相同。

(3) 更改列标题。

在选择列表中,可重新指定列标题。定义格式为:列标题 = 列名。

如果指定的列标题不是标准的标识符格式时,应使用引号定界符,例如,下列语句使用汉字显示列标题:

SELECT 昵称 = nickname, 电子邮件 = email FROM test_tb

(4) 删除重复行。

SELECT 语句中使用 ALL 或 DISTINCT 选项来显示表中符合条件的所有行或删除其中重复的数据行,默认为 ALL。使用 DISTINCT 选项时,对于所有重复的数据行在 SELECT 返回的结果集合中只保留一行。

(5) 限制返回的行数。

使用 TOP n [PERCENT]选项限制返回的数据行数,TOP n 说明返回 n 行,而 TOP n PERCENT 时,说明 n 是表示一百分数,指定返回的行数等于总行数的百分之几。TOP 命令仅针对 SQL Server 系列数据库,并不支持 Oracle 数据库。

2) FROM 子句

FROM 子句指定 SELECT 语句查询及与查询相关的表或视图。在 FROM 子句中最多可指定 256 个表或视图,它们之间用逗号分隔。

在 FROM 子句同时指定多个表或视图时,如果选择列表中存在同名列,这时应使用对象名限定这些列所属的表或视图。例如在 usertable 和 citytable 表中同时存在 cityid 列,在查询两个表中的 cityid 时应使用下面语句格式加以限定:

```
SELECT username,citytable.cityid
    FROM usertable,citytable
    WHERE usertable.cityid=citytable.cityid
```

在 FROM 子句中可用以下两种格式为表或视图指定别名:

表名 as 别名

表名 别名

3) WHERE 子句

WHERE 子句设置查询条件,过滤掉不需要的数据行。

WHERE 子句可包括各种条件运算符:

比较运算符(大小比较):＞、＞＝、＝、＜、＜＝、＜＞、！＞、！＜

范围运算符(表达式值是否在指定的范围):BETWEEN…AND…

NOT BETWEEN…AND…

列表运算符(判断表达式是否为列表中的指定项):IN (项1,项2,……)

NOT IN (项1,项2,……)

模式匹配符(判断值是否与指定的字符通配格式相符):LIKE、NOT LIKE

空值判断符(判断表达式是否为空):IS NULL、IS NOT NULL

逻辑运算符(用于多条件的逻辑连接):NOT、AND、OR

(1) 范围运算符例:age BETWEEN 10 AND 30 相当于 age>=10 AND age<=30

(2) 列表运算符例:country IN ('Germany','China')

(3) 模式匹配符例:常用于模糊查找,它判断列值是否与指定的字符串格式相匹配。可用于 char、varchar、text、ntext、datetime 和 smalldatetime 等类型查询。

可使用以下通配字符:

➢ 百分号%:可匹配任意类型和长度的字符,如果是中文,请使用两个百分号即%%。

➢ 下划线_:匹配单个任意字符,它常用来限制表达式的字符长度。

➢ 方括号[]:指定一个字符、字符串或范围,要求所匹配对象为它们中的任一个。[^]:其取值也与[]相同,但它要求所匹配对象为指定字符以外的任一个字符。

查询结果排序:

使用 ORDER BY 子句对查询返回的结果按一列或多列排序。ORDER BY 子句的语法格式为:

ORDER BY {column_name [ASC|DESC]} [,…,n]

其中 ASC 表示升序,为默认值,DESC 为降序。ORDER BY 不能按 ntext、text 和 image 数据类型进行排序。

3.3.5 关系数据库模型结构

1) 表

表是以行和列的形式组织起来的数据的集合。一个数据库包括一个或多个表。例如,可能有一个有关作者信息名为 authors 的表。每列都包含特定类型的信息,如作者的姓氏。每行都包含有关特定作者的所有信息:姓名、住址,等等。在关系型数据库当中一个表就是一个关系,一个关系数据库可以包含多个表。

2) 视图

视图是虚表,是从一个或几个基本表(或视图)中导出的表,在系统的数据字典中仅存放了视图的定义,不存放视图对应的数据。

视图是原始数据库数据的一种变换,是查看表中数据的另外一种方式。可以将视图看成是一个移动的窗口,通过它可以看到感兴趣的数据。视图是从一个或多个实际表中获得的,这些表的数据存放在数据库中。那些用于产生视图的表叫做该视图的基表。一个视图也可以从另一个视图中产生。

视图的定义存在数据库中，与此定义相关的数据并没有再存一份于数据库中。通过视图看到的数据存放在基表中。视图看上去非常像数据库的物理表，对它的操作同任何其他的表一样。当通过视图修改数据时，实际上是在改变基表中的数据；相反地，基表数据的改变也会自动反映在由基表产生的视图中。由于逻辑上的原因，有些视图可以修改对应的基表，而有些则不能(仅限于查询)。

3）索引

索引是对数据库表中一列或多列的值进行排序的一种结构，使用索引可快速访问数据库表中的特定信息。

数据库索引好比是一本书前面的目录，能加快数据库的查询速度。例如这样一个查询：select * from table1 where id=10 000。如果没有索引，必须遍历整个表，直到 ID 等于 10 000 的这一行被找到为止；有了索引之后(必须是在 ID 这一列上建立的索引)，在索引中查找，但索引是经过某种算法优化过的，查找次数要少得多得多。可见，索引是用来定位的。

索引分为聚簇索引和非聚簇索引两种。聚簇索引是按照数据存放的物理位置为顺序的，而非聚簇索引就不一样了；聚簇索引能提高多行检索的速度，而非聚簇索引对于单行的检索很快。

3.3.6　全关系系统基本准则

全关系系统应该完全支持关系模型的所有特征。关系模型的奠基人埃德加·科德具体地给出了全关系系统应遵循的基本准则：

准则 0：一个关系型的关系数据库管理系统必须能完全通过它的关系能力来管理数据库。

准则 1：信息准则。关系数据库管理系统的所有信息都应该在逻辑一级上用表中的值这一种方法显式的表示。

准则 2：保证访问准则。依靠表名、主码和列名的组合，保证能以逻辑方式访问关系数据库中的每个数据项。

准则 3：空值的系统化处理。全关系的关系数据库管理系统支持空值的概念，并用系统化的方法处理空值。

准则 4：基于关系模型的动态的联机数据字典。数据库的描述在逻辑级上和普通数据采用同样的表述方式。

准则 5：统一的数据子语言。一个关系数据库管理系统可以具有几种语言和多种终端访问方式，但必须有一种语言，它的语句可以表示为严格语法规定的字符串，并能全面地支持各种规则。

准则 6：视图更新准则。所有理论上可更新的视图也应该允许由系统更新。

准则7:高级的插入、修改和删除操作。系统应该对各种操作进行查询优化。

准则8:数据的物理独立性。无论数据库的数据在存储表示或访问方法上作任何变化,应用程序和终端活动都保持逻辑上的不变性。

准则9:数据逻辑独立性。当对基本关系进行理论上信息不受损害的任何改变时,应用程序和终端活动都保持逻辑上的不变性。

准则10:数据完整的独立性。关系数据库的完整性约束条件必须是用数据库语言定义并存储在数据字典中的。

准则11:分布独立性。关系数据库管理系统在引入分布数据或数据重新分布时保持逻辑不变。

准则12:无破坏准则。如果一个关系数据库管理系统具有一个低级语言,那么这个低级语言不能违背或绕过完整性准则。

3.4 数据库二次开发基础

3.4.1 典型数据库二次开发工具简介

1) Visual Basic

Visual Basic是以Basic语言作为其基本语言的一种可视化编程工具。在中国乃至全世界都曾看到过它的身影,它曾是在中国最为流行的编程工具,到现在还占据着非常重要的地位。对于它的好坏大家都有一定的了解,VB作为一种较早出现的开发程序以其容易学习,开发效率较高,具有完善的帮助系统等优点曾影响了好几代编程人员。但是由于VB不具备跨平台这个特性,从而也决定了VB在未来的软件开发中将会逐渐地退出其历史舞台。它对组件技术的支持是基于COM和ActiveX,对于组件技术不断完善发展的今天,它也显出了它的落后性。同时VB在进行系统底层开发的时候也是相对复杂的,调用API函数需声明,调用不方便,不能进行DDK编程,不可能深入Ring 0编程,不能嵌套汇编;而且面向对象的特性差。网络功能和数据库功能也没有非常特出的表现,综上所述,VB作为一种可视化的开发工具由于其本身的局限性,导致了它在未来软件开发中逐步被其他工具所代替。

2) PowerBuilder

PowerBuilder是开发MIS系统和各类数据库跨平台的首选,使用简单,容易学习,容易掌握,在代码执行效率上也有相当出色的表现。PB是一种真正的4GL语言(第四代语言),可随意直接嵌套SQL语句返回值被赋值到语句的变量中,支持语句级游标,存储过程和数据库函数,是一种类似SQLJ的规范,数据访问中具有无可比拟的灵活性。但是它在系统底层开发中犯了跟VB一样的错误,调用API函数需声明,调用不方便,不能进行DDK编程,不可能深入Ring 0编程,不能嵌套汇编;在网络开发中提供了较多动态生成 Web 页面的用户对象和服务以及系统对象,非常适合编写服务端动态 Web 应用,有利于商业逻辑的封装;但是用于网络通讯的支持不足;静态页面定制支持有限,使得 PB 在网络方面的应用也不能非常广泛。面向对象特向也不是太好。

3) C++Builder/Delphi

它们都是基于 VCL 库的可视化开发工具,它们在组件技术的支持、数据库支持、系统底层开发支持、网络开发支持、面向对象特性等各方面都有相当不错的表现,并且学习使用较为容易,充分体现了所见即所得的可视化开发方法,开发效率高。由于两者都是 Borland 公司的产品,自然继承了该公司一贯以来的优良传统:代码执行效率高。但是,它们并不是毫无缺点,它们所作的最大不足之处就是他们的帮助系统在众多的编程工具中是属于比较差的。C++Builder 的 VCL 库是基于 Object pascal(面向对象 pascal),使得 C++Builder 在程序的调试执行上都面向落后于其他编程工具。而 Delphi 则是它的语言不够广泛,开发系统软件功能不足为两个比较大的缺点。

4) Visual C++

是基于 MFC 库的可视化的开发工具,从总体上说它是一个功能强大但是不便使用的一种工具。它在网络开发和多媒体开发都具有不俗的表现,帮助系统也做得非常不错(Microsoft 在细节方面的处理往往都让人觉得亲切),但是虽然是使用 C++作为基本语言,但是它在面向对象特性上却不够好,主要是为了兼容 C 的程序,结果顾此失彼;在组件支持上也不太好,虽然说除了支持 COM,ActiveX 外还支持 CORBA,但是没有任何 IDE 支持,是所有 C 编译器的功能,需要 CORBA 中间件支持;最大的问题是开发效率不高。

5) Java 编程工具

目前比较出名的是 Borland 出的 JBuilder 和 IBM 出的 Visual Age for Java,两种工具都有一定数量的使用人群。JBuilder 继承了 C++Builder/Delphi 的特点,在可视化上做得非常不错,使用简便。由于 Java 本身语言的特点使得他们在网络开发中具有高人一筹的表现,而且面向对象特性高,支持的组件技术也非常多,跨平台的特性也使得它在现在和未来的开发中占据越来越重要的地位。但是在系统底层开发和多媒体开发中却表现得并不让人那么满意,这个可能跟设计 Java 的意图有关。

3.4.2 开发工具对数据库支持比较分析

1) 数据访问对象

(1) VB:DAO、ADO、RDO 功能相仿。

(2) PB:支持 Transaction、DwControl 对象,可绑定任何 SQL 语句和存储过程,数据访问具有无与比拟的灵活性。

(3) C++ Builder/Dephi:具有包括 DataSource、Table、Query、Midas、ADO 在内的二十多个组件和类完成数据访问。

(4) VC++:同 VB,但有不少类库可供使用,但极不方便,开发效率很低。

(5) JAVA:支持 JAVA JDBC API,不同的 IDE 具有不同的组件。

2) 数据表现对象

(1) VB:主要的数据表现对象为 DBGriD,与数据库相关的数据表现控件只有此一种,只能表现简单表格数据,表现手段单一。

(2) PB:主要的数据表现对象为 DataWindow 对象(功能异常强大,其资源描述语句构成类似 HTML 的另外一种语言,可在其中插入任何对象,具有包括 DBGrid 在内的数百种数据表现方法),只此一项功能就注定了 PB 在数据库的功能从诞生的那一天起就远远超过了某些开发工具今天的水平。

(3) C++ Builder/Dephi:具有包括 DBGrid、DBNavigator、DBEdit、DBLookupListBox 在内的 15 个数据感知组件,DecisionCube、DecisionQuery 在内的 6 个数据仓库组件和包括 QRChart、QRExpr 在内的 20 多个报表组建,可灵活表现数据。

(4) VC++:同数据访问对象。

(5) JAVA:不同的 IDE 具有不同的组件,比较著名的有 Jbuilder、PowerJ、Visual Age for Java。

3) 语句执行方式

(1) VB:将一句 SQL 串绑定到一个命令对象中,结果返回到 ResultSet 对象中自行拆取。

(2) PB:是一种真正的 4GL 语言,可随意直接嵌套 SQL 语句返回值被赋值到语句的变量中,支持语句级游标,存储过程和数据库函数,是一种类似 SQLJ 的规范。

(3) C++ Builder/Dephi:使用数据库组件或类完成 SQL 语句串的执行和提交。

(4) VC++:同数据访问对象。

(5) JAVA:SQLJ、JAVA JDBC API。

3.4.3 管理信息系统开发模式

C/S(Client/Server)和 B/S(Browser/Server)是当今世界开发模式技术架构的两大主流技术。C/S 是美国 Borland 公司最早研发,B/S 是美国微软公司研发。目前,这两项技术已被世界各国所掌握,并都占有一定的市场份额和客户群。

C/S结构,即大家熟知的客户机和服务器结构。它是软件系统体系结构,通过它可以充分利用两端硬件环境的优势,将任务合理分配到Client端和Server端来实现,降低了系统的通讯开销,通用的C/S结构数据库开发模式如图3-7所示。

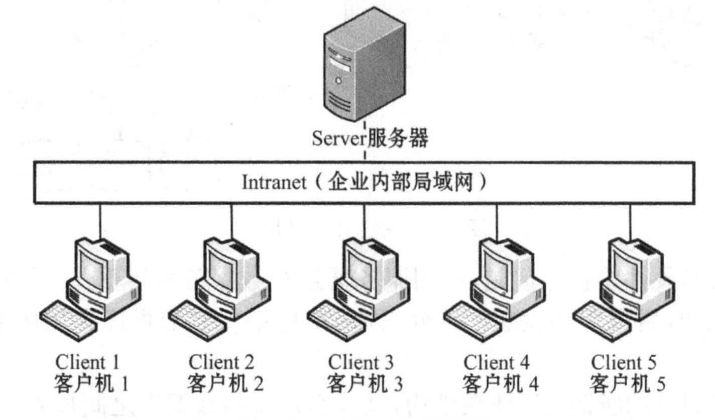

图3-7　三层C/S结构图

C/S结构的优点如下:

(1) 能充分发挥客户端计算机的处理能力,很多工作可以在客户端处理后再提交给服务器,对应的优点就是客户端响应速度快。

(2) 应用服务器运行数据负荷较轻,数据安全性较高。

C/S结构的缺点也显而易见:

(1) 维护成本高。

(2) 系统扩展性差。

(3) 客户端需要安装专用的客户端软件。

B/S结构,即浏览器和服务器结构。它是随着Internet技术的兴起,对C/S结构的一种变化或者改进的结构。在这种结构下,用户工作界面是通过WWW浏览器来实现,极少部分事务逻辑在前端(Browser)实现,但是主要事务逻辑在服务器端(Server)实现,形成所谓三层(3-tier)结构,如图3-8所示。这种模式统一了客户端,将系统功能实现的核心部分集中到服务器上,简化了系统的开发、维护和使用。客户机上只要安装一个浏览器(Browser),如Netscape Navigator或Internet Explorer,服务器安装Oracle、Sybase、Informix或SQL Server等数据库。浏览器通过Web Server同数据库进行数据交互。这样就大大简化了客户端电脑载荷,减轻了系统维护与升级的成本和工作量,降低了用户的总体成本(TCO)。

由于B/S架构管理软件只安装在服务器端(Server)上,网络管理人员只需要管理服务器就行了,用户界面主要事务逻辑在服务器端完全通过WWW浏览器实现,极少部分事务逻辑在前端(Browser)实现,所有的客户端只有浏览器,网络管理

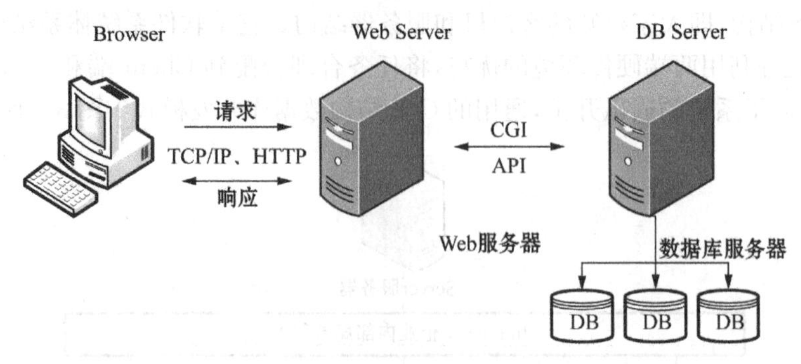

图 3-8 三层 B/S 结构图

人员只需要做硬件维护。但是，应用服务器运行数据负荷较重，一旦发生服务器"崩溃"等问题，后果不堪设想。因此，许多单位都备有数据库存储服务器，以防万一。

这里所讲述的所谓三层体系结构，是在客户端与数据库之间加入了一个中间层，也叫组件层。所说的三层体系，不是指物理上的三层，不是简单地放置三台机器就是三层体系结构，也不仅仅有 B/S 应用才是三层体系结构，三层是指逻辑上的三层，即使这三个层放置到同一台机器上。三层体系的应用程序将业务规则、数据访问、合法性校验等工作放到了中间层进行处理。通常情况下，客户端不直接与数据库进行交互，而是通过 COM/DCOM 通讯与中间层建立连接，再经由中间层与数据库进行交换，如图 3-9 所示。

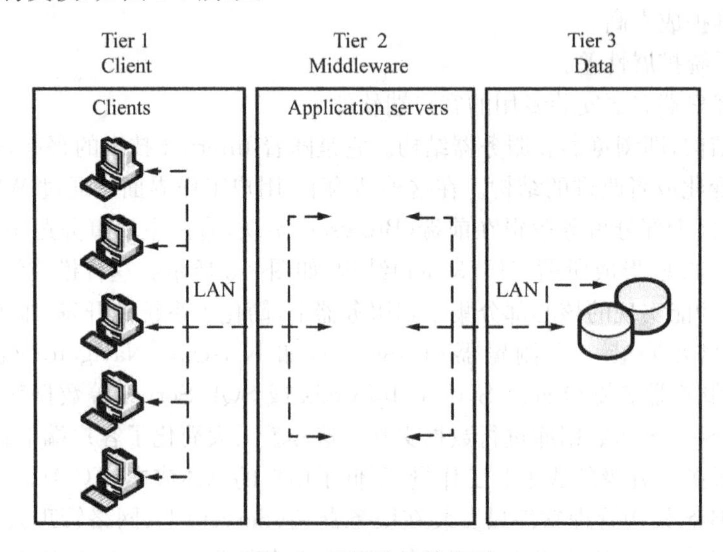

图 3-9 三层 B/S 结构图

3.4.4　数据库访问技术

1）ODBC数据库访问技术

开放数据库互连(Open DataBase Connectivity,ODBC)是Microsoft公司提供的有关数据库的一个组成部分,它建立一组规范并提供了数据库访问的标准API(应用程序编程接口)。一个使用ODBC操作数据库的应用程序,基本操作都是由ODBC驱动程序完成,不依赖于DBMS。应用程序访问数据库时,首先要用ODBC管理器注册一个数据源,这个数据源包括数据库位置、数据库类型和ODBC驱动程序等信息,管理器根据这些信息建立ODBC与数据库的连接。

例如,在Window下以ODBC技术访问数据库,就需要使用控制面板→ODBC数据源管理器进行设置,如图3-10所示,配置好的ODBC数据源将在ODBC数据源管理器中出现。

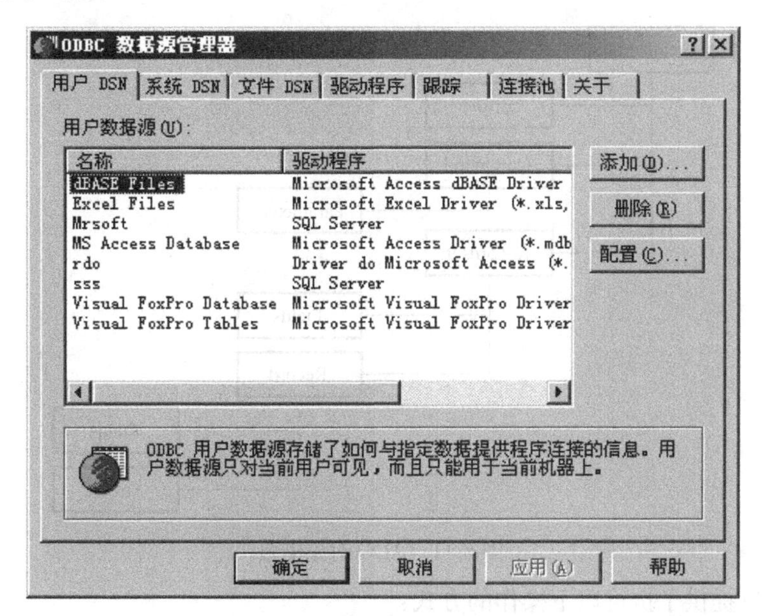

图3-10　ODBC数据源管理器

2）ADO开发技术

活动数据对象(ADO)是一组由Microsoft公司提供的COM组件。ADO建立在Microsoft公司所提倡的COM体系结构之上,它的所有接口都是自动化接口,因此在C++、VisualBasic、Delphi等支持COM的开发语言中通过接口都可以访问到ADO。ADO通过使用OLE DB这一新技术实现了以相同方式可以访问关系数据库、文本文件、非关系数据库、索引服务器和活跃目录服务等的数据,扩大了应用程序中可使用的数据源范围，从而成为微软整个 COM 战略体系中访问数据源组件的首选，是 ODBC 的替代产品。

与 Microsoft 公司的其他数据访问模型 DAO 和 RDO 相比，ADO 对象模型非常精炼，仅由三个主要对象 Connection、Command、Recordset 和几个辅助对象组成，其相互关系如图 3-11 所示。Connection 对象提供 OLE DB 数据源和对话对象之间的关联，它通过用户名称和口令来处理用户身份的鉴别，并提供事务处理的支持；它还提供执行方法，从而简化数据源的连接和数据检索的进程。Command 对象封装了数据源可以解释的命令，该命令可以是 SQL 命令、存储过程或底层数据源可以理解的任何内容。Record set 用于表示从数据源中返回的表格数据，它封装了记录集合的导航、记录更新、记录删除和新记录的添加等方法，还提供了批量更新记录的能力。其他辅助对象则分别提供封装 ADO 错误、封装命令参数和封装记录集合的列。

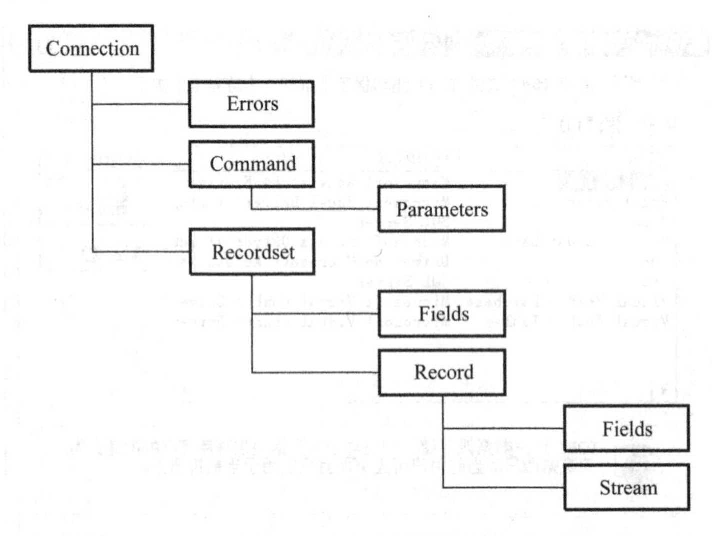

图 3-11 ADO 对象模型

ADO 提供了执行以下操作的方式：

(1) 连接到数据源，同时可确定对数据源的所有更改是否已成功或没有发生。

(2) 指定访问数据源的命令，同时可带变量参数，或优化执行。

(3) 通常涉及 ADO 的 Command 对象。

(4) 执行命令，例如一个 Select 语句。

(5) 如果这个命令使数据按表中的行的形式返回，则将这些行存储在易于检查、操作或更改的缓存中。

(6) 适当情况下，可使用缓存行的更改内容来更新数据源。

（7）提供常规方法检测错误（通常由建立连接或执行命令造成），涉及ADO的Error对象。

此外，Microsoft公司还提供了诸如OLE DB(Object Link and Embed Database)、数据访问对象DAO(Data Access Objects)、RDO(Remote Data Objects)等数据访问模型。其中OLE DB是微软的战略性通向不同数据源的低级应用程序接口。OLE DB不仅包括微软资助的标准数据接口开放数据库连通性(ODBC)的结构化问题语言(SQL)能力，还具有面向其他非SQL数据类型的通路。ADO就是一个基于OLE DB之上的对象模型，包含了所有可以被OLE DB标准接口描述的数据类型，通过ADO内部的属性和方法提供统一的数据访问接口。

3.4.5　ADO在Visual Basic 6.0中的使用

利用微软在Microsoft Studio 6中提供的ADO2，可以在Visual Basic中使用ADO接口操纵数据库。以下给出一个Visual Basic 6.0下使用ADO的Connection对象及其Record set对象的基本步骤：

（1）引入ADO组件。在VB中使用ADO组件，需要通过"菜单→工程→引用"中选择Microsoft ActiveX Data Objects 2.1 Library组件，如图3-12所示。

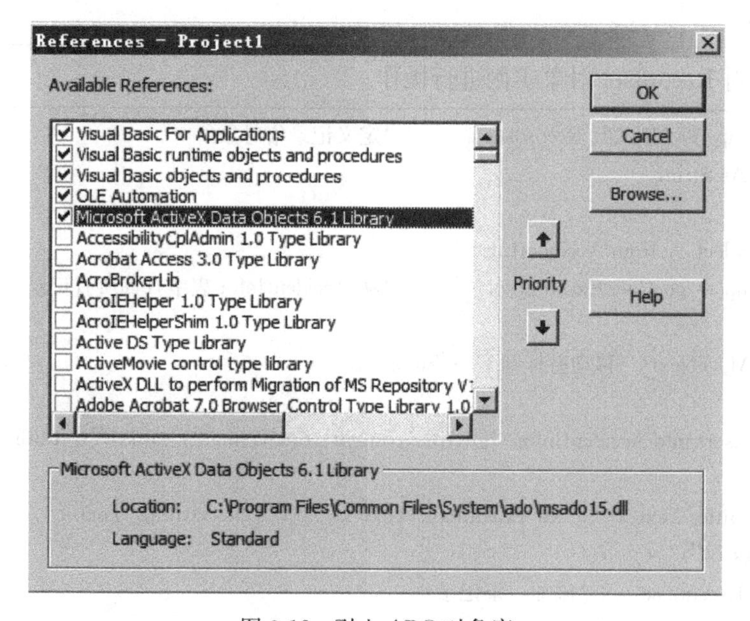

图3-12　引入ADO对象库

（2）在模块中定义数据库连接对象(ADODB.Connection)、程序与数据库表交互的记录集对象(ADODB.Recordset)。例如：

```
Public gcnCon As ADODB. Connection
Dim rstemp As ADODB. Recordset
```

（3）连接到数据库并打开数据库对象。

```
Public gsConStr As String
Public gcnCon As ADODB. Connection
Public dataPath As String
Sub main()
    Set gcnCon = New ADODB. Connection
    dataPath = IIf(Right(App. Path, 1) = "\", App. Path, App. Path & "\") & "
safetyInfor. mdb"
    gsConStr = "Provider=Microsoft. Jet. OLEDB. 4. 0;Data Source=" & dataPath & ";
Persist Security Info=False"
    gcnCon. ConnectionString = gsConStr
    gcnCon. CursorLocation = adUseClient
    gcnCon. Open
    'FrmMain. Show
End Sub
```

（4）对 Recordset 对象实例进行操作。

```
Dim rstemp As ADODB. Recordset          '定义记录集对象
Dim sql As String

sql = "Select * from AccidentInfor "
Set rstemp = gcnCon. Execute(sql)        '从 AccidentInfor 表中查询所有记录
… …
rstemp. MoveNext   '移动游标到下一条记录
… …
sql = "insert into AccidentInfor (dm,title,content,ttime,remark) values('" & txtdm. Text &
_
"','" & txttitle. Text & "','" & txtcontent. Text & "', #" & txtttime. Text & " # ,'" &
txtremark & "')"
gcnCon. Execute sql      '添加一条记录
… …
gcnCon. Execute ("delete from AccidentInfor where id = " & id)      '删除一条记录
… …
```

```
sql = "update AccidentInfor set " & "dm = '"& txtdm.Text &"',title='"& txttitle.Text &
"',content='" & txtcontent.Text &"',ttime= #" & txtttime.Text & "# , remark='" &
txtremark.Text &"' where id = " & id
gcnCon.Execute sql      '更新一条记录
```

(5) 关闭并释放 Recordset 对象。

```
rstemp.Close
Set rstemp = Nothing
```

(6) 关闭并释放数据库连接。

```
gcnCon.Close
set gcnCon=nothing
```

也可以利用 ADODC 控件实现 VB 对数据库的访问，在 frmMain 窗体上添加 ADO 控件，并通过 ConnectionString 属性连接数据库，如图 3-13 所示。一旦测试连接成功，就可以通过 RecordSource 属性连接数据表，RecordSource 属性确定具体可访问的数据，这些数据构成记录集对象 Recordset，该属性值可以是数据库中的单个表，也可以是 SQL 查询语句，如图 3-14 所示。最后，就可以使用数据绑定控件浏览数据。数据绑定是控件显示记录集中记录的一种方式，例如 DataGrid、MSHFlexGrid 等网格控件通常都是通过数据绑定的方式显示数据。图 3-15 展示了如何对 DataGrid 控件属性进行设置，使其能够显示数据。

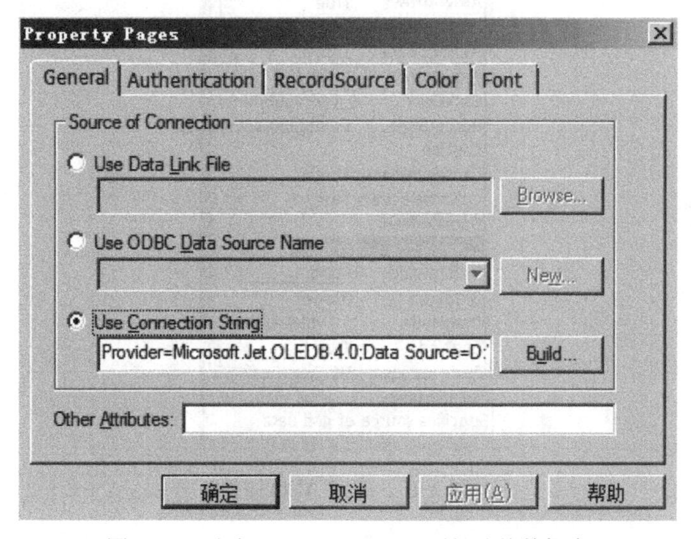

图 3-13　通过 ConnectionString 属性连接数据库

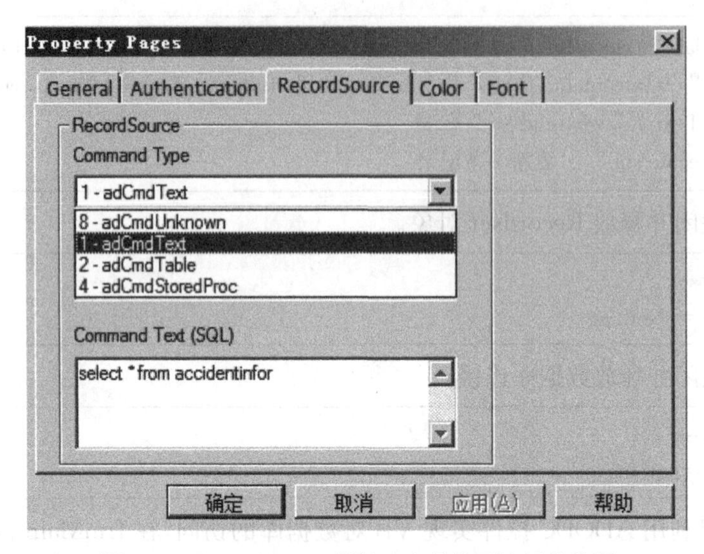

图 3-14 RecordSource 属性确定具体可访问的数据

Properties - DataGrid1

DataGrid1 DataGrid

Alphabetic | Categorized

(About)	
(Custom)	
(Name)	DataGrid1
Align	0 - vbAlignNor
AllowAddNew	False
AllowArrows	True
AllowDelete	False
AllowUpdate	True
Appearance	1 - dbg3D
BackColor	&H800000
BorderStyle	1 - dbgFixedS
Caption	
CausesValidatioi	True
ColumnHeaders	True
DataMember	
DataSource	Adodc1
DefColWidth	Adodc1
DragIcon	(None)
DragMode	0 - vbManual
Enabled	True

DataSource
Specifies source of grid data

图 3-15 绑定 ADO 控件

记录的添加、修改和删除功能分别由 ADO 控件的 Recordset 对象的 AddNew 方法、Update 方法、Delete 方法实现。例如：

添加记录：recordset. AddNew FieldList，Values

更改记录：recordset. Update Fields，Values

删除记录：recordset. Delete AffectRecords

示例如下，记录添加：

```
Adodc1. Recordset. AddNew
Adodc1. Recordset. Fields("dm") = TxtDM. Text
Adodc1. Recordset. Fields("title") = TxtTitle. Text
Adodc1. Recordset. Fields("content") = TxtContent. Text
Adodc1. Recordset. Fields("ttime") = TxtTtime. Text
Adodc1. Recordset. Update
```

记录删除：Adodc1. Recordset. Delete

第4章　安全信息管理与计算机系统

学习目标

1. 知道计算机软硬件系统。
2. 知道如何构建管理信息系统开发平台。
3. 了解计算机网络基础知识。
4. 知道IP地址、子网掩码与端口等基本概念。
5. 理解网络技术在信息系统开发中的基本技术方法。
6. 理解如何进行计算机信息系统选型。

现代安全管理信息系统离不开计算机系统的强有力支持。随着计算机信息技术的急速发展,企业信息化建设在理论和实践上也发生了变化,计算机信息科技不再只是取代手工作业,成为提高效率的工具,它能在产品设计、生产、物资、销售、财务、人事等各个方面帮助技术人员和管理人员提高工作效率,并使企业决策人员在获得大量信息的基础上提高科学决策水平,从而使企业创新发展更具有前瞻性。因此,从管理的内涵和企业资源变化规律着手,建立符合计算机特点的管理模式,塑造现代化的企业运作模式,才能在未来的高度信息化的市场竞争中立于不败之地。

4.1　计算机系统

自1946年第一台电子计算机问世以来,计算机技术在元件器件、硬件系统结构、软件系统、应用等方面,均有惊人进步。现代计算机系统小到微型计算机和个人计算机,大到巨型计算机及其网络,形态、特性多种多样,已广泛用于科学计算、事务处理和过程控制,日益深入社会各个领域,对社会的进步产生深刻影响。

计算机系统由硬件(子)系统和软件(子)系统组成。前者是借助电、磁、光、机械等原理构成的各种物理部件的有机组合,是系统赖以工作的实体。后者是各种程序和文件,用于指挥系统按指定的要求进行工作。

计算机系统的层次结构如图4-1所示。内核是硬件系统,是进行信息处理的实际物理装置。最外层是使用计算机的人,即用户。人与硬件系统之间的接口界面是软件系统,它大致可分为系统软件、支撑软件和应用软件三层。

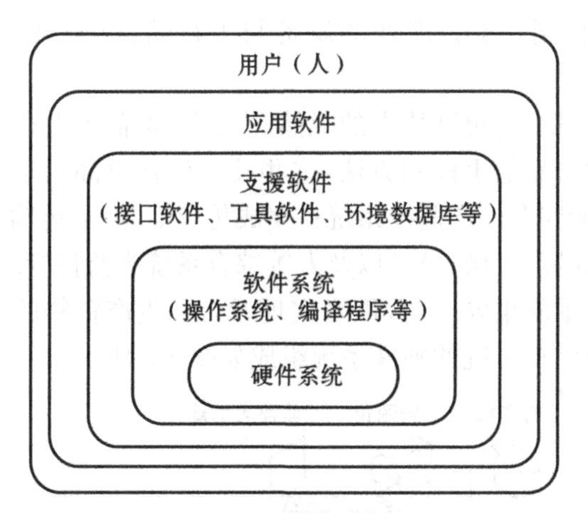

图 4-1　计算机系统层次结构图

4.1.1　计算机硬件系统

硬件系统主要由中央处理器、存储器、输入输出控制系统和各种外部设备组成，如图 4-2 所示。中央处理器是对信息进行高速运算处理的主要部件，其处理速度可达每秒几亿次以上操作。存储器用于存储程序、数据和文件，常由快速的主存储器（容量可达数百兆字节，甚至数 G 字节）和慢速海量辅助存储器（容量可达数十 G 或数百 G 以上）组成。各种输入输出外部设备是人机间的信息转换

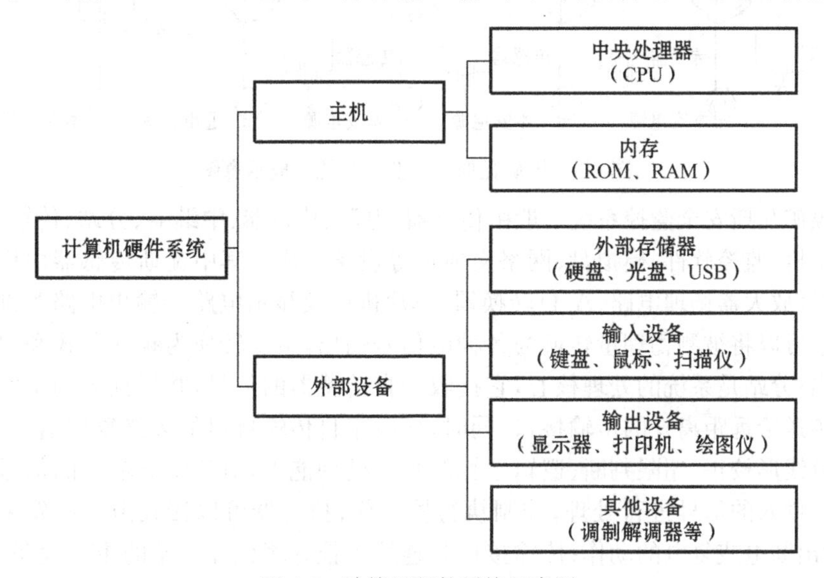

图 4-2　计算机硬件系统示意图

器,由输入—输出控制系统管理外部设备与主存储器(中央处理器)之间的信息交换。

网络技术、单片机、传感器技术的成熟和推广,为企业生产过程中对于危险源的监控提供了高效可靠的手段和方法,这些硬件设备也都属于计算机硬件系统范畴。例如,煤矿瓦斯安全生产监控系统在集成传感器、数字传输、计算机软件、网络技术等基础上,以环境、机械、设备以及人等综合系统为监控管理对象,实时采集和处理煤矿安全生产中的重要参数,最终实现对人和生产资料的安全保护。一个典型的煤矿瓦斯安全监控系统的硬件系统组成如图 4-3 所示。

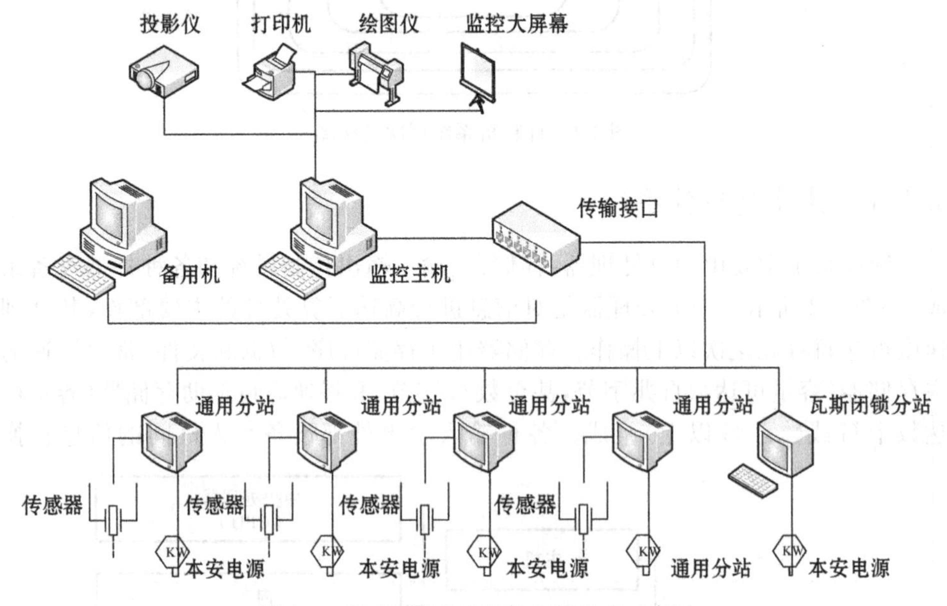

图 4-3 煤矿瓦斯安全监控系统组成示意图

煤矿瓦斯安全监控系统一般由传感器、电源、执行器、中继器、分站、传输接口、监控主机、监控软件、模拟盘、网络交换机等设备组成。其中瓦斯传感器由黑白元件、信号放大器调理电路、A/D 转换器、单片机以及显示电路和输出电路等部分组成。它可以将被测物理量转换为各种电信号输出,主要转换为频率制式和电流制式输出;分站是系统的处理核心,它接收来自传感器的信号,并按预先约定的复用方式传送给远距离外的传输接口,同时,接收来自传输接口的多路复用信号;分站还具有线形校正、超限判断、逻辑运算等数据处理能力,对传感器输入的信号和传输接口输入的信号进行处理,控制执行器工作;执行器可以接收由分站发来的指令,做出断电或复电的动作;传输接口是连接主控计算机和分站的重要设备,它接收分站远距离发送的信号,并送达主机处理。接收主机信号、并送相应分站。传输接口还具有控制分站的发送与接收、多路复用信号的解调、系统自检等功能；监控主机一般使用工业控制计算机，采用双机或多机备份。主机主要用来接收监测信号、校正、报警判别、数据统计、存储、显示、声光报警、人机对话、输出控制、打印输出和网络连接等。

4.1.2　计算机软件系统

软件分为系统软件、支撑软件和应用软件。系统软件由操作系统、实用程序、编译程序等组成。操作系统实施对各种软硬件资源的管理控制。实用程序是为方便用户所设，如文本编辑等。编译程序的功能是把用户用汇编语言或某种高级语言所编写的程序，翻译成机器可执行的机器语言程序。支撑软件有接口软件、工具软件、环境数据库等，它能支持用机的环境，提供软件研制工具。支撑软件也可认为是系统软件的一部分。应用软件是用户按其需要自行编写的专用程序，它借助系统软件和支撑软件来运行，是软件系统的最外层。

常用的操作系统主要有如下几个：

(1) DOS操作系统。DOS是英文Disk Operation System的简称，中文为磁盘操作系统，自1981年推出1.0版发展至今已升级到7.10版，DOS的界面用字符命令方式操作，只能运行单个任务。

(2) Windows 9x/Windows ME/Windows XP。Windows 9x是一个窗口式图形界面的多任务操作系统，弥补了DOS的种种不足。此后推出的Windows ME(2000年)、Windows XP(2001年)与Windows 9x相比，着重增加和增强了网络互联、数字媒体、娱乐组件、硬件即插即用、系统还原等方面的功能。

(3) Windows NT。Windows NT是一个网络型操作系统，它在应用、管理、性能、内联网/互联网服务、通讯及网络集成服务等方面拥有多项其他操作系统无可比拟的优势。因此，它常用于要求严格的商用台式机、工作站和网络服务器。

NT是Network Termination的缩写，网络终端的意思。Windows NT早期版本有Microsoft Windows NT 3.1(1993)、Microsoft Windows NT 3.5(1994)、Microsoft Windows NT 3.51(1995)、Microsoft Windows NT 4.0(1996)。从5.0版之后，Windows NT简称为Windows。其后的版本包括：Microsoft Windows 2000(Windows NT 5.0)(1999)、Microsoft Windows XP(Windows NT 5.1)(2001)、Microsoft Windows Server 2003(Windows NT 5.2)(2003)、Microsoft Windows Vista(Windows NT 6.0)(2006)、Microsoft Windows Server 2008(Windows NT 6.0)(2008)、Microsoft Windows 7(Windows NT 6.1)(2009)、Microsoft Windows Server 2008 R2(Windows NT 6.1)(2010)、Microsoft Windows Slate(Windows NT 6.2，通常称为Windows 8.0)(2011)。Microsoft Windows 9(Windows NT

6.3)，预计2016年推出。

(4) UNIX。UNIX操作系统是一种多用户、多任务的通用操作系统，它为用户提供了一个交互、灵活的操作界面，支持用户之间共享数据，并提供众多的集成工具以提高用户的工作效率，同时能够移植到不同的硬件平台。UNIX操作系统的可靠性和稳定性是其他系统所无法比拟的，是公认的最好的Internet服务器操作系统。从某种意义上讲，整个因特网的主干几乎都是建立在运行UNIX的众多机器和网络设备之上的。

(5) Linux。1991年，芬兰学生Linus Torvalds开始使用MINIX时，对MINIX提供的功能不满意。于是他自己写了一个类UNIX操作系统，并放到网上让人们自由下载，取名为Linux。由于Linux遵循GPL协议，因此得到了蓬勃发展。1994年，Linux的第一个商业发行版Slackware问世。1996年，NIST的计算机系统实验室确认Linux 1.2.13版符合POSIX标准。Linux的核心的最新稳定版是Linux 2.6.1(2004-01-09)，可去官方网站(www.kernel.org/)下载。其他发行版本，知名的有Red Hat，Mandrake，Lycoris等，相应官方网站都可以找到这些发行版的下载。

Linux是一套免费使用和自由传播的类似UNIX的操作系统，这个系统是由全世界各地的成千上万的程序员设计和实现的。用户不用支付任何费用就可以获得它和它的源代码，并且可以根据自己的需要对它进行必要的修改，无偿对它使用，无约束地继续传播。

Linux以它的高效性和灵活性著称。它能够在PC计算机上实现全部的UNIX特性，具有多任务、多用户的能力。而且还包括了文本编辑器、高级语言编译器等应用软件。它还包括带有多个窗口管理器的X—Windows图形用户界面，如同我们使用Windows NT一样，允许我们使用窗口、图标和菜单对系统进行操作。它是一个功能强大、性能出众、稳定可靠的操作系统。

现在Linux在服务器市场上的发展势头比Windows NT更佳，尤其在因特网主机上，Linux的份额已经超过Windows NT。

4.1.3 管理信息系统开发平台构建

在操作系统的基础上，企业或个人就可以利用支撑软件开发出符合自身需要的信息管理系统。例如，在Windows 7操作系统上，应用IIS(Internet Information Services)、ASP(Active Server Pages)、Access 2003数据库搭建企业安全信息管理系统，就需要如下的一些配置：

(1) 通过“开始→设置→控制面板→添加或删除程序”，找到应用程序服务器“Internet信息服务”进行安装，如图4-4所示。

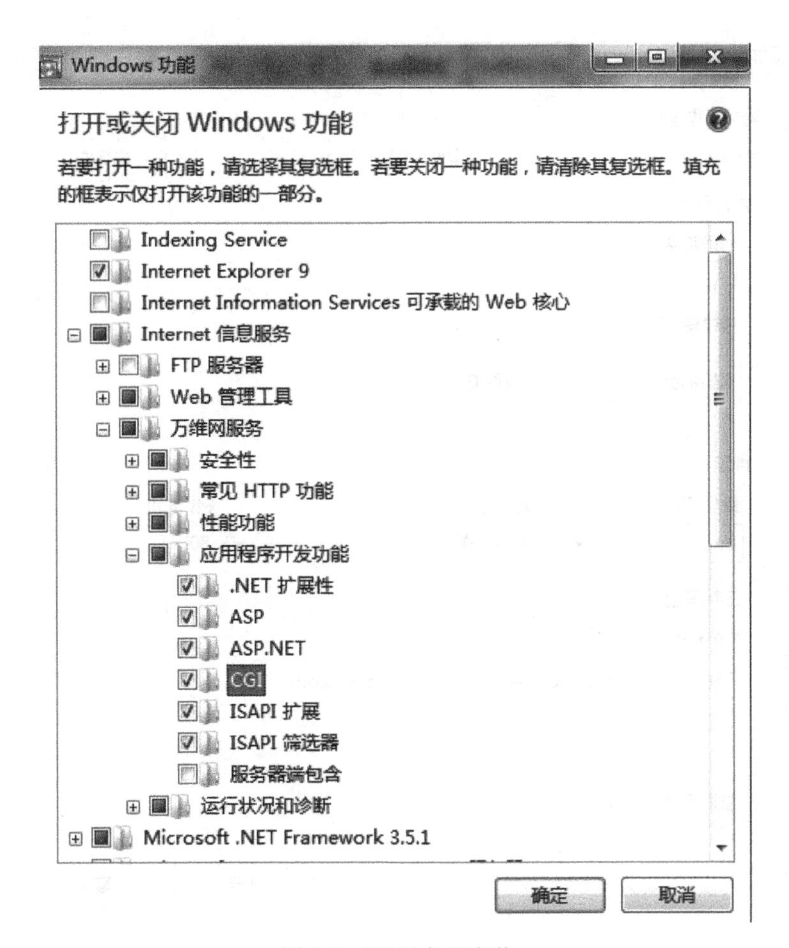

图 4-4　IIS 服务器安装

(2) 安装完成后，打开控制面板，进入系统和安全，打开管理工具，点 Internet 信息服务(IIS)管理器。

(3) 打开 IIS 管理器，进入管理页面，展开右边的个人 PC 栏，右击网站——添加网站，在弹出的对话框中添加自己的网站名称、物理路径(选择你的网站目录)，如图 4-5 所示。对于本地机调试，可以将“IP 地址”设为“127.0.0.1”。关于 IP 地址及端口的解释见下节。

(4) 双击 IIS 中 ASP，父路径是没有启用的，选择 True 开启。

(5) 在浏览器的地址栏里面访问自己的 IP 就可以访问刚才添加的网站。

此外，还可以在 Windows 或 Linux 操作系统下，搭建 Apache＋MySQL＋PHP 网站开发平台。关于利用其他支撑软件开发信息系统的相关内容见上一章。

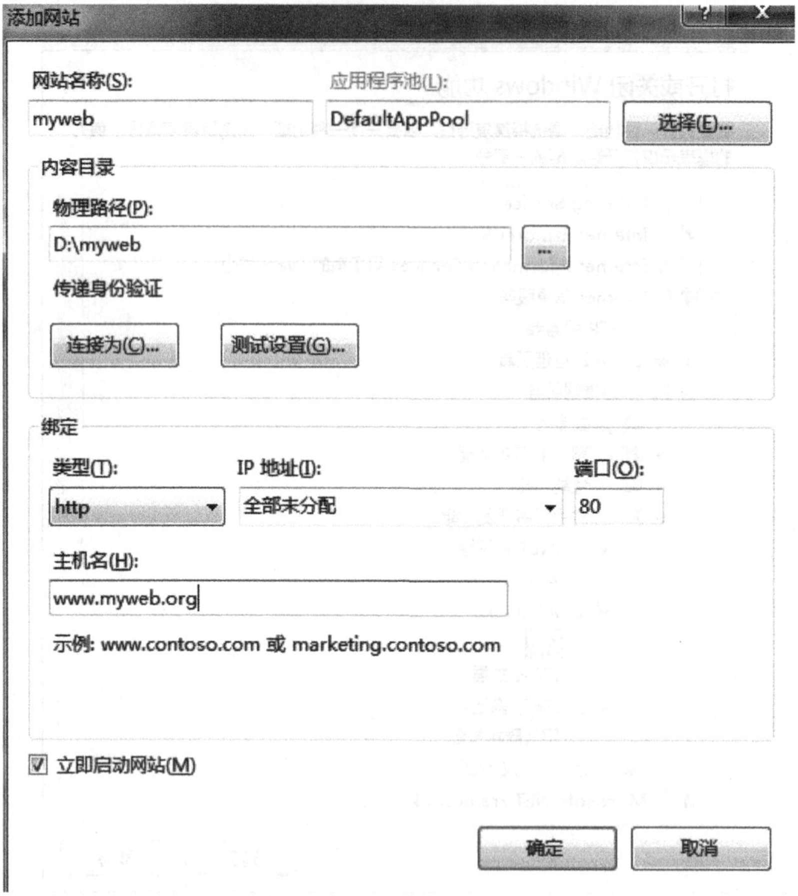

图 4-5 IIS 网站设置

4.2 计算机网络

4.2.1 网络概述

信息化和全球化是当今世界知识经济的两个重要特点，而信息化和全球化的实现必须依靠完善的网络。通常所说的网络是广义的网络，包括电信网络、有线电视网络和计算机网络，统称为“三网”。计算机网络是三网的核心，也是目前发展最快的网络。

从技术上讲，计算机网络是计算机技术和通信技术相关结合的产物，通过计算机来处理各种数据，再通过各种通信线路实现数据的传输。从组成结构来讲，计算机网络是通过外围设备和连线，将分布在相同或不同地域的多台计算机连接在一起所形成的集合。从应用的角度讲，只要将具有独立功能的多台计算机连接在一起，能够实现各计算机间信息的互相交换，并形成可共享计算机资源的系统便可称为网络。综合各方面的因素，对计算机网络的定义为：将分布于不同地理位置的多台具有独立功能的计算机通过外围设置和通信线路互联起来，在功能完善的管理软件的支持下实现相互资源共享的系统。

计算机网络不存在地域的限制，只需要根据距离的远近采取不同的连接方式，即可实现不同计算机之间的互联，并进行计算机之间的资源共享和通信。一个完整的计算机网络包括以下的三个组成部分：

(1) 计算机。根据在网络中所提供的服务的不同，可分为服务器和工作站。

(2) 外围设施。包括连接设备和传输介质两部分，其中主要的连接设备有网卡、交换机(早期也使用集线器)、路由器、防火墙等，传输介质主要有同轴电缆、双绞线、光纤、微波和红外线等。

(3) 通信协议。计算机之间在通信时必须遵守的规则，是通信双方使用的通信语言。

在网络系统中，为了保证计算机之间能够正确地进行通信，针对通信中的各种问题，制订了一整套约定，将这套约定称之为通信协议。通信协议是套语义和语法规则，用来规定有关功能部件在通信过程中的操作。

网络协议由以下三个要素组成：

(1) 语法。语法是数据与控制信息的结构或格式。包括数据格式、编码、信号电平等。

(2) 语义。语义是用于协调和进行差错处理的控制信息。包括需要发生何种控制信息，完成何种操作，做出何种应答等。

(3) 同步(定时)。同步是对事件实现顺序的详细说明。包括速度匹配、排序等。

由于网络体系结构具有层次性，所以通信协议也是分层的。通信协议并分成多个层次，每个层次内部又被分成不同的子层。不同层次负责不同的操作。

国际标准化组织(International Organization for Standardization，ISO)是一个世界性组织，它包括了许多国家的标准团体，比如美国国家标准协会(American National Standards Institute，ANSI)。ISO最有意义的工作就是对其开放系统的研究。在开放系统中，任意两台计算机可以进行通信，而不必理会各自有不同的体系结构。具有七层协议结构的开放系统互连模式(OSI)就是一个众所周知的例子。作为一个分层协议的典型，OSI仍然经常被人们学习研究。

OSI-RM ISO/OSI Reference Model 该模型是国际标准化组织(ISO)为网络通

信制定的协议,根据网络通信的功能要求,它把通信过程分为七层,分别为物理层、数据链路层、网络层、传输层、会话层、表示层和应用层,每层都规定了完成的功能及相应的协议,基于 OSI 的通信模型结构如图 4-6 所示。

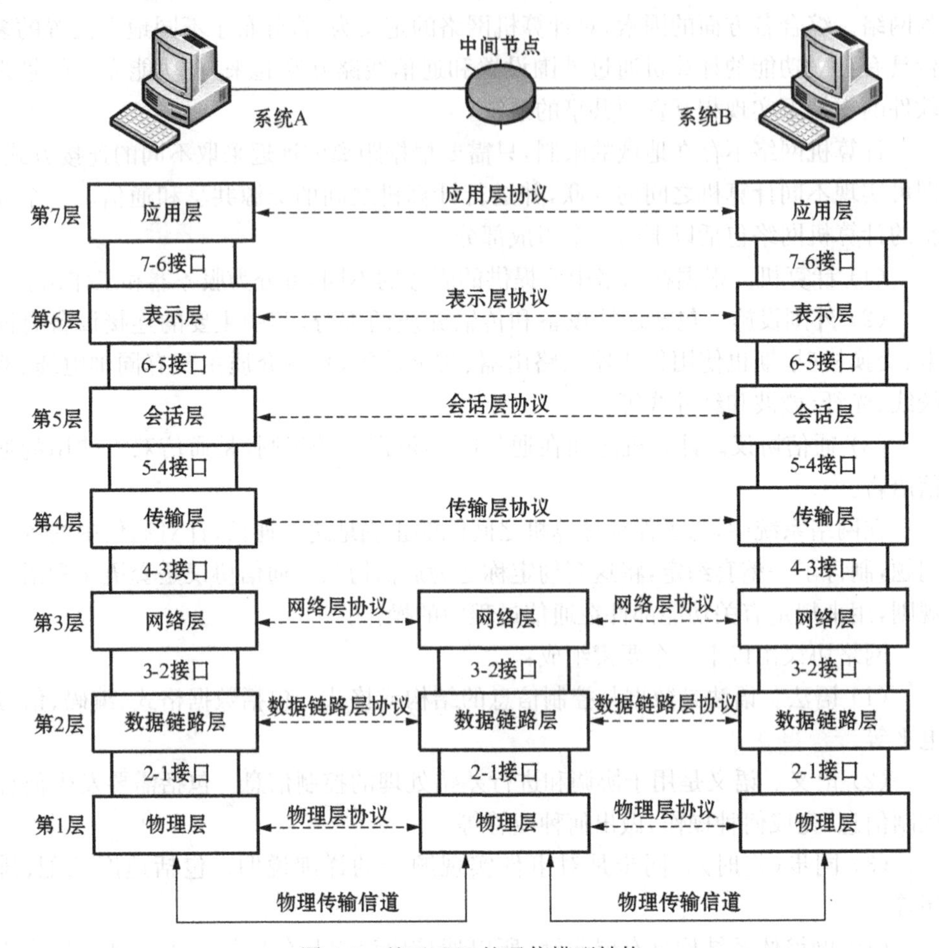

图 4-6 基于 OSI 的通信模型结构

第一层:物理层。主要定义物理设备标准,如网线的接口类型、光线的接口类型、各种传输介质的传输速率等。它的主要作用是传输比特流(就是由 1、0 转化为电流强弱来进行传输,到达目的地后再转化为 1、0,也就是我们常说的模数转换与数模转换)。这一层的数据叫做比特。

第二层:数据链路层。主要将从物理层接收的数据进行 MAC 地址(网卡的地址)的封装与解封装。常把这一层的数据叫做帧。在这一层工作的设备是交换机,数据通过交换机来传输。

第三层:网络层。主要将从下层接收到的数据进行IP地址(例192.168.0.1)的封装与解封装。在这一层工作的设备是路由器,常把这一层的数据叫做数据包。

第四层:传输层。定义了一些传输数据的协议和端口号(WWW端口80等),如:TCP(传输控制协议,传输效率低,可靠性强,用于传输可靠性要求高,数据量大的数据),UDP(用户数据协议,与TCP特性恰恰相反,用于传输可靠性要求不高,数据量小的数据,如QQ聊天数据就是通过这种方式传输的)。主要是将从下层接收的数据进行分段传输,到达目的地址后再进行重组。常常把这一层数据叫做段。

第五层:会话层。通过传输层(端口号:传输端口与接收端口)建立数据传输的通路。主要在系统之间发起会话或者接受会话请求(设备之间需要互相认识,可以是IP也可以是MAC或者是主机名)。

第六层:表示层。主要是进行对接收的数据进行解释、加密与解密、压缩与解压缩等(也就是把计算机能够识别的东西转换成人能够识别的东西,如图片、声音等)。

第七层:应用层。主要是一些终端的应用,如FTP(各种文件下载),WEB(IE浏览),QQ等。

目前,因特网上使用的通信协议——TCP/IP协议与OSI相比,简化了高层的协议,简化了会话层和表示层,将其融合到了应用层,使得通信的层次减少,提高了通信的效率。

表4-1示意了TCP/IP与ISO OSI参考模型之间的对应关系。一般来讲,管理信息系统开发与应用都集中在应用层,对于Windows 7系统,用户只需通过“控制面板——网络和Internet——网络连接——本地连接属性”进行相关设置即可,如图4-7、图4-8所示。

表4-1　TCP/IP与ISO OSI参考模型之间的对应关系

ISO	TCP/IP	
应用层	应用层	如简单电子邮件传输(SMTP)、文件传输协议(FTP)、网络远程访问协议(Telnet)、域名解析服务(DNS)、超文本传输协议(HTTP)等
表示层		
会话层		
传输层	传输层	如传输控制协议(TCP)、用户数据协议(UDP)
网络层	网络层	如网际协议(IP)等
数据链路层	网络接口	各种通信网络接口,如以太网(Ethernet)等
物理层		

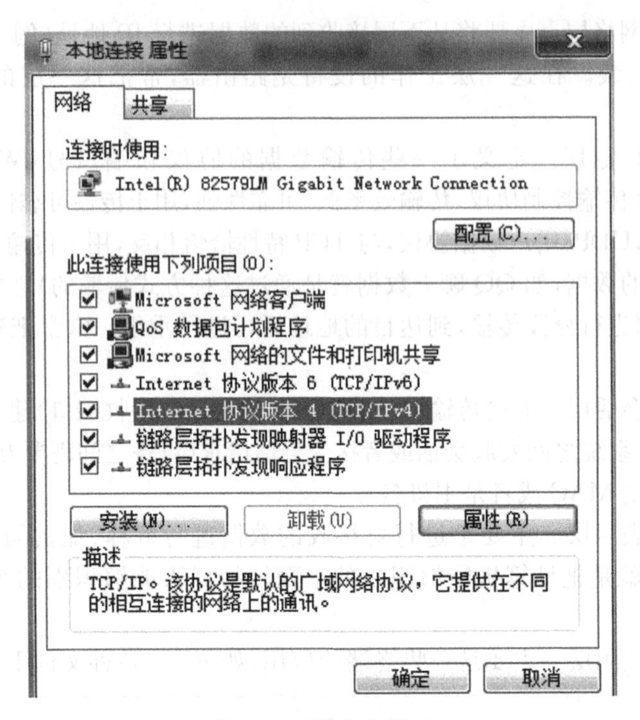

图 4-7 网络连接设置

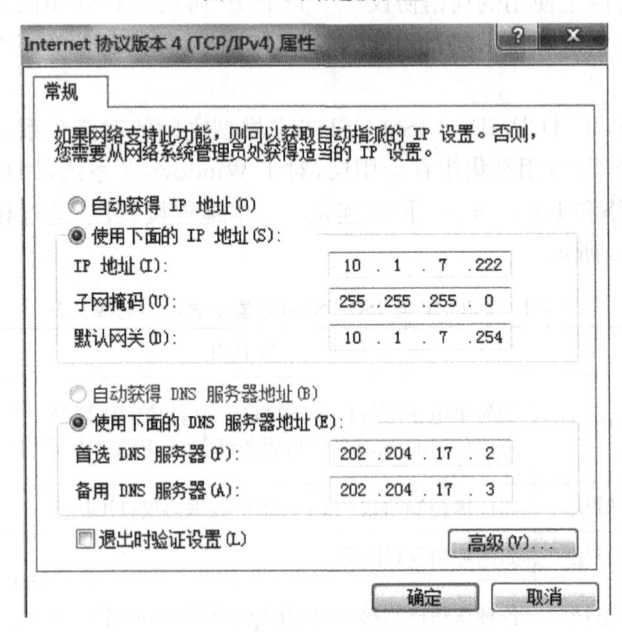

图 4-8 网络连接设置

4.2.2 分布式计算机系统

分布式计算机系统是一种计算机硬件的配置方式和相应的功能配置方式。它是一种多处理器的计算机系统,各处理器通过互联网络构成统一的系统。系统采用分布式结构,即把原来系统内CPU处理的任务分散给相应的CPU,实现不同功能的各个CPU相互协调,共享系统的外设与软件。

在分布式计算机系统中可以实现互联计算机之间的协调操作,共同完成一项任务,一个大型程序将被分布在多台计算机上并行处理,从而加快了系统的处理速度。分布式计算机系统简化了主机的逻辑结构,特别适合于工业生产线自动控制和企事业单位的管理。分布式计算机系统因其成本低,易于维护,成为计算机在应用领域发展的一个重要方向。

与分布式计算机系统不同,计算机网络是在网络操作系统的支持下,实现计算机之间的资源共享,而网络中的计算机则是独立进行工作的。随着网络技术的发展,计算机网络系统也开始具有了分布式计算机系统的功能,例如Windows 2000 Advance Server、Windows Server 2003、UNIX和Linux等操作系统就支持分布式计算机系统。所以,分布式计算机系统也称之为分布式计算机网络。

4.2.3 计算机网络分类

计算机网络可以从不同的角度对其进行分类。

1. 按地理范围分类

1) 局域网(LAN)

局域网(Local Area Network,LAN)也称为局部网络,一般是将一个相对较多小区域(一般在几百米到几千米以内)内的计算机通过高速通信线路相连后所形成的网络。

随着计算机技术的发展和应用范围的拓宽,局域网的作用和地位将显得越来越突出。过去,只有一些大中院校、科研院所、大型企业才拥有局域网,但是随着计算机应用的普及,单机操作存在的弊端日渐突出,人们已不仅仅要求计算机之间的资源共享,而且如大型软件的开发、大型CAD系统的设计、大批量视频影像的处理等,都需要通过局域网来进行协同工作,如果离开了局域网,这些工作将很难正常进行下去。

2) 城域网(MAN)

城域网(Metropolitan Area Network,MAN),基本上是一种大型的LAN,通常使用与LAN相同的技术。所以,目前在按连接范围分类时可直接分为局域网和广域网,而不再有城域网。它既可能是公用网,也可能是私用网。MAN可以支持数据和语音，还可能涉及有线电视网。

MAN结构的关键是使用了广播式介质(IEEE 802.6)，使用两条电缆，所有的计算机都连接在这两条电缆中间。和其他类型的网络相比，MAN结构可简化设计。

3）广域网(WAN)

尽管局域网在一个较小的范围之内可以共享信息和资源，但它却不能连接远程站点，所以在较大范围之内共享信息时就需要使用广域网。

广域网(Wide Area Network,WAN)也称为远程网络，指作用范围通常为几十千米到几千千米的网络。简单地说，广域网是将多个局域网互联后所产生的范围更大的网络，各局域网之间既可以通过速度较低的电话线进行连接，也可以通过高速电缆、光缆、微波天线或卫星等远程通信方式连接。

其实，大多数广域网都隶属于不同的公司或单位，它一般存在不同的两种类型：一种是连接范围较为庞大的网络，如扩展到城市中主要地区的城域网，又如遍及全球的因特网Internet；另一种是由多个局域网互联后形成的范围更大的网络，如由多个相对较远的分公司组成的企业网或由多个相对较远的分校组成的校园网等。

2. 按拓扑结构分类

拓扑结构就是网络的物理连接形式。如果不考虑实际网络的地理位置，把网络中的计算机看作一个节点，把通信线路看作一根连线，这就抽象出计算机网络的拓扑结构。局域网的拓扑结构主要有星型、总线型和环型三种，如图4-9所示。

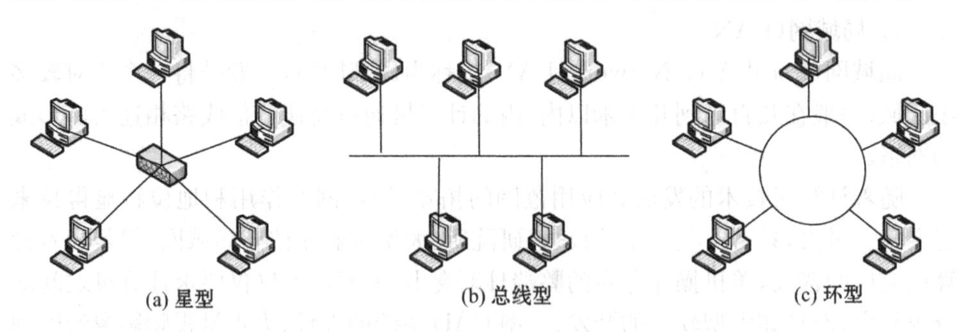

图4-9 计算机网络拓扑结构图

1）星型拓扑结构

这种结构以一台设备作为中央节点，其他外围节点都单独连接在中央节点上。各外围节点之间不能直接通信，必须通过中央节点进行通信，如图4-9(a)所示。中央节点可以是文件服务器或专门的接线设备，负责接收某个外围节点的信息，再转发给另外一个外围节点。这种结构的优点是结构简单、服务方便、建网容易、故障诊断与隔离比较简便、便于管理。缺点是需要的电缆长、安装费用多；网络运行依赖于中央节点，因而可靠性低；若要增加新的节点，就必须增加中央节点的连接，扩充比较困难。

星型拓扑结构广泛应用于网络中智能集中于中央节点的场合。在目前传统的数据通信中，该拓扑结构仍占支配地位。

2）总线型拓扑结构

这种结构所有节点都直接连到一条主干电缆上，这条主干电缆就称为总线。该类结构没有关键性节点，任何一个节点都可以通过主干电缆与连接到总线上的所有节点通信，如图 4-9(b)所示。这种结构的优点是电缆长度短，布线容易；结构简单，可靠性高；增加新节点时，只需在总线的任何点接入，易于扩充。总线结构的缺点是故障检测需要在各个节点进行，故障诊断困难，隔离也困难，尤其是总线故障会引起整个网络的瘫痪。

3）环型拓扑结构

这种结构各节点形成闭合的环，信息在环中作单向流动，可实现环上任意两节点间的通信，如图 4-9(c)所示。环型结构的优点是电缆长度短、成本低。该结构的缺点是某一节点出现故障会引起全网故障，且故障诊断涉及每一个节点，故障诊断困难；若要扩充环的配置，就需要关掉部分已接入网中的节点，重新配置困难。

一般来说，拓扑结构会影响传输介质的选择和控制方法的确定，因而会影响网上结点的运行速度和网络软、硬件接口的复杂程度。网络的拓扑结构和介质访问控制方法是影响网络性能的最重要因素，因此应根据实际情况选择最合适的拓扑结构，选用相应的网络适配器和传输介质，确保组建的网络具有较高的性能。

3. 按传输介质分类

传输介质就是指用于网络连接的通信线路。目前常用的传输介质有同轴电缆、双绞线、光纤、卫星、微波等有线或无线传输介质，相应地可将网络分为同轴电缆网、双绞线网、光纤网、卫星网和无线网。

4. 按带宽速率分类

带宽速率指的是“网络带宽”和“传输速率”两个概念。传输速率是指每秒钟传送的二进制位数，通常使用的计量单位为 b/s、kb/s、Mb/s。按网络带宽可以分为基带网(窄带网)和宽带网；按传输速率可以分为低速网、中速网和高速网。一般来讲，高速网是宽带网，低速网是窄带网。

5. 按通信协议分类

通信协议是指网络中的计算机进行通信所共同遵守的规则或约定。在不同的计算机网络中采用不同的通信协议。在局域网中，以太网采用 CSMA 协议，令牌环网采用令牌环协议，广域网中的报文分组交换网采用 X. 25 协议，Internet 网采用 TCP/IP 协议，采用不同协议的网络可以称为"×××协议网"。

4.2.4 IP 地址、子网掩码与端口

1. IP 地址(Internet Protocol Address)

IP 是英文 Internet Protocol 的缩写，意思是"网络之间互连的协议"，也就是为计算机网络相互连接进行通信而设计的协议。在因特网中，它是能使连接到网上的所有计算机网络实现相互通信的一套规则，规定了计算机在因特网上进行通信时应当遵守的规则。任何厂家生产的计算机系统，只要遵守 IP 协议就可以与因特网互连互通。正是因为有了 IP 协议，因特网才得以迅速发展成为世界上最大的、开放的计算机通信网络。因此，IP 协议也可以叫做"因特网协议"。

IP 地址被用来给 Internet 上的电脑一个编号。大家日常见到的情况是每台联网的 PC 上都需要有 IP 地址，才能正常通信。我们可以把"个人电脑"比作"一台电话"，那么"IP 地址"就相当于"电话号码"，而 Internet 中的路由器，就相当于电信局的"程控式交换机"。

IP 地址是一个 32 位的二进制数，通常被分割为 4 个"8 位二进制数"(也就是 4 个字节)。IP 地址通常用"点分十进制"表示成(a. b. c. d)的形式，其中，a，b，c，d 都是 0～255 之间的十进制整数。例如：点分十进 IP 地址(100. 4. 5. 6)，实际上是 32 位二进制数(01100100. 00000100. 00000101. 00000110)。

最初设计互联网络时，为了便于寻址以及层次化构造网络，每个 IP 地址包括两个标识码(ID)，即网络 ID 和主机 ID。同一个物理网络上的所有主机都使用同一个网络 ID，网络上的一个主机(包括网络上工作站，服务器和路由器等)有一个主机 ID 与其对应。Internet 委员会定义了 5 种 IP 地址类型以适合不同容量的网络，即 A、B、C、D、E 类。

其中 A、B、C 三类，由 Internet NIC 在全球范围内统一分配，如表 4-2 所示。D、E 类为特殊地址。

表 4-2 A、B、C 类网络 IP 地址对照表

网络类别	最大网络数	IP 地址范围	最大主机数	私有 IP 地址范围
A	126(2^7-2)	1. 0. 0. 0～127. 255. 255. 255	16 777 214	10. 0. 0. 0～10. 255. 255. 255
B	16384(2^{14})	128. 0. 0. 0～191. 255. 255. 255	65 534	172. 16. 0. 0～172. 31. 255. 255
C	2097152(2^{21})	192. 0. 0. 0～223. 255. 255. 255	254	192. 168. 0. 0～192. 168. 255. 255

1）A类IP地址

一个A类IP地址是指，在IP地址的四段号码中，第一段号码为网络号码，剩下的三段号码为本地计算机的号码。如果用二进制表示IP地址的话，A类IP地址就由1字节的网络地址和3字节主机地址组成，网络地址的最高位必须是“0”。A类IP地址中网络的标识长度为8位，主机标识的长度为24位，A类网络地址数量较少，可以用于主机数达1600多万台的大型网络。

A类IP地址范围1.0.0.0到126.255.255.255（二进制表示为：00000001 00000000 00000000 00000000-01111110 11111111 11111111 11111111）。最后一个是广播地址。

A类IP地址的子网掩码为255.0.0.0，每个网络支持的最大主机数为256的3次方－2＝16777214台。

2）B类IP地址

一个B类IP地址是指，在IP地址的四段号码中，前两段号码为网络号码。如果用二进制表示IP地址的话，B类IP地址就由2字节的网络地址和2字节主机地址组成，网络地址的最高位必须是“10”。B类IP地址中网络的标识长度为16位，主机标识的长度为16位，B类网络地址适用于中等规模的网络，每个网络所能容纳的计算机数为6万多台。

B类IP地址范围128.0.0.0到191.255.255.255（二进制表示为：10000000 00000000 00000000 00000000-10111111 11111111 11111111 11111111）。最后一个是广播地址。

B类IP地址的子网掩码为255.255.0.0，每个网络支持的最大主机数为256的2次方－2＝65534台。

3）C类IP地址

一个C类IP地址是指，在IP地址的四段号码中，前三段号码为网络号码，剩下的一段号码为本地计算机的号码。如果用二进制表示IP地址的话，C类IP地址就由3字节的网络地址和1字节主机地址组成，网络地址的最高位必须是“110”。C类IP地址中网络的标识长度为24位，主机标识的长度为8位，C类网络地址数量较多，适用于小规模的局域网络，每个网络最多只能包含254台计算机。

C类IP地址范围192.0.0.0-223.255.255.255（二进制表示为：11000000 00000000 00000000 00000000-11011111 11111111 11111111 11111111）。

C类IP地址的子网掩码为255.255.255.0，每个网络支持的最大主机数为256－2＝254台。

IP地址（Internet Protocol Address）是一种在Internet上的给主机编址的方

式，也称为网际协议地址。常见的IP地址，分为IPv4与IPv6两大类。

IPv4就是有4段数字，每一段最大不超过255。由于互联网的蓬勃发展，IP地址的需求量愈来愈大，使得IP地址的发放愈趋严格，各项资料显示全球IPv4地址可能在2005至2010年间全部发完(实际情况是在2011年2月3日IPv4地址分配完毕)。

地址空间的不足必将妨碍互联网的进一步发展。为了扩大地址空间，拟通过IPv6重新定义地址空间。IPv6采用128位地址长度。在IPv6的设计过程中除了一劳永逸地解决了地址短缺问题以外，还考虑了在IPv4中解决不好的其他问题。

2. 子网掩码

子网掩码(subnet mask)又叫网络掩码、地址掩码、子网络遮罩，它是一种用来指明一个IP地址的哪些位标识的是主机所在的子网以及哪些位标识的是主机的位掩码。子网掩码不能单独存在，它必须结合IP地址一起使用。子网掩码只有一个作用，就是将某个IP地址划分成网络地址和主机地址两部分。

子网掩码是一个32位地址，是与IP地址结合使用的一种技术。它的主要作用有两个，一是用于屏蔽IP地址的一部分以区别网络标识和主机标识，并说明该IP地址是在局域网上，还是在远程网上。二是用于将一个大的IP网络划分为若干小的子网络。

使用子网是为了减少IP的浪费。因为随着互联网的发展，越来越多的网络产生，有的网络多则几百台，有的只有区区几台，这样就浪费了很多IP地址，所以要划分子网。使用子网可以提高网络应用的效率。

通过IP地址的二进制与子网掩码的二进制进行与运算，确定某个设备的网络地址和主机号，也就是说通过子网掩码分辨一个网络的网络部分和主机部分。子网掩码一旦设置，网络地址和主机地址就固定了。子网一个最显著的特征就是具有子网掩码。与IP地址相同，子网掩码的长度也是32位，也可以使用十进制的形式。例如，为二进制形式的子网掩码：11111111.11111111.11111111.00000000，采用十进制的形式为：255.255.255.0。

通过计算机的子网掩码判断两台计算机是否属于同一网段的方法是，将计算机十进制的IP地址和子网掩码转换为二进制的形式，然后进行二进制“与”(AND)计算(全1则得1，不全1则得0)，如果得出的结果是相同的，那么这两台计算机就属于同一网段。

子网掩码一共分为两类。一类是缺省(自动生成)子网掩码，一类是自定义子网掩码。缺省子网掩码即未划分子网，对应的网络号的位都置1，主机号都置0。

A类网络缺省子网掩码：255.0.0.0；

B类网络缺省子网掩码：255.255.0.0；

C类网络缺省子网掩码:255.255.255.0。

自定义子网掩码是将一个网络划分为几个子网,需要每一段使用不同的网络号或子网号,实际上我们可以认为是将主机号分为两个部分:子网号、子网主机号。形式如下:

未做子网划分的IP地址:网络号+主机号;

做子网划分后的IP地址:网络号+子网号+子网主机号。

也就是说IP地址在划分子网后,以前的主机号位置的一部分给了子网号,余下的是子网主机号。子网掩码是32位二进制数,它的子网主机标识用部分为全"0"。利用子网掩码可以判断两台主机是否在同一子网中。若两台主机的IP地址分别与它们的子网掩码相"与"后的结果相同,则说明这两台主机在同一子网中。

3. 端口

指接口电路中,端口是一些寄存器,这些寄存器分别用来存放数据信息、控制信息和状态信息,相应的端口分别称为数据端口、控制端口和状态端口。

电脑运行的系统程序,其实就像一个闭合的圆圈,但是电脑是为人服务的,他需要接受一些指令,并且要按照指令调整系统功能来工作,于是系统程序设计者,就把这个圆圈截成好多段,这些线段接口就叫端口(通俗讲是断口,就是中断),系统运行到这些端口时,一看端口是否打开或关闭,如果关闭,就是绳子接通了,系统往下运行,如果端口是打开的,系统就得到命令,有外部数据输入,接受外部数据并执行。

计算机"端口"是英文port的意译,可以认为是计算机与外界通讯交流的出口。端口可分为虚拟端口和物理端口,其中虚拟端口指计算机内部或交换机路由器内的端口,不可见。例如计算机中的80端口、21端口、23端口等。物理端口又称为逻辑端口,是可见端口,计算机背板的RJ45网口,交换机路由器集线器等RJ45端口。电话使用RJ11插口也属于物理端口的范畴。

这三种端口在计算机管理信息系统当中都可能用到,例如:瓦斯数据采集系统当中就可能用到串行端口技术,而网络信息系统当中就可能涉及网络端口技术。本书重点介绍协议端口技术。

(1) 硬件端口。CPU通过接口寄存器或特定电路与外设进行数据传送,这些寄存器或特定电路称之为端口。其中硬件领域的端口又称接口,如:并行端口、串行端口等。

(2) 网络端口。在网络技术中,端口(Port)有好几种意思。集线器、交换机、路由器的端口指的是连接其他网络设备的接口,如RJ-45端口、Serial端口等。通常所说的端口不是指物理意义上的端口,而是特指TCP/IP协议中的端口,是逻辑意义上的端口。

(3) 软件端口。软件领域的端口一般指网络中面向连接服务和无连接服务的通信协议端口,是一种抽象的软件结构,包括一些数据结构和I/O(基本输入输出)缓冲区。

(4) 协议端口。

如果把IP地址比作一间房子,端口就是出入这间房子的门。真正的房子只有几个门,但是一个IP地址的端口可以有65536(即:2^{16})个之多。端口是通过端口号来标记的,端口号只有整数,范围是从0到65535($2^{16}-1$)。

在Internet上,各主机间通过TCP/IP协议发送和接收数据包,各个数据包根据其目的主机的IP地址来进行互联网络中的路由选择。数据包顺利的传送到目的主机后,对于多程序(进程)操作系统,目的主机就通过端口机制把接收到的数据包传送给众多同时运行的进程中的指定的那一个。

本地操作系统会给那些有需求的进程分配协议端口(protocol port,即我们常说的端口),每个协议端口由一个正整数标识,如:80,139,445,等等。当目的主机接收到数据包后,将根据报文首部的目的端口号,把数据发送到相应端口,而与此端口相对应的那个进程将会领取数据并等待下一组数据的到来。

由于每种网络的服务功能都不相同,因此有必要将不同的封包送给不同的服务来处理,例如:当主机同时开启了FTP与WWW服务的时候,远程客户机送来的资料封包,就会依照TCP上面的port号码来给FTP这个服务或者是WWW这个服务来处理。

每一个TCP连接都必须由一端(通常为client)发起请求,这个port通常是随机选择大于1024以上(因为0～1023一般被用作知名服务器的端口,被预订,如FTP为21端口、HTTP为80端口等)。这样,关于图4-5中IIs服务器默认端口设置就不难理解了。

4.2.5 网络技术在信息系统开发中的应用示例

1. VB网络编程基本知识

VB编写网络程序主要有两种方式,一是Winsock控件,二是Winsock API。Socket(套接字)最初是由加利福尼亚大学Berkeley(伯克利)分校为UNIX操作系统开发的网络通信接口,随着UNIX的广泛使用,Socket成为当前最流行的网络通信应用程序接口之一。20世纪90年代初,由Sun Microsystems,JSB,FTP software,Microdyne和Microsoft等几家公司共同定制了一套标准,即Windows Socket规范,简称Winsock。

Winsock API方式是调用Windows内置的Winsock应用接口函数进行编程,

Winsock 控件方式是使用 VB 提供的控件进行编程，本书主要以 Winsock 控件为例进行使用说明。

1）Winsock 控件的主要属性

（1）Protocol 属性。通过 Protocol 属性可以设置 Winsock 控件连接远程计算机使用的协议。可选的协议是 TCP 和 UDP 对应的 VB 的常量分别是 sckTCPProtocol 和 sckUDPProtocol，Winsock 控件默认协议是 TCP。

（2）SocketHandle 属性。SocketHandle 返回当前 Socket 连接的句柄，这是只读属性。

（3）RemoteHostIP 属性。RemoteHostIP 属性返回远程计算机的 IP 地址。在客户端，当使用了控件的 Connect 方法后，远程计算机的 IP 地址就赋给了 RemoteHostIP 属性，而在服务器端，当 ConnectRequest 事件后，远程计算机（客户端）的 IP 地址就赋给了这个属性。如果使用的是 UDP 协议那么当 DataArrival 事件后，发送 UDP 报文的计算机的 IP 才赋给了这个属性。

（4）ByteReceived 属性。返回当前接收缓冲区中的字节数。

（5）State 属性。返回 Winsock 控件当前的状态可以根据状态来判断网络到底出了什么问题，如表 4-3 所示。

表 4-3 State 属性说明

常　数	值	描　述
sckClosed	0	缺省值，关闭
sckOpen	1	打开
sckListening	2	侦听
sckConnectionPending	3	连接挂起
sckResolvingHost	4	识别主机
sckHostResolved	5	已识别主机
sckConnecting	6	正在连接
sckConnected	7	已连接
sckClosing	8	同级人员正在关闭连接
sckError	9	错误

2）Winsock 主要方法

（1）Bind 方法。用 Bind 方法可以把一个端口号固定为本控件使用，使得别的应用程序不能再使用这个端口。

(2) Listen 方法。Listen 方法只在使用 TCP 协议时有用。它将应用程序置于监听检测状态。

(3) Connect 方法。当本地计算机希望和远程计算机建立连接时，就可以调用 Connect 方法。

Connect 方法调用的规范为：Connect [RemoteHost，RemotePort]

由此可见 IP 和端口决定了远程目标。

(4) Accept 方法。当服务器接收到客户端的连接请求后，服务器有权决定是否接受客户端的请求。

(5) SendData 方法。当连接建立后，要发送数据就可以调用 SendData 方法，该方法只有一个参数，就是要发送的数据。

(6) GetData 方法。当本地计算机接收到远程计算机的数据时，数据存放在缓冲区中，要从缓冲区中取出数据，可以使用 GetData 方法。GetData 方法调用规范如下：

GetData data，[type，][maxLen]

它从缓冲区中取得最长为 maxLen 的数据，并以 type 类型存放在 data 中，GetData 取得数据后，就把相应的缓冲区清空。

(7) PeekData 方法。与 GetData 方法类似，但 PeekData 在取得数据后并不把缓冲区清空。

3) Winsock 控件主要事件

(1) ConnectRequest 事件。当本地计算机接收到远程计算机发送的连接请求时，控件的 ConnectRequest 事件将会被触发。

(2) SendProgress 事件。当一端的计算机正在向另一端的计算机发送数据时，SendProgress 事件将被触发。SendProgress 事件记录了当前状态下已发送的字节数和剩余字节数。

(3) SendComplete 事件。当所有数据发送完成时，被触发。

(4) DataArrival 事件。当建立连接后，接收到了新数据就会触发这个事件。如果在接收到新数据前，缓冲区中非空，就不会触发这个事件。

(5) Error 事件。当在工作中发生任何错误都会触发这个事件。

2. VB 网络编程示例

1) 选择协议类型

使用 Winsock 控件，首要的工作是选择适用的协议类型。如同先前所述的，可选择 TCP 协议或是 UDP 协议中的一种。两种协议都可以使用在 Internet 或是 Internet 环境之中，其主要的差异在于连接的状态。以下是这两种协议的特点说明：

(1) TCP 协议是属于面向连接的协议。面向连接协议是指在交换数据之前，在两个终端设备之间必须连接成功。同时，TCP 具有错误核对的功能，在数据的传送过程中，如果发生错误或是数据无法传达对方时，TCP 协议将会重复尝试着重新传送数据。

(2) UDP 协议是属于无面向连接协议。这种协议适用在两个设备之间，适用于信息传送以及数据的传输方面。UDP 协议的特点是在信息送出时，对方可能已经离线，但发送方却无法实时察觉到对方已经离线。此外，使用 UDP 协议的最大数据传送量，完全取决于网络的传输量。因此，此种协议较为适用于局域网络。

2) 设置协议

当已经选择好适当的协议之后，就需要设置协议的类型。在 Visable Basic 之中，共有两种设置协议的方式，即“修改属性窗口”及“程序代码设置”。以下是这两种设置方式的说明。

(1) 修改属性窗口，如图 4-10 所示。

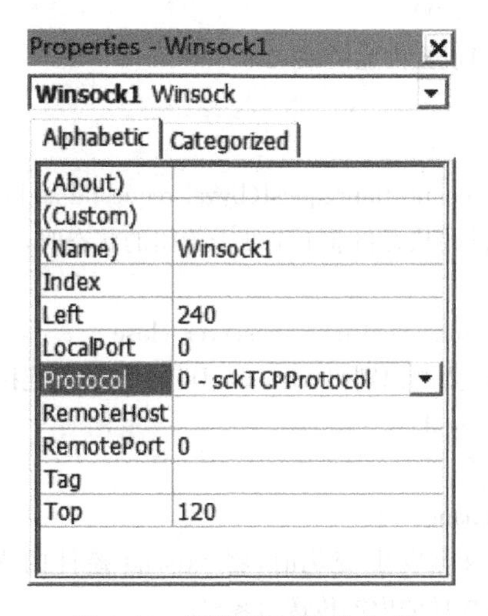

图 4-10　属性窗口修改方式

(2) 程序代码设置：Winsock1. Protocol＝sckTCPProtocol。

在使用 TCP 协议来建立应用程序的过程中，如果选择“主机端”时，主机端的 Winsock 控件必须将特定的连接端口号设置在监听模式之中。同时，在客户端提出连接的请求时，主机端可以允许客户端的连接请求，并且完成连接的程序。

3) 程序代码

(1) 服务器端设计。

服务端窗体 frmserver 如图 4-11 所示。

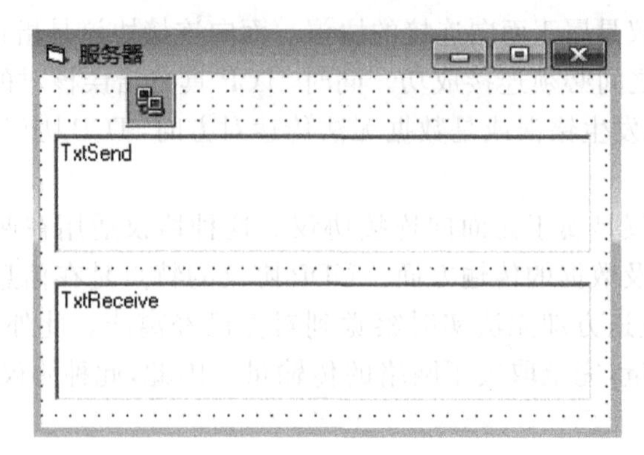

图 4-11　服务器端窗体

服务器端程序：

```
private sub form_load()
'设置本机连接端口的 localport 属性的内容,必须是整体值
tcpserver. LocalPort=2000
    '将本机连接端口设置为监听模式
    tcpserver. Listen
end sub
private sub tcpserver_connectionrequest(byval requestid as long)
'如果 tcpserver 控件的状态目前不是处于关闭的状态时,在允许远程设备连接时,必须要关闭目前控制的运行
if tcpserver. state<>sckclosed then tcpserver. close
'允许远程设备使用必要的识别码(requestid)与主机进行连接
tcpserver. accept requestid
end sub
private sub txtsend_change ()
'当 txtsend 控件的内容发生变化时,将 txtsend 控件的内容,通过 tcpserver 控件 senddata 方法,将 txtsend 控件的内容传送给客户端
tcpserver. senddata txtsend. text
end sub
private sub tcpserver_dataarrival(byval bytestotal as long)
'声明即将接收的数据类型
    dim strdata as string
'调用 tcpserver 控件的 getdata 方法,将接收的数据以 vbstring 数据类型,存放在 strdata 变量之中。
```

```
    Tcpserver.getdata strdata ,vbstring
'将 strdata 变量的内容,存放在 Txtreceive 控件之中。
    Txtreceive.text =strdata
End sub
```

(2) 客户端设计。

客户端窗体 frmclient 如图 4-12 所示。

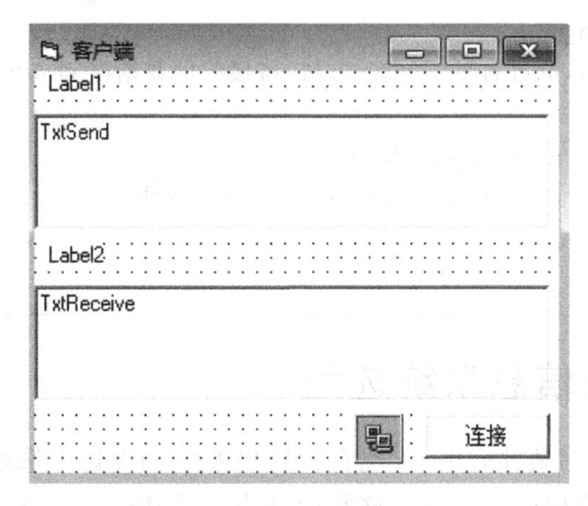

图 4-12　客户端窗体

客户端程序:

```
private sub form_load()
    '指定远程主机的 IP 地址。如果是 localhost,代表的 IP 地址为 127.0.0.1,并且也
代表本机。
    Tcpclient.RemoteHost="localhost"
    '设置本机连接端口的 localport 属性的内容
    tcpclient.remoteport=2000
    '设置窗体的标题内容
    Label1.caption="传送的信息"
    Label2.caption="接收的信息"
    Cmdconnect.caption="与主机连接"
End sub
Private sub cmdconnect_click()
    '调用 tcpclient 控件的 connect 方法,来初始化与主机的连接请求
    tcpclient.connect
end sub
```

```
private sub txtsend_change()
    '当 txtsend 控件的内容发生变化时,立即调用 tcpclient 控件的 senddata 方法,将txtsend 控件的内容传送给主机
    tcpclient.senddata txtsend.text
end sub
private sub tcpclient_dataarrival(byval bytestotal as long)
    '说明即将接收的数据类型
    dim strdata as string
    '调用 tcpclient 控件的 getdata 方法,将接收的数据以 vbstring 数据类型存放在strdata 变量之中。
    Tcpclient.getdata strdata,vbstring
    '将 strdata 变量的内容,存放在 txtoutput 控件之中。
    Txtreceive.text=strdata
End sub
```

4.3 计算机信息系统选型

为实现计算机的某种应用,从现有计算机系统和设备中选取一组设备组合在一起,构成一个计算机应用系统。这些设备应包括硬件和软件。根据应用的需要研究计算机系统配置,是计算机厂家设计计算机和用户建立计算机应用系统所必须解决的课题。

在计算机发展过程中,用户要求计算机的专用性,即满足其特定应用的需要;而厂家要求计算机的通用性,即适于少品种的大批量生产,这一直是不可调和的两个矛盾。人们谋求通过计算机通用化、系列化、标准化、模块化和计算机系统配置的研究,来解决这一矛盾。计算机发展初期,一般是针对应用的需要来研制特定的计算机系统。20 世纪 50 年代,厂家为适应多方面需要,发展通用机,影响了专用性。各个用户对计算机系统有不同的要求。60 年代出现系列机,部分地适应不同的要求。70 年代以来,计算机的应用领域日益广泛,发展了标准化和模块化结构,更便于用户选用,以组成适合需要的计算机系统配置,较好地解决了计算机系统的系列和型号的有限性同用户实际需要的多样性之间的矛盾。

4.3.1 系统选型原则

信息系统的软硬件选择需要考虑的因素很多,包括系统服务器的结构是否适应用户现有的应用类型(商业、金融、科学计算等)和体系结构(C/S、B/S、三层结构等),选用适当的 CPU(主频、个数、SMP 结构)、内存(虚拟内存的管理方式)、磁盘

(SCSI总线技术或SAN存储网络体系结构)、网络(局域网的带宽及交换技术,广域网的路由及交换技术)。最后一点也是很重要的一点是应用程序的编程效率。在很多情况下系统响应时间的长短与应用程序有关,某些系统平台提供了丰富的系统调用,应用程序通过这些系统调用可以充分发挥主机系统的效率,因此,选择适合用户的主机系统和配置还有应用程序的优化是非常重要的。

根据招标书所要实现的目标和系统设计原则我们知道,在信息系统软硬件选型时必须充分地考虑硬件的配置和所选硬件平台及支撑软件平台的可扩充性、安全性。此外,信息系统软硬件的选择和业务系统的需求是紧密相关的,不同的应用需求对软硬件的要求是不一样的,面对市场上众多的品牌、各种专业技术、悬殊的产品价格,如何为信息系统建设选购功能强大、适应需求的软硬件系统是我们在构建管理信息系统时必须考虑的。一般来说,我们将遵循如下原则作为我们选型的依据:

(1) 先进性。所选择的软硬件系统应代表当代计算机技术的最高水平,能够以更先进的技术获得更高的性能。同时软硬件系统必须是一个成熟的体系,是同类市场上公认的领先产品,并且该体系有着良好的未来发展,能够随时适应技术发展和业务发展变化的需求。

(2) 实用性。所选择的软硬件系统应具有性能/价格比率的优势,以满足应用系统设计需求为配置目标,并不盲目地追求最高性能、最大容量。总之,应根据应用的需求配置适当的处理性能和容量,同时考虑今后信息量增加的情况。

(3) 可扩展性。所选择的软硬件系统能随着应用系统的增加而扩展,具有长远的生命周期和可扩充性,能适应现在和未来需要。能通过增加内部或者外部硬件。比如扩充CPU数目(SMP)、增加内存、增加硬盘数目、容量、增加I/O总线上的适配器(插卡)等,或采用新的硬件部件替代现有性能较差的部件。比如CPU处理器的升级,实现服务器系统的性能和容量扩展,满足未来信息量发展的需要。

(4) 高可用性和高可靠性。所选择的硬件系统必须能长期连续不间断工作。衡量硬件的可靠性通常可以用平均无故障时间(Mean Time Between Failure, MTBF)。可以通过冗余技术来提高系统整体的可靠性。如冗余备份电源、冗余备份网卡、ECC(错误检查纠正)内存、ECC保护系统总线、RAID磁盘阵列技术、自动服务器恢复等。

高可用性是和整个系统的硬件和软件联系在一起的。现阶段系统的高可用性是通过计算机集群功能来实现的。因此,在选择软硬件构造高可用性系统时,必须同时考虑在该平台上是否有成熟的操作系统和高可用性(HA)管理软件。

(5) 开放性。所选择的软硬件系统应最大限度地采用国际流行的公用标准,保护用户的投资,保证用户系统的可持续发展。在结构上真正实现开放,基于国际开放式标准，坚持统一规范的原则，从而为未来的发展奠定基础。保证用户现有各种计算机软、硬件资源的可用性和连续性。只有开放的技术才能更好地实现可扩展性和兼容性。

(6) 经济性。所选择的软硬件系统应考虑性能价格比，即以最低的价格获得能够满足企业业务需要的最优性能的软硬件系统，从而降低企业的成本。充分保护现有软硬件系统和技术人员的知识结构，在现有系统平滑升级的同时，进一步充分使用现有的软硬件系统。

(7) 可管理性与易维护性。所选择的软硬件系统应具有良好的、统一的管理平台，能够使用户很方便地进行系统日常软、硬件维护。管理平台操作界面应直观、全面。

4.3.2 系统选型内容

根据应用的要求，计算机系统配置的内容主要有机型选择、硬件和外围设备选择、系统软件和应用软件选择等方面：

(1) 机型选择。对于机型选择，首先明确处理类型，即大型科学计算一般是批量处理；计算机辅助设计、情报检索或订票系统等属交互式处理；生产过程控制为实时处理。其次根据处理类型选择机型，主要考虑字长、数据类型、指令系统、运算速度、存储容量、通道类型与传输率、软件类型与功能等。如用户已有计算机或应用软件，则须考虑程序兼容或程序移植问题。

(2) 硬件和外围设备的选择。应根据需要和对性能的要求，一般选择以下部件：存储器扩充模块的容量，各类通道数量，接口类型(如串行接口、并行接口、通信接口和专用接口等)与数量，部件选件(如浮点加速部件、可写控制存储器等)，外围设备类型、性能与数量，以及供电系统类型等。有的应用除联机系统外，还配置脱机系统，如绘图系统、缩微照相输出系统或预处理系统等。

(3) 系统软件和应用软件选择。应根据处理类型选择操作系统，有时为适应多种应用环境，可选配多种操作系统。此外根据需要选择程序设计语言、数据库管理系统、通用与专用程序包以及各种应用程序。

4.3.3 系统性能评价方法

应根据应用系统的任务和要求，明确计算机系统在应用系统中的地位和作用，提出计算机系统配置设计任务说明书。其中包括应用范围、工作负载特征和吞吐量、信息流分析和其他要求。

再根据任务说明书的要求，采用系统工程的方法进行系统分析，研究系统工作流程和工作负载，根据各种计算机系统和设备的性能，设计计算机系统配置。在系统分析过程中，既要考虑计算机硬件和软件的合理配置，又要考虑系统投资和经济效益。设计者必须对拟采用的计算机系统的软件硬件结构、功能和性能有深入地了解，并具备有关应用的专业知识。配置方案应包括系统配置图、硬件和软件系统的组成与性能说明、可扩充性与选件的说明等。为了便于比较和选择，一般可设计几个配置方案。对各种计算机系统配置方案进行性能评价，经过分析比较，选择满足应用需要的、性能价格比最好的系统配置。

对计算机系统配置的性能评价方法有：技术评价法、模型模拟与分析法、标准检查程序测试法等。

(1) 技术评价法把计算机应用系统的工作负载转换为对计算机设备性能的要求，如中央处理器运算速度、主存储器容量、磁盘容量、通道传输率、外围设备的种类与数量以及软件的类型与功能。依照所设计的计算机系统配置所组成的设备的功能和性能指标，分析其处理能力，以此进行性能评价。这种方法最简单，但准确程度较低。

(2) 模型模拟与分析法。用模拟模型描述所配置的计算机系统和实际应用的工作负载，编制程序在计算机上运行，得出模拟结果，以此衡量所配置的计算机系统是否满足工作负载的要求。必要时还可调整计算机系统配置，再次模拟。准确度决定于模拟模型是否真实反映计算机系统配置和工作负载。模拟中央处理器硬件性能比较简单，要模拟完整的计算机系统则比较困难，这里涉及输入输出、环境条件、操作系统和编译程序的效率等。

(3) 标准检查程序测试法。用一组有代表性的、能反映用户典型应用的程序和数据，在所设计的计算机系统配置的实际环境条件下运行，测试有关数据，包括给定工作负载情况下的作业运行时间、命令响应时间和系统吞吐量等，以此评价所配置的计算机系统是否满足应用的需要。这种方法密切结合实际，能反映整个计算机应用系统实际运行的情况，不仅能测试硬件系统的性能，也能测试软件系统的性能，因而比较准确，但必须具备能满足各种系统配置和测试的实验条件。

随着计算机技术的迅速发展，多处理机系统、分布计算机系统和计算机网的推广应用，计算机应用系统的规模越来越大，系统更加复杂，对计算机系统配置的研究格外重要，进一步研究复杂系统的设计和性能评价的理论与方法将成为重要的课题。

第5章 安全管理信息系统开发

学习目标

1. 了解常用安全管理系统开发方法。
2. 理解生命周期法开发流程及要点。
3. 理解原型法开发流程及要点。
4. 了解面向对象方法基本思想。
5. 知道安全管理信息系统开发模式及选择要点。
6. 了解安全管理信息系统开发的组织与管理方法。

5.1 安全管理信息系统开发方法

系统开发是指对组织的问题和机会建立一个信息系统的全部活动,这些活动是靠一系列方法支撑的。目前,安全管理信息系统的开发方法主要有生命周期法(Life Cycle Approach,LCA)、原型法(Prototyping)、面向对象法(Object-oriented)、计算机辅助开发方法(Computer-aided Software Engineering,CASE)等。

5.1.1 生命周期法

系统的生命周期共划分为系统规划、系统分析、系统设计、系统实施和系统运行与维护五个阶段,如图5-1所示。这样划分系统的生命周期是为了对每一个阶段的目的、任务、采用技术、参加人员、阶段性成果、与前后阶段的联系等作深入具体的研究,以便更好地实施开发工程,开发出一个更好的系统,以及更好地运用系统以取得更好的效益。由于图5-1的形状如同一个多级瀑布,故此模型理论上称为瀑布模型。

1) 系统规划阶段

该阶段是管理信息系统的起始阶段。以计算机为主要手段的管理信息系统是其所在组织的管理系统的组成部分,它的新建、改建或扩建服从于组织的整体目标和管理决策活动的需要。所以这一阶段的主要任务是:根据组织的整体目标和发展战略确定安全管理信息系统的发展战略,明确组织总的信息需求,制定安全管理信息系统建设总计划。

2) 系统分析阶段

系统分析阶段与系统设计阶段的目的都是做新系统设计。在一般的机械工程

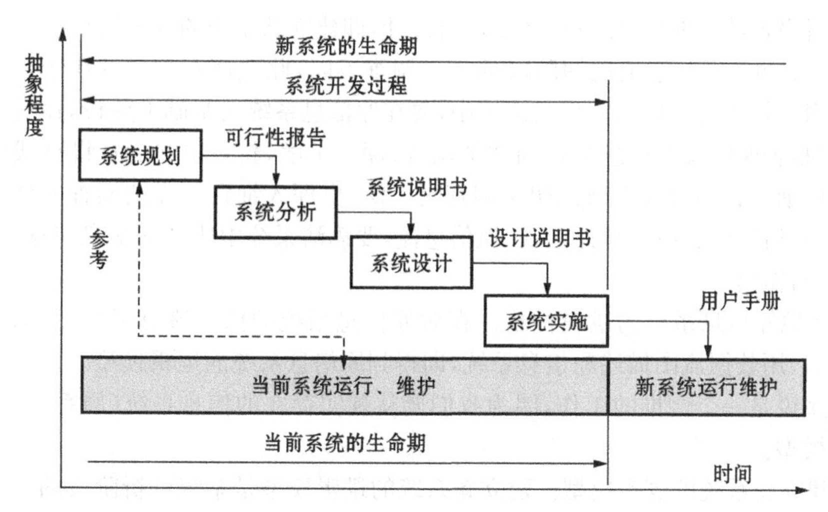

图 5-1 MIS生命周期模型

或建筑工程中并没有系统分析这个阶段。由于管理信息系统自身的复杂性,要把设计阶段又划分为逻辑设计阶段和物理设计阶段,并称逻辑设计阶段为系统分析,物理设计阶段为系统设计。

分析阶段的工作是从做系统可行性分析开始,即可行性研究论证。若结论是可行,则进一步作出系统逻辑设计。该阶段活动可以分成如下几步完成:

(1) 提出问题。事实上,每个用户单位都有一个信息管理系统,不过有的是手工的,有的是人机的,有的效率低,有的效率高。当用户不满足信息管理现状,便会提出开发新的系统的要求。在用户提出开发新系统的要求后就应组建开发组。开发组应当由系统开发的专业技术人员、用户单位的业务人员和领导组成。开发组的组成人员不是一成不变的,应根据开发工程的进展,在不同阶段调整开发组人员成分及数量。

(2) 初步调查。开发组对用户单位做初步调查。初步调查的目的在于论证企业开发管理信息系统的可能性与必要性。应对整个组织(企业)的概况、组织的目标、组织的边界、组织的环境、组织的资源、组织中各类人员对开发新系统的反映或态度等问题进行认真调查。

(3) 可行性分析。综合初步调查的资料,从企业现有自身条件和环境条件出发,分析实现用户要求的可能性与必要性。分析要实事求是,结论要有定性的或定量的论据。

(4) 编写可行性分析报告。在分析论证的基础上编写可行性分析报告,并提交给企业或企业的主管部门。如果开发组认为开发新系统是可行的,应当在可行性分析报告中提出几种开发方案、进度计划、资金投入计划等供审批机关参考。当可行性分析报告被批准后，便进行系统逻辑设计，即建立新系统的逻辑模型。

(5) 详细调查。与系统规划阶段的初步调查不同，此次调查的目的在于设计新系统。因为新系统要建立在现实组织中，要在原信息系统的基础上建设，没有对企业，特别是企业中现存信息系统的详细调查、深入了解，新系统将无从设计或设计不良。详细调查的内容应当比初步调查更广泛、更深入细致。详细调查的任务相当艰巨，其指导思想应当是抓宏观、抓信息流，要搞清系统中所有的信息流输入、处理、存贮与输出。

(6) 还原原信息系统的逻辑模型。在对原信息系统的信息流有了全面、深入的了解之后，用数据流图描述原信息系统，即得到原信息系统的逻辑模型。这对于系统开发来说是一个倒推的工作，因为我们要从现实存在的信息系统(原系统)还原出它的模型。

(7) 建立新系统的逻辑模型。建立新系统的逻辑模型是系统分析阶段的核心任务。然而新系统的逻辑模型不是凭空想象出来的，建立它，通常可以通过以下两种途径：

➢ 先得到原系统的逻辑模型，改进原系统的逻辑模型得到新系统的逻辑模型。

➢ 从新系统的功能目标出发，通过对系统基本模型的分解而得到新系统的逻辑模型。

系统分析员使用一系列图表工具，如数据流图、数据词典等表达工具构造出独立于物理设备的新系统的逻辑模型，并与文字说明一起组成新系统逻辑设计文档，称为系统分析说明书。它是系统分析阶段的阶段性成果，也是新系统物理设计的依据。

生命周期法具有以下特点：

(1) 生命周期方法通常假定系统的应用需求是预先描述清楚的，排除了不确定性，用户的要求是系统开发的出发点和归宿。

(2) 系统开发各个阶段的目的明确、任务清楚、文档齐全，每个开发阶段的完成都有局部审定记录，开发过程调度有序。

(3) 生命周期法采用结构化思想，采用自上而下，有计划、有组织、分步骤地开发信息系统，开发过程清楚，每一个步骤都有明确的结果。

(4) 工作成果文档化、标准化。工作各个阶段的成果以分析报告、流程图、说明文件等形式确定，使整个开发过程便于管理和控制。因此，在信息系统开发中，生命周期法是迄今为止最成熟、应用最广泛的一种工程方法。这种方法有严格的工作步骤和规范化要求，使系统开发走上了科学化、规范化的道路。

但是，这种方法也存在不足和局限性：

(1) 难以准确定义用户需求。结构化生命周期法系统的开发过程是一个线型发展的“瀑布模型”，各阶段须严格按顺序进行，并以各阶段提供的文档的正确性和完整性来保证最终应用软件产品的质量，这在许多情况下是难以做到的。由于用户在初始阶段提出的要求往往既不全面也不明确，尤其是我国多数管理人员，缺乏应用计算机的基本知识和应用实践，更难提出完整、具体的要求。而当系统投入运行后，又感到不满意，要求修改。

(2) 开发周期长，难以适应环境变化。传统生命周期法，从系统分析到系统实施，绝大部分工作靠人工来完成，使系统开发成本高、效率低。由于所用的工具落后，系统分析和设计的时间较长。对于一个比较大的系统，一般要用2～3年。当系统实施时，原来提出的要求可能已经有了变化，又要修改设计。同时，由于第一、二阶段时间较长，而这两阶段能提供给用户的只是文字上的成果，用户长期看不到运行的系统，不便于设计者与用户交流。

5.1.2 原型法

原型法(Prototyping)是20世纪80年代随着计算机软件技术的发展，特别是在关系数据库系统(Relational Data Base System，RDBS)、第四代程序生成语言(4th Generation Language，4GL)和各种系统开发生成环境产生的基础上，提出的一种从设计思想、工具、手段都全新的系统开发方法。它摒弃了那种一步步周密细致地调查分析，然后逐步整理出文字档案，最后才能让用户看到结果的繁琐作法。

原型法的基本思想是在投入大量的人力、物力之前，在限定的时间内，用最经济的方法开发出一个可实际运行的系统模型，用户在运行使用整个原型的基础上，通过对其评价，提出改进意见，对原型进行修改，通过使用，评价过程反复进行，使原型逐步完善，直到完全满足用户的需求为止。

原型法的开发过程包括如下四个步骤：

(1) 确定用户的基本需求。由用户提出对新系统的基本要求，如功能、界面的基本形式、所需要的数据、应用范围、运行环境等，开发者根据这些信息估算开发该系统所需的费用，并建立简明的系统模型。

(2) 构造初始原型。系统开发人员在明确了对系统基本要求和功能的基础上，依据计算机模型，以尽可能快的速度和尽可能多的开发工具来建造一个结构仿真模型，即快速原型构架。之所以称为原型构架，是因为这样的模型是系统总体结构。由于要求快速，这一步骤要尽可能使用一些软件工具和原型制造工具，以辅助进行系统开发。

(3) 运行、评价、修改原型。快速原型框架建造成后，就要交给用户立即投入试运行，各类人员对其进行试用、检查分析效果。由于构造原型中强调的是快速，省略了许多细节，一定存在许多不合理的部分。所以，在试用中要充分进行开发人员和用户之间的沟通，尤其是要对用户提出的不满意的地方进行认真细致的反复修改、完善，直到用户满意为止。

(4) 形成最终的管理信息系统。如果用户和开发者对原型比较满意，则将其作为正式原型。经过双方继续进行细致的工作，把开发原型过程中的许多细节问题逐个补充、完善、求精，最后形成一个适用的管理信息系统。

采用原型法开发过程如图 5-2 所示。

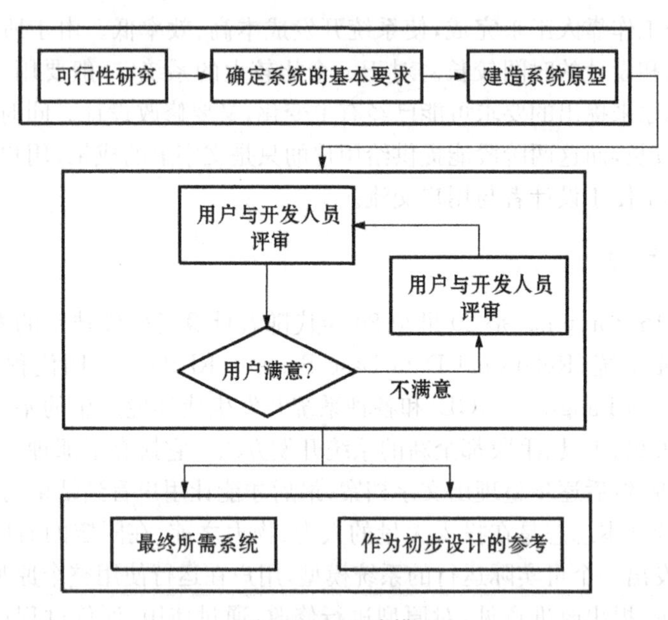

图 5-2 原型法模型

原型法的优缺点及实用范围如下：

(1) 优点：符合人们认识事物的规律，系统开发循序渐进，反复修改，确保较好的用户满意度；开发周期短，费用相对少；由于有用户的直接参与，系统更加贴近实际；易学易用，减少用户的培训时间；应变能力强。

(2) 缺点：不适合大规模系统的开发；开发过程管理要求高，整个开发过程要经过“修改—评价—再修改”的多次反复；用户过早看到系统原型，误认为系统就是这个模样，易使用户失去信心；开发人员易将原型取代系统分析；缺乏规范化的文档资料。

(3) 适用范围：处理过程明确、简单系统；涉及面窄的小型系统。

(4) 不适合于：大型、复杂系统；难以模拟的系统；存在大量运算、逻辑性强的处理系统；管理基础工作不完善、处理过程不规范的系统；大量批处理系统。

5.1.3　面向对象的方法

面向对象方法(Object-Oriented Method)是一种把面向对象的思想应用于软件开发过程中,指导开发活动的系统方法,简称OO(Object-Oriented)方法,是建立在"对象"概念基础上的方法学。对象是由数据和容许的操作组成的封装体,与客观实体有直接对应关系,一个对象类定义了具有相似性质的一组对象。而继承性是对具有层次关系的类的属性和操作进行共享的一种方式。所谓面向对象就是基于对象概念,以对象为中心,以类和继承为构造机制,来认识、理解、刻画客观世界和设计、构建相应的软件系统。

面向对象方法的基本步骤如下:

(1) 分析确定在问题空间和解空间出现的全部对象及其属性。

(2) 确定应施加于每个对象的操作,即对象固有的处理能力。

(3) 分析对象间的联系,确定对象彼此间传递的消息。

(4) 设计对象的消息模式,消息模式和处理能力共同构成对象的外部特性。

(5) 分析各个对象的外部特性,将具有相同外部特性的对象归为一类,从而确定所需要的类。

(6) 确定类间的继承关系,将各对象的公共性质放在较上层的类中描述,通过继承来共享对公共性质的描述。

(7) 设计每个类关于对象外部特性的描述。

(8) 设计每个类的内部实现(数据结构和方法)。

(9) 创建所需的对象(类的实例),实现对象间应有的联系(发消息)。

与生命周期法、原型法相比较,面向对象方法具有自己的特点:

(1) 强调从现实世界中客观存在的事物(对象)出发来认识问题域和构造系统,这就使系统开发者大大减少了对问题域的理解难度,从而使系统能更准确地反映问题域。

(2) 运用人类日常的思维方法和原则(体现于OO方法的抽象、分类、继承、封装、消息通讯等基本原则)进行系统开发,有益于发挥人类的思维能力,并有效地控制了系统复杂性。

(3) 对象的概念贯穿于开发过程的始终,使各个开发阶段的系统成分具良好的对应,从而显著地提高了系统的开发效率与质量,并大大降低系统维护的难度。

(4) 对象概念的一致性,使参与系统开发的各类人员在开发的各阶段具有共同语言,有效地改善了人员之间的交流和协作。

(5) 对象的相对稳定性和对易变因素隔离,增强了系统的应变能力。

(6) 对象类之间的继承关系和对象的相对独立性,对软件复用提供了强有力的支持。

5.1.4 计算机辅助开发方法

计算机辅助软件工程(Computer Aided Software Engineering,CASE)是一组工具和方法集合,可以辅助软件开发生命周期各个阶段进行软件开发。CASE工具为设计和文件编制传统结构编程技术,提供了自动的方法,可以帮助应用程序开发,完成包括分析、设计和代码生成等工作。

计算机辅助软件工程,原来指用来支持管理信息系统开发的、由各种计算机辅助软件和工具组成的大型综合性软件开发环境,随着各种工具和软件技术的产生、发展、完善和不断集成,逐步由单纯的辅助开发工具环境转化为一种相对独立的方法论。严格一点来说,计算机辅助开发方法是上述系统开发方法的计算机辅助实现,不能算做一种系统开发方法。典型的计算机辅助开发软件有UML建模工具Visio、Rational Rose、PowerDesign等。

5.2 安全管理信息系统开发模式及选择

信息系统的开发方式是指企业组织获得应用系统服务的方式,主要解决由谁来承担系统开发任务,建设所需信息系统的问题。目前主要的开发方式有自行开发、委托开发、联合开发、利用软件包开发等。这几种开发方式各有优点和不足之处,需要根据使用单位的技术力量、资金情况、外部环境等各种因素进行综合考虑和选择。

5.2.1 自行开发方式

自行开发是由用户依靠自己的力量独立完成系统开发的各项任务。根据项目预算,企业自行组织开发队伍,完成系统的分析和设计方案,组织实施,进行运行管理。随着第四代开发工具的不断发展,应用程序的编写越来越容易,使得用户自行开发在技术上变得更加可行。一些组织和单位有较强专业开发分析与设计队伍和程序设计人员、系统维护使用队伍的,如大学、研究所、计算机公司、高科技公司等,就可以自行开发,完成新系统的建设。

1) 自行开发的步骤

对于功能比较简单的系统,由企业内部用原型法在很短的时间就可完成。对于功能比较复杂的系统,要用原型法和结构化方法的结合,即在建立一个最终系统之前,构造一个系统模型,开发过程采用结构化的类似步骤。一般经过调查研究,识别需求,确定新系统目标,制定项目计划;研究和建立新系统的模型;选择系统的软件和硬件;用户使用模型提出意见,对模型进行修改,直到用户满意;系统运行和维护等步骤。开发过程应注意两点：一是需要大力加强领导，实行“一把手”原则；二是向专业开发人士或公司进行必要的技术咨询，或聘请他们作为开发顾问。

2）自行开发方式的优缺点

自行开发方式的优点是开发速度快，费用少，容易开发出适合本单位需要的系统，方便维护和扩展，有利于培养自己的系统开发人员。缺点是由于不是专业开发队伍，除缺少专业开发人员的经验和熟练水平外，还容易受业务工作的限制，系统整体优化不够，开发水平较低。同时开发人员一般都是临时从所属各单位抽调出来进行信息系统开发工作的，他们都有自己的工作，精力有限，这样就会造成系统开发时间长，开发人员调动后，系统维护工作没有保障的情况。

5.2.2　联合开发方式

联合开发由用户（甲方）和有丰富开发经验的机构或专业开发人员（乙方）共同完成开发任务。一般是由用户负责开发投资，根据项目要求组建开发团队，建立必要的规则，分清各方的权责，以合同的方式明确下来，协作完成新系统的开发。这样可以利用企业的业务优势与合作方信息技术优势互补，开发出适用性较强、技术水平较高的应用系统。但是，用户要选择有责任心、有经验的合作方，如专业性开发公司、科研机构等联合开发，共同完成信息系统的分析、设计和实施。这种开发方式适合于用户（甲方）有一定的信息系统分析、设计及软件开发人员，但开发队伍力量较弱，需要外援，希望通过信息系统的开发来建立、完善和提高自己的技术队伍，以便于系统维护工作的单位。

这种开发方式的优点是相对比较节约资金，可以培养、增强用户的技术力量，便于系统维护工作，系统的技术水平较高。缺点是双方在合作中沟通容易出现问题，因此，需要双方及时达成共识，进行协调和检查。

5.2.3　委托开发方式

委托开发是由用户（甲方）委托给富有开发经验的机构或专业开发人员（乙方），按照用户的需求承担系统开发的任务。用户首先要明确自己的需求，然后选择委托单位，签订开发合同，并预付部分资金；开发方（乙方）根据合同要求，独立地完成系统分析、设计、实施，用户对系统验收通过后直接投入运行。采用这种开发方式，关键是要选择好委托单位，最好是对本行业的业务比较熟悉的、有成功经验的开发单位，并且用户（甲方）的业务骨干要参与系统的论证工作，开发过程中需要开发单位（乙方）和用户（甲方）双方及时沟通，进行协调和检查。这种开发方式适合于用户（甲方）没有信息系统的系统分析、系统设计及软件开发人员或开发队伍力量较弱、信息系统内容复杂、投资规模大，但资金较为充足的单位。

委托开发方式的优点是省时、省事，开发的系统技术水平较高。缺点是费用高、系统维护与扩展需要开发单位的长期支持，不利于本单位的人才培养。

5.2.4 利用现成的软件包开发

信息技术的发展促使软件的开发向专业化方向发展，软件开发的标准化和商品化成为软件发展的趋势。一批专门从事管理信息系统开发的公司已经开发出一批使用方便、功能强大的应用软件包。所谓应用软件包是预先编制好的、能完成一定功能的、供出售或出租的成套软件系统。它可以小到只有一项单一的功能，比如打印邮签，也可以是具有复杂功能运行在主机上的大系统。为了避免重复劳动，提高系统开发的经济效益，可以利用现成的软件包开发管理信息系统，可购买现成的应用软件包或开发平台，如财务管理系统、小型企业管理信息系统、供销存管理信息系统等等。这种开发方式对于功能单一的小系统的开发颇为有效。但不太适用于规模较大、功能复杂、需求量的不确定性程度比较高的系统的开发。

利用现成的软件包开发这一方式的优点是能缩短开发时间，节省开发费用，技术水平比较高，系统可以得到较好的维护。缺点是功能比较简单，通用软件的专用性比较差，难以满足特殊要求，需要有一定的技术力量根据使用者的要求做软件改善和编制必要的接口软件等二次开发的工作。

5.2.5 开发方式的选择

由上可知，不同的开发方式有不同的优点和缺点，如表5-1所示。需要根据用户的实际情况进行选择，也可以综合使用各种开发方式。

表 5-1　四种开发方式的比较

方式 特点比较	自行开发	委托开发	联合开发	利用现成软件包开发
分析和设计能力的要求	较高	一般	逐渐培养	较低
编程能力的要求	较高	不需要	需要	较低
系统维护的难易程度	容易	较困难	较容易	较困难
开发费用	少	多	较少	较少

选择开发方式是一个复杂的决策过程，不能仅从经济效益原则来考虑，应当有一个正确的决策机制，对企业的实力、信息系统的地位和应用环境等综合考虑。阿普尔特概括的"造"与"买"的决策影响因素，如表5-2所示，可以值得企业决策者借鉴。但不论哪一种开发方式都需要用户的领导和业务人员参加，并在管理信息系

统的整个开发过程中培养、锻炼、壮大使用单位的管理信息系统开发、设计人员和系统维护队伍。

表 5-2 “造”与“买”的决策影响因素

决策准则	适于自行制造	适于购买
企业战略	IT 应用或基础结构提供了独特的竞争优势	IT 对战略和企业经营提供支持，但不属于战略型 IT
核心能力	IT 应用维护的知识、人员等是企业的核心能力	IT 应用维护的知识、人员等不是企业的核心能力
信息/流程可靠性与机密程度	IT 系统和数据库内容及流程高度机密	安全方面的故障会带来一些问题，但不至于导致致命后果
合作伙伴是否得当	没有值得信赖的、称职的合作伙伴能够负责 IT 应用和基础设施	能够找到可靠的、称职的、愿意合作的经销商
应用软件或需求方案	IT 应用或基础结构具有特异性	能够找到满足大多数需求的应用软件及解决方案
成本/效益分析	购买软件产品或服务成本，以及合作管理支出超过自我服务的支出	购买软件产品或服务的成本明显低于自我服务的支出
实施时间	企业有充足的时间利用内部资源开发应用系统，建立基础设施	利用内部资源开发应用系统和建立基础设施所需时间太长，不能及时满足需求
技术演进及复杂性	企业拥有一支专业开发队伍	企业无力应付迅速变动、日益复杂的企业技术需求
实施的难易程度	拥有快速开发 IT 应用系统的软件开发工具	没有用于快速开发的软件开发工具，或者工具不理想

5.3 安全管理信息系统开发的组织与管理

安全管理信息系统开发的组织与管理是个复杂的系统工程。国内外经验表明，欲建立安全管理信息系统并达到预期目标，使安全管理效率得到提高，总体效益得到改善，起到预防与控制事故的作用，除须做好系统的开发过程中的系统规划与调查、系统分析、系统设计、系统实施、系统运行与维护等工作，还必须做好如下准备工作：

(1) 与需求主体充分沟通，互相配合。

(2) 建立系统开发组织机构，组织一支拥有不同层次的管理和技术队伍。

(3) 计算机设备的筹备，并具有一定的科学管理基础；制订投资计划，明确资金资源，确保资金按期到位。

安全管理信息系统开发前要建立组织机构,这是保证其开发成功的关键因素。安全管理信息开发组织机构主要包含两部分:一是系统开发管理小组;二是系统开发技术小组,系统开发组织的示意图如图5-3所示。

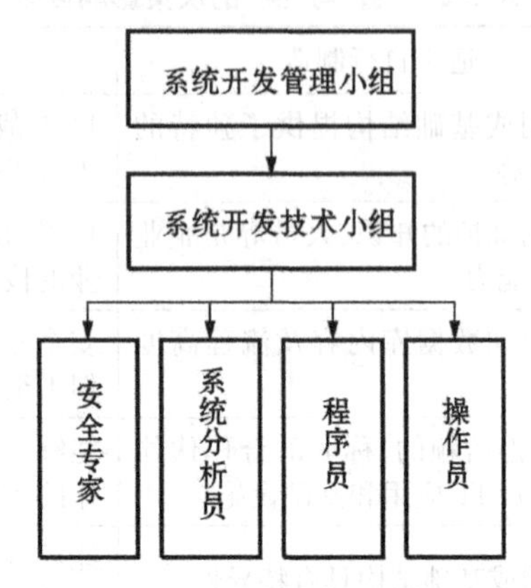

图5-3 系统开发组织结构示意图

系统开发管理小组的任务是制定安全管理信息系统规划,在开发过程中,根据客观发展情况进行决策,协调各方面的关系,控制开发进度。小组成员应包含一名企业领导、系统开发项目负责人、有经验的系统分析师以及用户各主要部门负责人。

系统开发管理小组职责范围如下:

(1) 提出建立新系统的规划和总策略。

(2) 保证满足企业不同部门对新系统的需求。

(3) 对项目的目标、预算、进度、工作质量进行监督与控制。

(4) 检查每个阶段和每一步骤的工作报告。

(5) 组织阶段验收。

(6) 提出继续开发或暂停开发的建议。

(7) 协调系统开发中有关的各项工作。

(8) 向上级组织报告系统开发的进展情况。

(9) 委任新的组织机构的主要工作人员,规定他们的职责范围。

系统开发小组由系统分析员或者系统工程师负责。其具体任务是根据系统目标和系统开发管理小组的指导开展具体工作。这些工作包括:

(1) 开发方法的选择。

(2) 各类调查的设计与实施。

(3) 调查结果的分析。

(4) 撰写可行性报告。

(5) 系统的逻辑设计。

(6) 系统的物理设计。

(7) 系统的具体编程和实施。

(8) 制定新旧系统的交接方案。

(9) 监控新系统的运行。

根据需要,协助组织进行新的组织机构变革和新的管理规章制度的制定。

系统开发中各类技术人员的职责和能力要求如表5-3所示。

表5-3 人员职责及知识结构

职 位	职 责	知识结构
系统分析员	明确使用单位要求;确定可行方案;确定可行系统的需求及逻辑模型	企业管理系统知识;系统分析和设计技术;计算机基础;数据处理理论
系统设计员	设计系统逻辑模型	数据结构;数据库理论;系统开发;系统软件;计算机语言;企业管理
系统编程人员	为物理模型编制正确的程序	程序设计技术;数据结构;计算机知识;管理知识;系统开发及软件
硬件维护人员	计算机机房、计算机及其辅助设备等硬件的维护与管理工作	计算机原理;网络知识;汇编语言操作系统
软件维护人员	应用软件维护	企业管理知识;数据库技术;数据结构;系统开发与程序设计
操作员	系统日常运行;打印输出;简单故障排除;数据录入	汉字输入技术;计算机使用
数据录入员	录入数据	汉字输入技术;计算机使用
系统管理员	参与系统开发;系统运行管理	企业管理知识;系统开发;计算机知识;数据处理知识;项目管理

5.4 安全管理信息系统开发过程

安全管理系统的开发过程包括这类数据资料的整理分析与规范化、需求分析、安全信息库的结构设计、应用程序设计、数据录入、试运行、综合调试和数据处理维护等。在系统开发的过程中,系统的基本配置方案应根据安全信息管理的实际需要和当前计算机软件的发展情况,选用易于使用、满足开发功能和具有多媒体处理功能的新软件或成熟软件。

下面依据生命周期法给出安全管理信息系统开发的5个基本阶段:系统规划与调查、系统分析、系统设计、系统实施、系统运行与维护。每个阶段所用的知识与概念、方法、技术和需要编写的文档,如表5-4所示。

表 5-4 管理信息系统开发所用的知识、概念、方法、技术及要编写的文档

阶　段	知识与概念	方　法	技　术	文　档
系统规划与调查	初步调查、详细调查、可行性研究	调查方法、管理业务流程图		可行性研究报告
系统分析	系统分析的步骤、数据流程图、数据字典、数据流、加工、数据存储、数据源点与终点、分层数据流图以及加工逻辑	数据流程图、数据字典、E-R 图、结构化语言、判定表以及判断树	机构化分析方法(SA)	系统分析说明书
系统设计	系统设计的步骤、模块、模块的独立性、模块的内聚性、优化软件结构的原则、N-S 图及流程图	数据库概念模型转化成关系模型的方法、层次模块结构图、系统结构图、总体设计、数据库设计、代码设计、输入/输出设计、模块处理过程设计、N-S 图以及流程图	结构化系统设计方法(SD)	系统设计说明书(包括概要设计说明书、详细设计说明书、数据库设计说明书等)
系统实施	结构化程序设计、黑盒法、白盒法、测试用例、单元测试、集成测试、评价、系统转换	等价类划分、逻辑覆盖、非渐式测试、渐增式测试	编程技术、单元测试技术、集成测试技术	程序说明书、用户手册、测试计划、系统测试报告、系统评价报告
系统运行与维护	系统维护的内容			

5.4.1 系统规划与调查

在系统开发正式启动之前，必须进行系统规划与调查。这一阶段的主要任务是初步了解系统用户的组织结构、业务范畴以及新系统的目标，并从经济、技术上做可行性研究。

首先，根据用户的系统开发请求，对企业的环境、目标现行系统的状况进行初步调查，其次，依据企业目标和发展战略，确定信息系统的发展战略，对建设新系统的需求做出分析和预测，明确所受到的各种约束条件，研究建设新系统的必要性和可能性。最后，进行可行性分析，写出可行性分析报告，可行性分析报告审议通过后，将新系统建设方案及实施计划编成系统规划报告。

5.4.2 系统分析

根据系统规划报告中所确定的范围，对现行系统进行详细调查，描述现行系统

业务流程,分析数据与数据流程、功能与数据之间的关系,确定新系统的基本目标和逻辑功能,即提出新系统逻辑模型,并把最后成果形成书面材料——系统分析报告。

系统调研分为两部分进行,第一步是初步调研,这一步往往在系统规划与调查阶段完成。第二步是详细调查,包括组织结构调研和业务流程调研。业务流程调研时对组织现行的业务进行调研,包括所有部门的处理业务、具体任务和完成顺序,并用管理业务流程图表示出来,管理业务流程图所用的符号如图 5-4 所示。

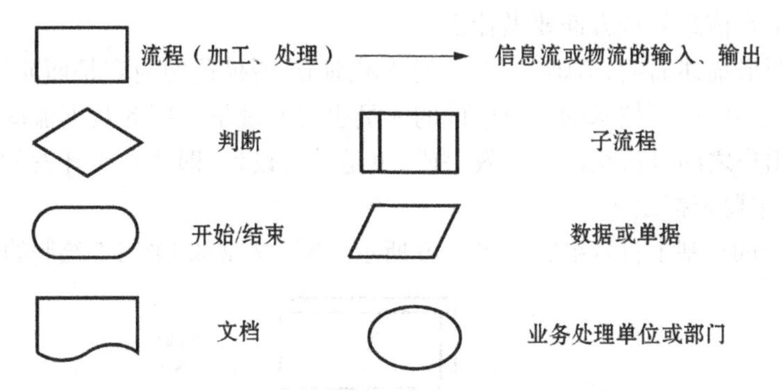

图 5-4　业务流程图的基本符号和含义说明

在安全生产管理中设计到大量的设备及工具的使用,设备及工具采购与报损是常见业务,图 5-5 给出了报损业务流程图绘制示例。首先由库房相关人员定期按库存计划编制需要对设备及工具进行报损处理的报损清单,交给主管确认、审核。主管审核后确定清单上的设备及工具必须报损,则进行报损处理,并根据报损清单登记流水账,同时修改库存台账。若报损单上的设备及工具不符合报损要求,则将报损单退回库房。

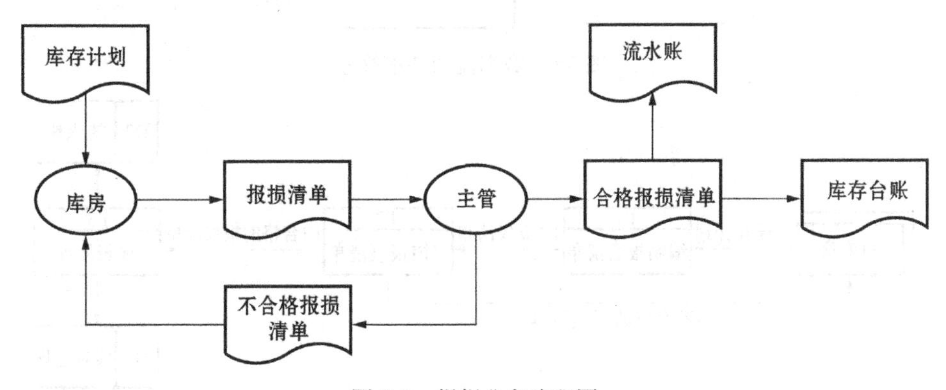

图 5-5　报损业务流程图

系统分析阶段的另一主要工作是系统数据分析,就是从业务流程图到数据流图,并以数据字典加以补充说明,数据流和数据字典就形成了系统分析阶段的重要文档“系统分析说明书”(也称需求分析说明书)。

数据流图(Data Flow Diagram,DFD)就是用规定的符号反映出信息在系统中的使用、加工处理、传递和存储的情况,是组织中信息运动的抽象,是信息逻辑系统模型的主要形式。这个模型不涉及硬件、软件、数据结构与文件组织,它与对系统的物理描述无关,只是用一种图形及与此相关的注释来表示系统的逻辑功能,即所开发的系统在信息处理方面要做什么。

由于图形描述简明、清晰,不涉及到技术细节,所描述的内容是面向用户的,所以即使完全不懂信息技术的用户单位的人员也容易理解。因此数据流图是系统分析人员与用户之间进行交流的有效手段,也是系统设计(即建立所开发的系统的物理模型)的主要依据之一。

DFD 由四种基本符号组成,如图 5-6 所示。图 5-7 是基于图 5-5 绘制的数据流图。

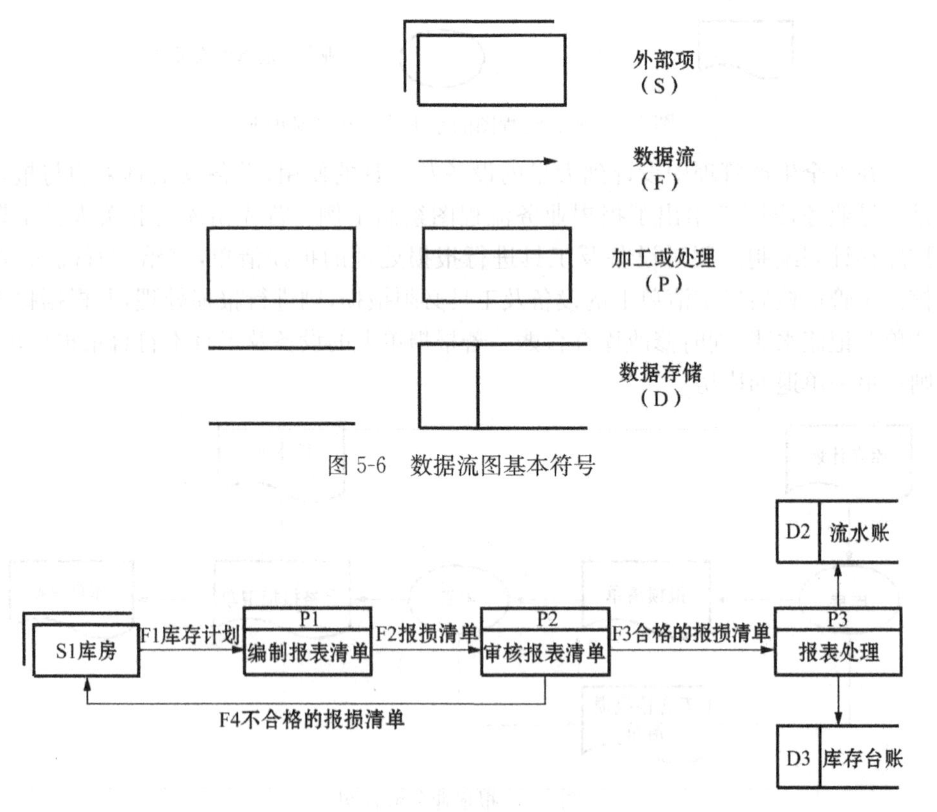

图 5-6 数据流图基本符号

图 5-7 报损数据流图

(1) 数据流(Data Flow)由一个或一组确定的数据组成。数据流名应能直观地反映数据流的含义、数据流的流向;数据流可以同名,也可以有相同的数据结构,但必须有不同的数据或具有不同的含义;两个符号(加工、外部项、数据存储)之间可以有多个数据流存在,DFD并不表明它们之间的任何关系,诸如次序、主次等。

(2) 加工。加工又称处理亦称变换,它表示对数据流的操作。加工的符号分成上、下两部分,从上到下分别是标识部分和功能描述部分。标识部分用于标注加工编号,加工编号应具有唯一性,以标识加工,以“P”开头。功能描述部分用来写加工名。为使DFD清晰易读,加工名应简单,能概括地说明对数据的加工行为,其详细描述在数据词典中定义。加工要逐层分解,以求得分解后的加工功能简单、易于理解。

(3) 数据存储。数据存储是用来存贮数据的。在分层DFD中,数据存储一般仅属于某一层或某几层,因此又称数据存储为局部文件。现对数据存储符号说明如下:

➢ 数据存储名写在开口的长方框内,应概要地说明文件中的主要数据。

➢ 数据存储上一定要有数据流。

➢ 为便于说明和管理,数据存储亦应编号,编号写在文件符号左端小方格中,以“D”开头。

➢ 为避免DFD中出现交叉线,同一数据存储可在多处画出,可以用下图所示符号表示数据存储重复。

(4) 源点和终点(又称端点)是系统外的实体,称作外部项。它们存在于环境之中,与系统有信息交流,从源点到系统的信息叫系统的输入;从系统到终点的信息称系统的输出。同一个端点可以是人或其他系统。在DFD中引入源点和终点是为了便于理解系统,所以不需要详细描述它们。它们可有编号,以“S”开头。

需要注意的是:

(1) 数据流图与数据流程图是两个完全不同的概念。前者表示数据被加工、处理的过程,其中的箭头表示数据流动的方向,不能表示分支、流程的情况。

(2) 输入数据在处理框中经过变换成输出数据。处理框中要标明处理的名字,一般为一个动词。

(3) 数据源点或终点要注明名字,一般应为一个名词或者名词性短语。

(4) 数据流表示被处理或加工的数据或流向,它可以是一项数据,也可以是一组数据,箭头边给出数据流的名字,一般为一个名词或者名词性短语。

(5) 数据存储指数据文件、报表等存储数据。一般用一个名词或名词性短语命名。

(6) 数据流中使用的语言一定要准确、清晰,不能有二义性或模棱两可,以免与用户的需求不一致。例如应避免如“加工”、“处理”、“存储”等字眼。

此外,为了使数据流表达需求更为确切及独一无二的,往往使用数据字典来说明数据流中出现的所有元素的具体含义,数据字典是系统中各类数据描述的集合,是进行详细的数据收集和数据分析所获得的主要成果。

数据字典常用下列一些符号表示:

- =:表示等价于或定义为;
- +:表示和,即连接两个分量;
- […,…]或者[…|…]:表示或,即从若干分量中选择一个;
- { }或者m{ }n或者{ }m^n或者m^n{ }:表示重复,即重复括号内的分量,m、n表示重复的次数;
- ( ):表示可选,即可有可无;
- …:表示连接符。

数据字典通常包括:数据项、数据结构、数据流、数据存储和处理过程五个部分,图5-7中的库存(报废)台账数据存储定义,具体示例如下:

编号:D3
名称:库存(报废)台账
描述:库存(报废)台账=报废台账编码+设备名称+设备描述+设备型号+生产厂家+数量+报废原因+购进日期+报废日期+报废原因+备注
报废台账编号:设备内部编码+设备编号
设备内部编码:1{英文}8
设备编号:00000…99999
英文:[A…Z]
设备名称:1{汉字}50
设备描述:1{汉字}256
设备型号:[1{英文}50|1{汉字}25]
生产厂家:[1{英文}80|1{汉字}40]
数量:1{数字}10000
报废原因:1{汉字}256
购进日期:年+月+日
……

数据流的数据字典示例如下:

编号:F2
名称:报损清单
描述:有关报损清单的描述
定义:报损清单=库存台账编码+设备名称+设备描述+设备型号+生产厂家+数量+报废原因+购进日期+报废日期+报废原因+备注
……

加工逻辑的数据字典示例如下：

编号：P2
名称：审核报废处理
描述：主管对库房提供的报废清单数据进行审核处理
输入的数据流：报损清单
输出的数据流：合格的报损清单＋不合格的报损清单
加工：主管依据相关规定进行报损审核
处理频率：按设备报废管理办法定期处理

数据流图的绘制步骤：

(1) 确定所开发的系统的外部项(外部实体)，即系统的数据来源和去处。

(2) 确定整个系统的输出数据流和输入数据流，把系统作为一个加工环节，画出关联图。

(3) 确定系统的主要信息处理功能，按此将整个系统分解成几个加工环节(子系统)确定每个加工的输出与输入数据流以及与这些加工有关的数据存储。

(4) 根据自顶向下，逐层分解的原则，对上层图中全部或部分加工环节进行分解。

(5) 重复步骤(4)，直到逐层分解结束。

(6) 对图进行检查和合理布局，主要检查分解是否恰当、彻底，DFD中各层是否有遗漏、重复、冲突之处，各层DFD及同层DFD之间关系是否争取及命名、编号是否确切、合理等，对错误与不当之处进行修改。

(7) 和用户进行交流，在用户完全理解数据图内容的基础上征求用户的意见。

5.4.3　系统设计

在系统分析的基础上就可以进行系统设计了。系统设计就是将系统需求转化为系统的总体结构，得到系统的功能结构图，然后再进行系统的详细设计，即模块处理过程设计、数据库/文件设计、代码设计、系统运行环境设计及输入/输出设计等。

1. 系统总体设计

功能机构图(层次图)是用来描述系统模块功能分解的一种图形工具。功能结构图的每个矩形框表示一个功能模块。矩形框间的连线可以看做是调用关系。

例如，依据矿山安全事故信息管理系统的系统分析，可画出其功能结构图，如图5-8所示。

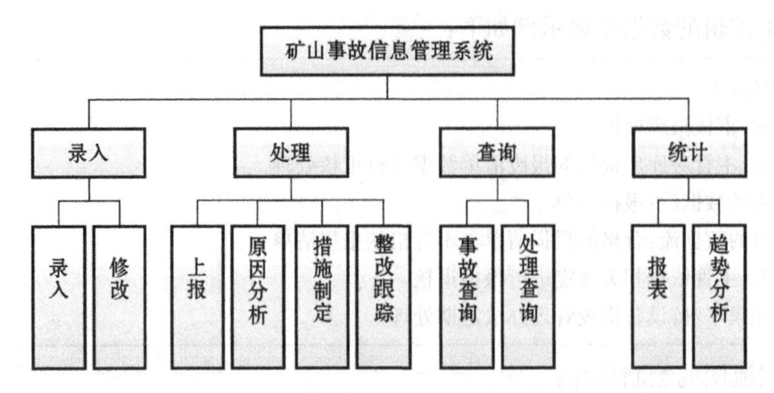

图 5-8 矿山事故信息管理系统功能结构图

系统功能分为录入、处理、查询、统计等 4 个核心功能。相对应有 4 个核心模块。

(1) 事故信息录入模块,用于事故信息的录入及修改,信息维护人员根据信息采集人员提供的各类数据进行录入、修改。

(2) 事故信息处理模块,用于事故原始信息的处理。一般由事故调查处理小组、信息管理人员共同完成。事故信息处理模块同样要进行信息的录入与修改工作。

(3) 事故信息查询模块,供企业高、中、低层管理人员查询相关事故信息。

(4) 事故信息统计模块,供各级管理人员、信息管理人员根据需要生成各类报表及做趋势分析。

2. 模块处理过程设计

画出模块的 IPO 图(输入、处理及输出图),IPO 图是用来描述模块的输入、输出及处理情况,IPO 图是根据 HIPO 图(层次和输入、处理及输出图)和数据字典绘制。

例如,事故信息管理系统中查询模块的 IPO 图如表 5-5、表 5-6、表 5-7 所示。

表 5-5 查询模块 IPO 图

模块名:FIND	模块编号:3
中文名称:查询	
调用模块:3.1、3.2	被调用模块:
输入:	输出:
处理过程: 根据选择的菜单项,进行相应的操作	

表 5-6　事故查询模块 IPO 图

模块名:FIND-BASICINFOR	模块编号:3.1
中文名称:事故基本信息查询	
调用模块:	被调用模块:3
输入:事故标题或编号	输出:事故基本信息存储
处理过程: 根据事故标题或编号等查询该事故基本信息的数据存储	

表 5-7　事故处理查询模块 IPO 图

模块名:FIND-PROCINFOR	模块编号:3.2
中文名称:事故处理信息查询	
调用模块:	被调用模块:3
输入:事故标题或编号	输出:事故处理状态存储
处理过程: 根据事故标题或编号等查询该事故信息的处理状态数据存储	

3. 代码设计

设计问题是一个科学管理问题。设计出一个好的代码方案对于系统的开发工作是一件极为有利的事情。它可以使很多机器处理变得十分方便,还可以使下一现阶段计算机很难处理的工作变得简单。

代码就是以数或字符来代表各种客观实体。在现实世界中有很多东西如果我们不加标记是无法区分的,这时机器处理就十分困难。所以能否将原来不能确定的东西,唯一地加以标识是编制代码的首要任务。

例如,为了方便事故信息处理录入、修改,设计了事故代码。

左起4位为字母"SGXX";左起5～8位为部门编号;左起9～15位为事故顺序编号。这样在录入、修改、查找或统计某一或某一类事故信息时就十分方便了。为了保持系统的合理性,在代码设置时也要注意系统化规范。

4. 系统运行环境设计

系统运行环境设计要说明系统的硬件要求、软件要求、网络环境要求。

例如,对于中小型矿山企业事故信息管理系统的硬件环境设计:系统采用两台服务器构成双机备份结构,提供实时服务。为保证较快的响应时间,选用处理速度较高的计算机系统,内存大小对数据库系统的响应速度影响较大,选择内存较大系统。网络通信速度选用100MBit/s或1000MBit/s。为了保证系统中的信息安全,配置必要的数据备份设备。

软件环境设计:系统采用B/S三重架构,服务器采用Web方式进行系统开发,用户使用浏览器访问系统。操作系统采用Microsoft Window 2003 Server,服务器及数据库采用IIS+Microsoft SQL Server,界面设计采用Macromedia Dreamweaver 8.0、Macromedia Flash 8.0完成。

网络环境设计:事故信息管理系统的网络系统,由主交换机及部门交换机组成。用户可以在企业内部通过网络访问系统。也可以在企业外部通过互联网访问该系统。

5. *数据库设计*

数据库设计包括数据库结构设计与数据库索引设计。

有时为了加快数据查询的速度,提高系统的效率,需要为数据库创建索引。索引就相当于图书目录,查询时,先查目录,再查具体内容就快多了。但是并不是目录建得越多越好,进行数据的修改时,系统要重建索引,所以会降低数据修改的速度。一般为数据表的关键字建立索引就可以满足要求了。

企业事故信息管理系统可设计如下数据表:事故初步基本信息表、事故调查处理信息表、事故处理措施信息表、事故类型分类表、部门分类表、原因分类表、事故—类型关系表、事故—部门关系表、事故—处理措施关系表等。例如,对于事故初步基本信息表、事故类型分类表、事故—类型关系表结构分别如表5-8、表5-9、表5-10所示。

表5-8 事故初步基本信息表

字段	字段名称	字段类型	字段大小	格 式	小数位数
1	事故编号	字符	15		
2	事故标题	字符	50		
3	事故时间	日期时间		长日期	
4	事故地点	字符	80		
5	救援情况	字符		备注型	
6	伤亡人数(死亡)	数值		整型	
7	伤亡人数(重伤)	数值		整型	
8	伤亡人数(轻伤)	数值		整型	
9	财产损失	数值		浮点型	2
10	备注	字符		备注型	

表 5-9　事故类型分类表

字段	字段名称	字段类型	字段大小	格　式	小数位数
1	类型编号	字符	15		
2	类型描述	字符	80		

表 5-10　事故—类型关系表

字段	字段名称	字段类型	字段大小	格　式	小数位数
1	关系编号	数字		自动编号	
2	事故编号	字符	15		
3	类型编号	字符	15		

6. 输入/输出设计

输入/输出设计既要满足用户的基本需要，还要尽可能地方便用户操作。

输入界面要美观实用，尽可能减少用户操作的次数，还要减少输入数据的错误率。为此可采用列表框、单选框、复选框等控件，通过选择等措施减少键盘输入的次数。

企业事故信息管理系统的输出方式有两种：查询输出、统计报表输出。

5.4.4　系统实施

根据系统设计说明书，进行软件编程（或者是选择商品化应用产品，根据系统分析和要求进行二次开发）设计、调试和检错、硬件设备的购入和安装、人员的培训、数据的准备和系统试运行。

5.4.5　系统运行维护

进行系统的日常运行管理、维护和评价三部分工作。如果运行结果良好，则送管理部门指导组织生产经营活动；如果存在一些小问题，则对系统进行修改、维护或是局部调整等；若存在重大问题（这种情况一般是运行若干年之后，系统运行的环境已经发生了根本的改变时才可能出现），则用户将会进一步提出开发新系统的要求，这标志着旧系统生命的结束，新系统的诞生。

第6章 企业安全管理信息系统设计与开发实例

学习目标

1. 知道开发及设计企业安全管理信息系统的流程及要点。
2. 知道如何运用安全信息管理的基本原理及技术方法构建典型的企业安全管理信息系统。
3. 了解典型的企业安全管理信息系统。

6.1 煤矿本质安全管理系统设计与开发

6.1.1 系统目标与设计思想

从20世纪80年代开始，我国矿山企业的安全管理在事故管理、劳动保护管理和职业卫生安全管理三个方面的理论及方法研究都在逐步地提高和发展。矿山企业的安全管理方法，正在由传统的静态安全管理转向现代的动态安全管理，传统安全管理与现代安全管理理念的对比如表6-1所示。

表6-1 传统安全管理与现代安全管理对比

传统静态安全管理	现代动态安全管理
纵向单因素安全管理	横向综合安全管理
事故管理	事件分析与隐患管理
被动式安全管理	主动式安全管理
仅追求生产效益的安全辅助管理	效益、环境、安全与卫生的综合效果管理
被动、辅助、滞后的安全管理模式	主动、本质、超前的安全管理模式
外迫型的安全指标管理	内激型的安全目标管理

本质安全是指通过设计等手段使生产设备或生产系统本身具有安全性，即使在误操作或发生故障的情况下也不会造成事故的功能。具体包括失误—安全(误操作不会导致事故发生或自动阻止误操作)、故障—安全功能(设备、工艺发生故障时还能暂时正常工作或自动转变安全状态)。

本质安全管理体系是一套以危险源辨识为基础，以风险预控为核心，以管理员工不安全行为为重点，以切断事故发生的因果链为手段，经过多周期的不断循环建设，通过闭环管理，逐渐完善提高的全面、系统、可持续改进的现代安全管理体系。

本质安全管理信息系统是根据本质安全管理体系和标准，利用先进的计算机、通讯及自动控制技术，实现危险源的辨识录入、危险源的分类分级、管理标准与管理措施的制定与录入、危险源的监测预警与考核、评价指标、企业内部评价、外部审核评价、评价指标的监测考核、权限管理及基础数据管理等功能的，集安全性、先进性、成熟性于一体的信息化管理系统，是信息系统在本质安全管理方面的应用。

本质安全管理的相关术语包括：

(1) 危险源：可能造成人员伤亡或疾病、财产损失、工作环境破坏的根源或状态。

(2) 风险：某一事故发生的可能性及其可能造成的损失的组合。

(3) 危险源辨识：对煤矿各单元或各系统的工作活动和任务中的危害因素的识别，并分析其产生方式及其可能造成的后果。

(4) 风险评估：评估风险大小的过程。在这个过程中，要对风险发生的可能性以及可能造成的损失程度进行估计和衡量。此过程往往伴随着对风险的排序、分级。

(5) 风险预控：根据危险源辨识和风险评估的结果，通过制定相应的管理标准和管理措施，控制或消除可能出现的危险源，预防风险出现的过程。

(6) 危险源监测：在生产过程中对已辨识出的危险源进行监测、检查，并及时向管理部门反馈危险源动态信息的过程。

(7) 风险预警：对生产过程中已经暴露或潜伏的各种危险源进行动态监测，并对其风险大小进行预期性评价，及时发出危险预警指示，使管理层可以及时采取相应措施的活动。

(8) 不安全行为：是指一切可能导致事故发生的行为，既包括可能直接导致事故发生的人类行为，也包括可能间接导致事故发生的人类行为，如管理者的违章指挥行为、不尽职行为。

(9) 煤矿本质安全文化：煤矿本质安全文化是以风险预控为核心，体现“安全第一，预防为主，综合治理”的精神，并为广大员工所接受的安全生产价值观、安全生产信念、安全生产行为准则以及安全生产行为方式与安全生产物质表现的总称，是煤炭企业安全生产的灵魂所在。

(10) 煤矿本质安全管理：是指在一定经济技术条件下，在煤矿全生命周期过程中对系统中已知的危险源进行预先辨识、评价、分级，进而对其进行消除、减小、控制，实现煤矿人-机-环系统的最佳匹配，使事故降低到人们期望值和社会可接受水平的风险管理过程。

(11) 管理对象:是管理对象单元的一种划分,是对危险源的总结和提炼,是通过管住管理对象实现对危险源的控制或消除。

(12) 管理标准:是一种标尺,是管理对象管到什么程度就可以消除或控制危险源的风险的最低要求。管理(对象)标准应按照国家有关标准、行业有关标准和企业标准从严制定。

(13) 管理措施:是指达到管理标准具体方法、手段。

(14) PDCA:是戴明提出的一种循环管理模式,包括计划(PLAN)、实施(DO)、检查(CHECK)和改进(ACTION),从管理的计划到改进是一种闭环的管理。

煤矿本质安全管理系统要求实现如下目标:

(1) 对建立的煤矿本质安全管理体系的相关标准进行管理,例如包括体系标准的修改、更新和完善等。

(2) 对与煤矿本质安全管理相关的监测、监控等系统提供的信息和煤矿人-机-环境的其他相关信息进行实时分析,对煤矿本质安全状况进行综合分析、预测、评价等。

(3) 根据建立的煤矿本质安全管理体系标准,从建立的煤矿本质安全管理要素出发,对煤矿的本质安全进行综合评价。

6.1.2 可行性分析

1. 国内外安全管理系统的研究现状

现代安全管理的发展过程可分为经验管理—制度管理—预控管理三个阶段。预控管理是安全管理的最后阶段,也是安全管理的最高阶段。其基本原理是运用风险管理的技术,采用技术和管理综合措施,以管理潜在危险源来控制事故,从而实现"一切意外均可避免"、"一切风险皆可控制"的风险管理目标。

目前,国际上较为成熟的风险预控安全管理方法较多,如由南非国家职业安全协会(NOSA)安全管理体系发展而来的管理方法、南非安瑞康国际风险管理顾问有限公司(IRCA)的风险管理方法、美国的万全管理体系发展而来的安全管理方法及国际上通行的职业健康(OSHMS)管理体系。这些风险预控管理方法体系都采用基于风险的预控管理方法,各有其优缺点。

我国煤矿长期以来也积累了一些管理经验和好的做法,如安全质量标准化、安全系统评价、安全管理的五要素等。近年来,随着我国加入世贸组织,按照可持续发展的要求,并与国际接轨,我国许多煤矿积极引进国外的先进安全管理方法,对煤矿企业安全管理的整体水平提高有较大的促进作用。但要从根本上改善我国煤矿安全生产的现状，实现煤矿生产的本质安全，还需要结合中国国情，在分析中国煤矿安全生产现状的基础上，利用现代安全管理方法，充分吸收国内外各种管理体系的优越性，融合创新出一套具有我国特色的煤矿本质安全管理系统。

2. 煤矿本质安全管理的意义

长期以来，煤矿企业被认为是高危行业，发生事故是必然的，不发生事故是偶然的。这种观念不仅存在于煤矿行业之外的人士头脑中，也存在于部分煤矿从业人员心中，对于煤矿的安全生产极为不利。通过建立和推广煤矿本质安全管理系统，对于改善煤矿传统观念，提高煤矿从业人员的安全追求有着重要意义。

建立煤矿本质安全管理系统，是建立在对煤炭工业现状和发展趋势进行深入分析、科学判断的基础上的，既是科学发展观在安全生产工作、煤矿安全领域的具体运用，也是煤炭工业历史发展的必然选择；既是积极的，也是切实可行的。

建立煤矿本质安全管理系统是把握工业化进程中安全生产的规律，推动安全生产"五要素"落实到位的重要步骤。本质安全管理的核心内容是本质安全型人员、本质安全型机器设备、本质安全型环境和配套的实施保障措施，这正是安全生产"五要素"落实到位的体现。推广本质安全管理体系就是推动安全生产"五要素"落实到位的具体实施。

建立煤矿本质安全管理系统是保证煤炭企业具有持续、有竞争力的必需措施。煤炭企业必须实现本质安全，才能在激烈的市场竞争中立于不败之地。在经济上，安全状况直接决定着煤矿企业的生死存亡，煤矿企业不论其经营规模大小，经济效益好坏，都经不起事故的折磨，只有减少甚至杜绝种种事故，才能创造宽松的安全环境，更好地保证企业的健康稳定。

本书以中国矿业大学煤矿本质安全管理信息系统为例，进行系统设计与实现说明。

6.1.3　系统总体规划

煤矿本质安全管理是以危险源辨识管理与事故分析为基础，以人、机、环境系统协调为着眼点，从本质安全型人员、机器设备系统的本质安全、本质安全型环境、安全管理四个方面消除影响煤矿安全生产的各种因素，整个实施过程以安全信息与经营管理系统为实施支撑平台，最终实现煤矿生产本质安全。它与传统安全管理的根本区别在于：不是靠经验和个人的主观判断，而是通过综合分析与评价，按矿井各类事故发生规律进行主动治理，即变被动的事故分析与事故处理为主动的事故预测和安全评价；把事故消灭在发生之前。煤矿本质安全管理是主动的超前管理，其实质是本质安全化。

煤矿本质安全管理是一个复杂的系统工程，主要有以下几个方面的要素构成：

煤矿安全生产风险分析系统，这是本质安全管理系统的基础；本质安全型人员、本质安全型机器设备、本质安全型环境、配套的实施保障措施，这是本质安全管理的核心内容；具有故障诊断功能的经营管理信息系统，这是本质安全管理系统的支撑平台。

针对本质安全管理的特点，系统的总体结构如图 6-1 所示。

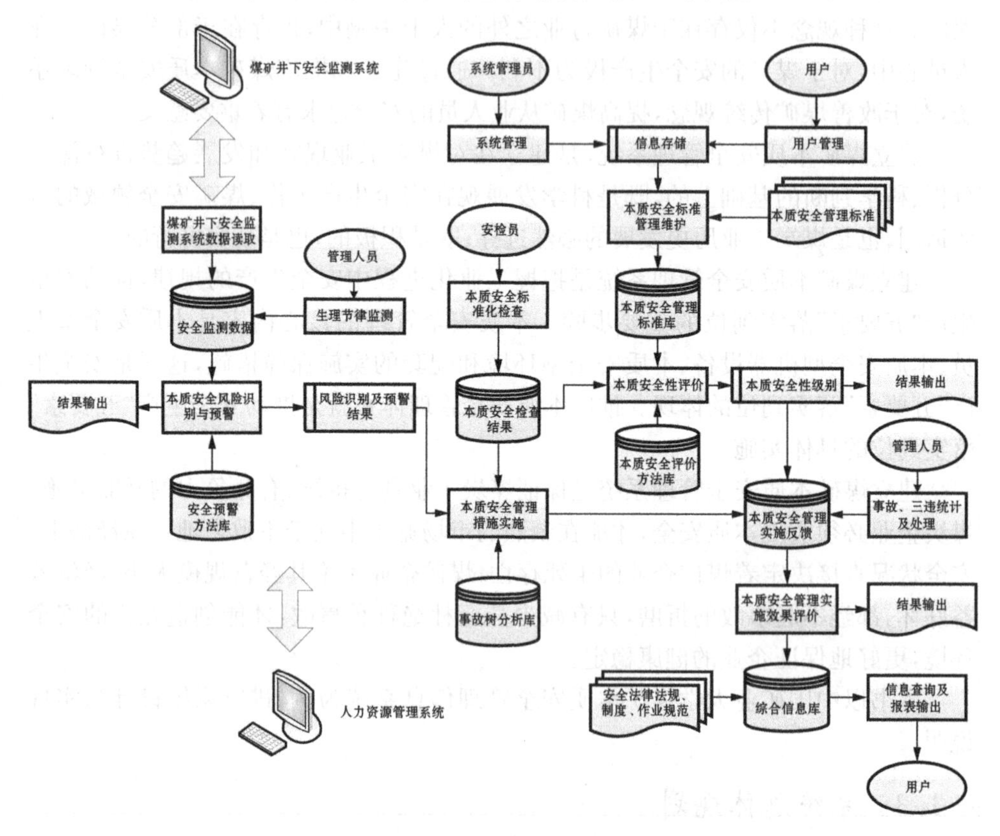

图 6-1 煤矿本质安全管理系统业务流程图

该系统按用户分为三个使用层级：一类是超级管理员，主要具有系统配置、系统设计、用户维护等权限；一类是系统管理员，主要维护系统日常业务信息，例如编辑文档、编辑安全风险和本质安全管理评价指标、得分并进行评价等操作；第三类是普通用户，他们利用煤矿本质安全管理系统获取相关信息或进行辅助决策等。

6.1.4 系统功能设计

1. 系统结构

从系统结构上来看，将本质安全管理系统分为数据处理层、管理层和决策层。

系统数据处理层主要进行数据的输入、处理和输出，所提供的作业层信息，例如安全知识查询、安全检查表的填写、事故及三违统计、读取矿井安全险源的实时监测数据等，是本质安全管理系统的工作基础；而系统管理层则以根据数据处理层形成的数据，对过去和现在的数据进行分析，预测未来变化趋势，形成管理控制信息，例如基于险源实时监测的安全预警、事故树分析库、事故统计分析、安全风险控制工作指派及实施信息反馈等，为管理者提供了有效的信息和管理方法；系统决策层则在处理层和管理层基础之上，形成安全状态的预测、评价信息以及本质安全管理的实施效果评价信息，从而为高层决策提供决策的依据。

2. 系统功能

根据本质安全管理需要，系统的主菜单由九个功能模块来构成，即系统维护模块、用户管理模块、安全知识库模块、本质安全管理系统标准管理模块、本质安全险源识别及预警模块、本质安全性评价模块、本质安全风险控制模块、信息查询及报表输出模块以及本质安全管理实施效果评价模块。系统功能结构如图6-2所示。

(1) 系统维护模块：实现各主体单位名称信息的维护、数据接口的初始化与维护、预警参数设置、系统数据库配置、备份、恢复以及清理等维护工作。

(2) 用户管理模块：增加、修改和删除用户信息，并为不同的用户设置相应的权限。

(3) 安全知识库模块：为用户提供煤矿安全规程、煤矿安全法律法规、煤矿安全技术以及煤矿安全管理制度和作业规程等安全信息与知识。

(4) 本质安全管理系统标准管理模块：对建立的煤矿本质安全管理体系的管理要素和相关管理的体系标准进行管理，包括要素和体系标准的修改、更新和完善等。

(5) 本质安全风险识别及预警模块：通过读取矿井安全监测系统的实时数据，结合获取的煤矿人-机-环境的相关信息，对煤矿顶板、瓦斯、突水、煤尘、火灾及人员活动情况等险源所处状态进行识别，在此基础上，通过调用预测模型库中的模型对未来的安全状态进行预测。

(6) 本质安全性评价模块：根据建立的煤矿本质安全管理的标准执行，对煤矿本质安全管理标准执行情况的检查结果进行处理，并实现自动打分，在此基础上通过调用本质安全综合评价模型库，对矿井所处的安全状态进行综合评价。

(7) 本质安全管理控制模块：根据本质安全标准化检查结果，通过事故树分析库，制定安全风险管理措施，通过本质安全管理系统来落实各项工作，并将安全风险控制措施的实施情况及时反馈至系统。

(8) 信息查询及报表输出模块：提供安全措施整改信息、"三违"事件信息、事故信息以及相关人员等信息的查询、预测和评价结果的输出等。

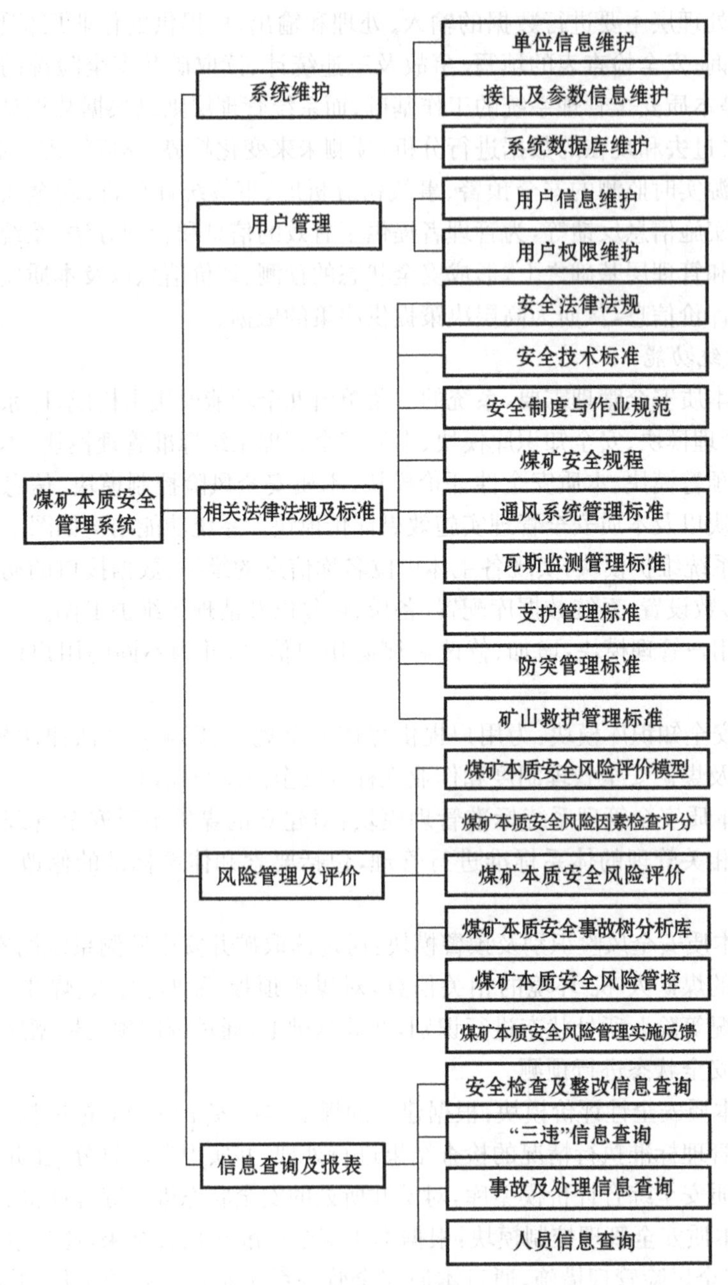

图 6-2 煤矿本质安全管理系统功能结构图

(9) 本质安全管理实施效果评价：根据本质安全管理措施实施后的矿井本质安全性评价和事故统计分析结果，来对本质安全管理的实施效果进行评价评级鉴定。

6.1.5　数据库设计

1. 逻辑设计——E-R 图

(1) 煤矿本质安全管理用户关系概念模型(见图 6-3)。

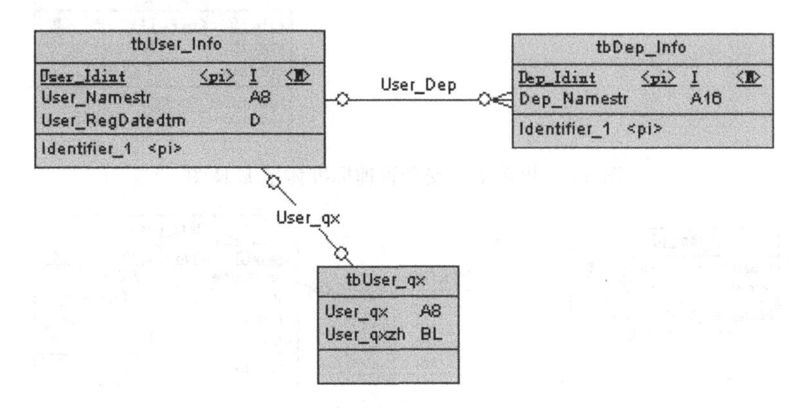

图 6-3　煤矿本质安全管理用户管理 E-R 图

(2) 煤矿本质安全知识文档概念模型(见图 6-4)。

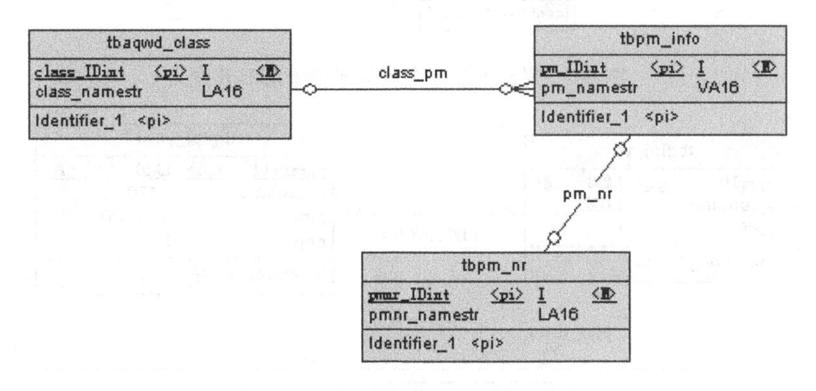

图 6-4　煤矿安全知识文档 E-R 图

(3) 煤矿本质安全管理标准体系数据库概念模型(见图 6-5)。

(4) 煤矿本质安全风险评价数据库概念模型(见图 6-6)。

(5) 煤矿本质安全管理评价数据库概念模型(见图 6-7)。

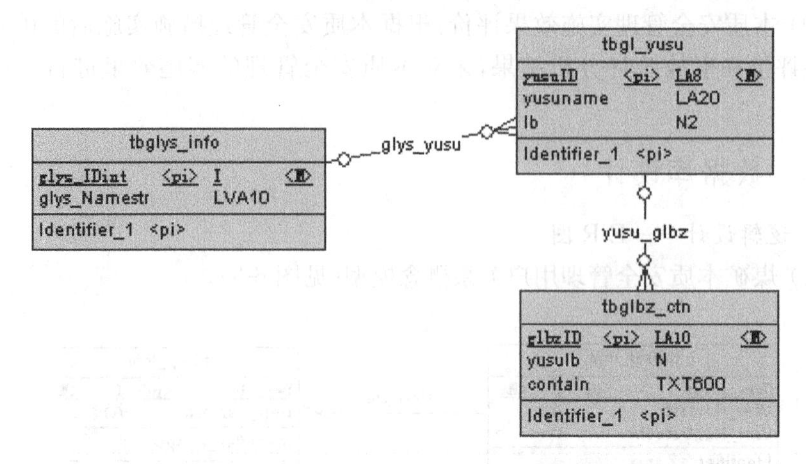

图 6-5 煤矿本质安全管理标准体系 E-R 图

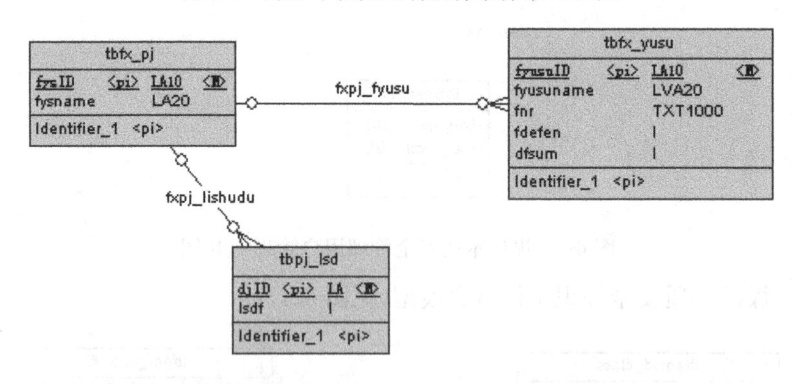

图 6-6 煤矿本质安全风险评价体系 E-R 图

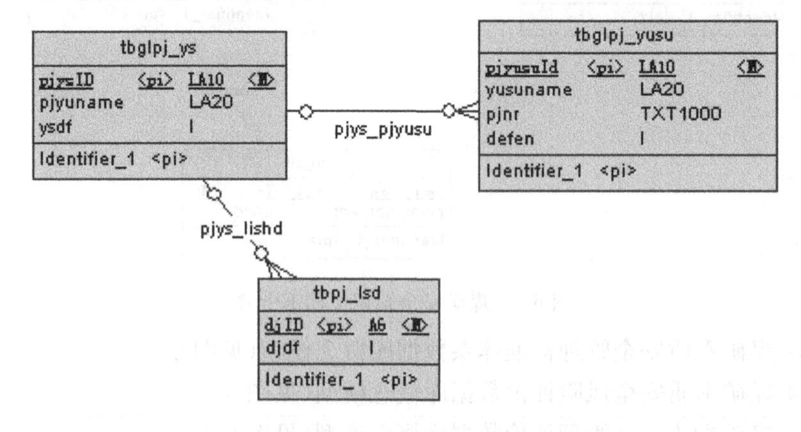

图 6-7 煤矿本质安全管理评价体系 E-R 图

2. 物理设计

物理设计阶段主要是设计表结构。一般地，实体对应于表，实体的属性对应于表的列，实体之间的关系成为表的约束。逻辑设计中的实体大部分可以转换成物理设计中的表，但是它们并不一定是一一对应的。

煤矿本质安全数据结构列于表 6-2 中。表 6-3 至表 6-17 示出各数据的构成要素。

表 6-2　煤矿本质安全数据结构表

表　名	备　注	描述说明
tbuser_info	用户信息	提供用户姓名、注册时间等用户基本信息
tbdep_info	部门信息	提供安全管理相关部门信息
tbdser_qx	用户权限	提供用户权限值数据
tbaqzs_fl	安全知识分类	煤矿安全法律法规及常识等的类别属性表
tbaqzs_pm	安全知识篇目	提供篇目及其内容信息的索引及存储
tbgl_ys	管理要素	根据煤矿本质安全管理标准体系，提供本质安全管理标准要素信息
tbgl_yusu	管理元素	根据煤矿本质安全管理标准体系，提供煤矿本质安全管理标准要素所包括的管理元素信息
tbgl_bz	管理标准	根据煤矿本质安全管理标准体系，提供煤矿本质安全管理标准要素所包括的管理元素所对应管理标准条目信息
tbfx_ys	风险评价要素	根据煤矿本质安全风险评价指标体系，提供煤矿本质安全风险评价指标要素信息
tbfx_yusu	风险评价元素	根据煤矿本质安全风险评价指标体系，提供煤矿本质安全风险评价指标要素下属评价元素信息
tbglpj_ys	管理评价要素	煤矿本质安全管理评价要素表。根据煤矿本质安全管理评价指标体系，提供煤矿本质安全管理评价指标要素信息
tbglpj_yusu	管理评价元素	根据煤矿本质安全管理评价指标体系，提供煤矿本质安全管理评价指标要素下属评价元素信息
tbpj_lsd	评价隶属度	根据煤矿本质安全风险(管理评价)指标体系，提供煤矿本质安全风险(管理)评价指标对于每一危险等级隶属度的信息

表 6-3　煤矿本质安全用户管理

表　名	用户信息(tbuser_info)				
字段名称	数据类型	最小宽度	空/非空	来　源	标　记
用户编号	字符	6	非空	生成	Pk
用户名称	字符	20	非空	录入	
注册时间	日期		非空	录入	
补充说明					

表 6-4 煤矿本质安全管理部门信息

表　名	部门信息(tbdep_info)				
字段名称	数据类型	最小宽度	空/非空	来源	标　记
部门编号	字符	6	非空	生成	Pk
部门名称	字符	20	非空	录入	
补充说明					

表 6-5 煤矿本质安全管理用户权限

表　名	用户权限(tbuser_qx)				
字段名称	数据类型	最小宽度	空/非空	来源	标　记
权限名称	字符	6	非空	参照	
权限值	布尔		非空	生成	
补充说明					

表 6-6 煤矿本质安全管理安全知识分类

表　名	安全知识分类(tbaqzs_fl)				
字段名称	数据类型	最小宽度	空/非空	来源	标　记
安全知识分类编号	字符	6	非空	生成	Pk
安全知识分类名称	字符	20	非空	录入	
补充说明					

表 6-7 煤矿本质安全管理安全知识篇目

表　名	安全知识篇目(tbaqzs_pm)				
字段名称	数据类型	最小宽度	空/非空	来源	标　记
安全知识篇目编号	字符	6	非空	生成	Pk
安全知识篇目名称	字符	20	非空	录入	
安全知识所属分类	字符	6	非空	参照	
安全知识内容	字符	500	非空	录入	
补充说明					

表 6-8 煤矿本质安全管理要素

表　名	管理要素(tbgl_ys)				
字段名称	数据类型	最小宽度	空/非空	来源	标　记
管理要素编号	字符	6	非空	生成	Pk
管理要素名称	字符	20	非空	录入	
补充说明					

表 6-9 煤矿本质安全管理元素

表 名	管理元素(tbgl_yusu)				
字段名称	数据类型	最小宽度	空/非空	来源	标 记
管理元素编号	字符	6	非空	生成	Pk
管理元素名称	字符	20	非空	录入	
所属要素	字符	6	非空	参照	
补充说明					

表 6-10 煤矿本质安全管理标准

表 名	管理标准(tbgl_bz)				
字段名称	数据类型	最小宽度	空/非空	来源	标 记
管理标准编号	字符	6	非空	生成	Pk
管理标准名称	字符	20	非空	录入	
管理标准内容	字符	500	非空	录入	
对应元素	字符	20	非空	参照	
补充说明					

表 6-11 煤矿本质安全风险评价要素

表 名	风险评价要素(tbfx_ys)				
字段名称	数据类型	最小宽度	空/非空	来源	标 记
风险评价要素编号	字符	6	非空	生成	Pk
风险评价要素名称	字符	20	非空	录入	
补充说明					

表 6-12 煤矿本质安全风险评价元素

表 名	风险评价元素(tbfx_yusu)				
字段名称	数据类型	最小宽度	空/非空	来源	标 记
风险评价元素编号	字符	6	非空	生成	Pk
风险评价元素名称	字符	20	非空	录入	
补充说明					

表 6-13 煤矿本质安全风险评价指标

表 名	管理标准(tbfx_zb)				
字段名称	数据类型	最小宽度	空/非空	来源	标 记
风险评价指标编号	字符	6	非空	生成	Pk

（续表）

表　名	管理标准(tbfx_zb)				
字段名称	数据类型	最小宽度	空/非空	来源	标　记
风险评价指标名称	字符	20	非空	录入	
风险评价指标内容	字符	500	非空	录入	
风险评价指标得分	整型	6	非空	录入	
补充说明					

表 6-14　煤矿本质安全管理评价要素

表　名	管理评价要素(tbglpj_ys)				
字段名称	数据类型	最小宽度	空/非空	来源	标　记
管理评价要素编号	字符	6	非空	生成	Pk
管理评价要素名称	字符	20	非空	录入	
补充说明					

表 6-15　煤矿本质安全管理评价元素

表　名	管理评价元素(tbglpj_yusu)				
字段名称	数据类型	最小宽度	空/非空	来源	标　记
管理评价元素编号	字符	6	非空	生成	Pk
管理评价元素名称	字符	20	非空	录入	
补充说明					

表 6-16　煤矿本质安全管理评价指标

表　名	管理标准(tbglpj_zb)				
字段名称	数据类型	最小宽度	空/非空	来源	标　记
管理评价指标编号	字符	6	非空	生成	Pk
管理评价指标名称	字符	20	非空	录入	
管理评价指标内容	字符	500	非空	录入	
管理评价指标得分	整型	6	非空	录入	
补充说明					

表 6-17　煤矿本质安全管理(风险)评价隶属度

表　名	评价隶属度(tbpj_lsd)				
字段名称	数据类型	最小宽度	空/非空	来源	标　记
评价等级编号	字符	6	非空	生成	Pk

（续表）

表　名	评价隶属度(tbpj_lsd)				
字段名称	数据类型	最小宽度	空/非空	来源	标　记
评价等级名称	字符	20	非空	录入	
补充说明					

6.1.6　系统开发与实现

1. 系统登录

在登录界面的【账号】栏输入各自用户的账号，即显示用户名，输入【密码】，点【确认】或回车即可实现系统登录。如图 6-8 所示。

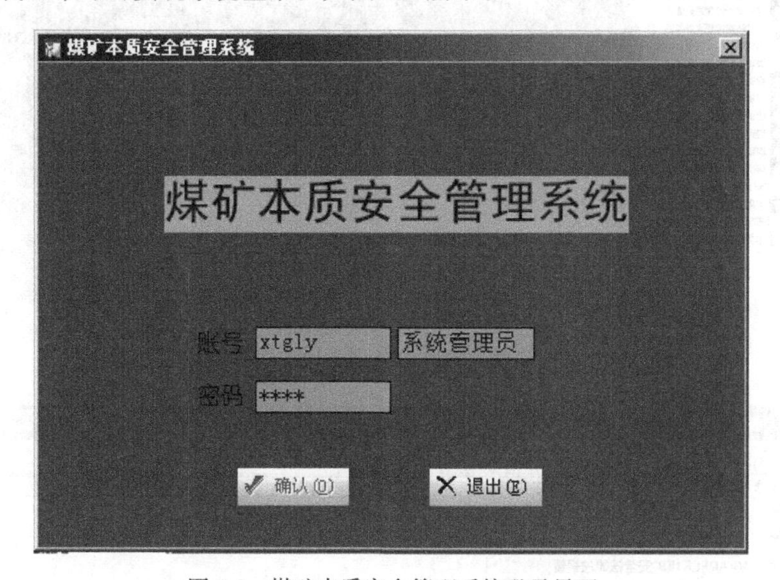

图 6-8　煤矿本质安全管理系统登录界面

2. 部分功能模块实现

1）系统配置模块

系统配置模块包括用户权限和用户当前信息维护两个子功能模块。其中用户权限子模块包括用户维护、用户权限分配、角色维护以及角色权限维护功能，只有系统超级管理员方可操作，不对系统管理员和一般用户开放；而用户当前信息维护子模块则主要是实现当前用户的权限查询、密码修改以及个人配置功能。此处主要介绍当前用户信息子模块，如图 6-9 所示。

（1）用户权限查询，用于查询当前用户相关权限信息，如图 6-10 所示。

（2）修改密码。如图 6-11 所示。

(3) 配置信息维护:该子模块实现对系统配置信息的维护,如图 6-12 所示菜单显示方式、工作区背景设置等。

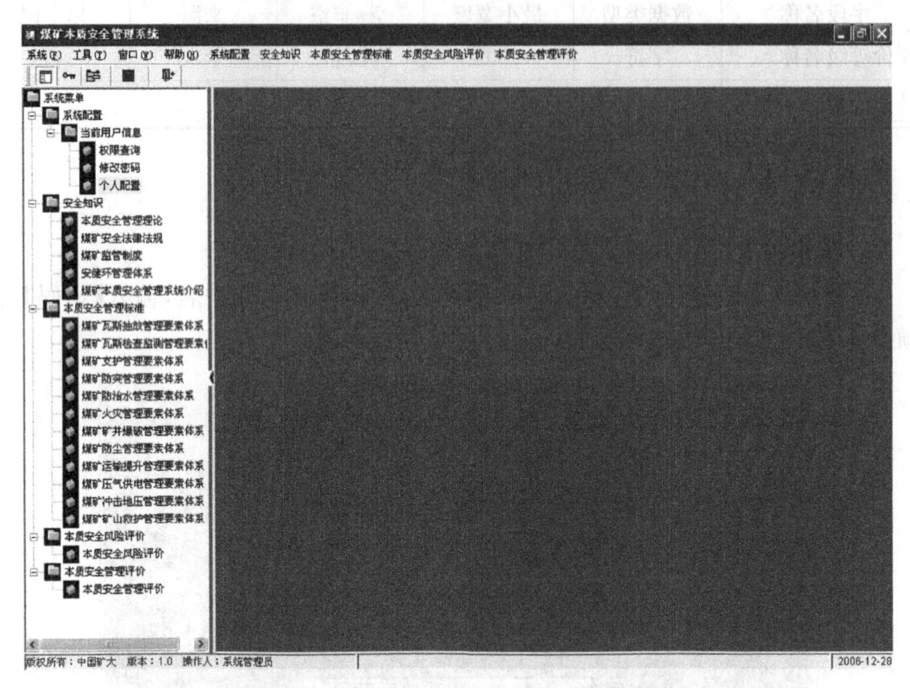

图 6-9 煤矿本质安全管理系统功能菜单结构

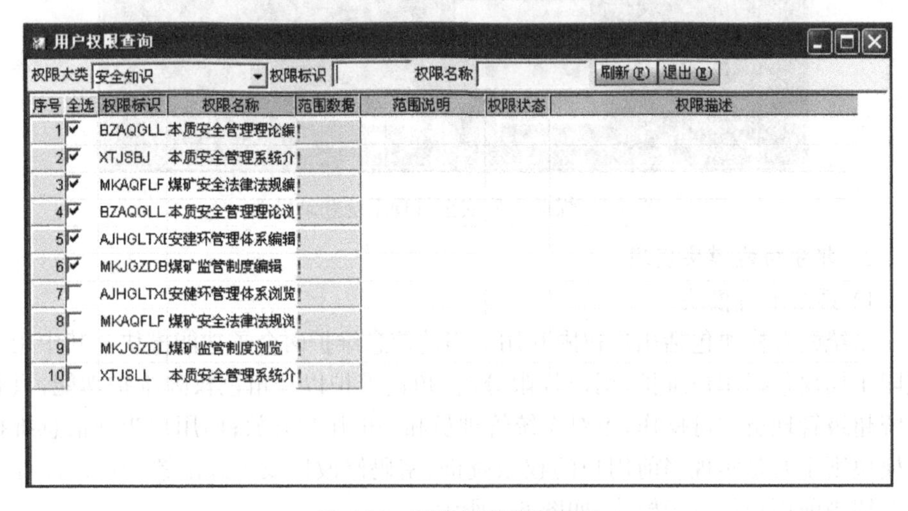

图 6-10 用户权限查询界面

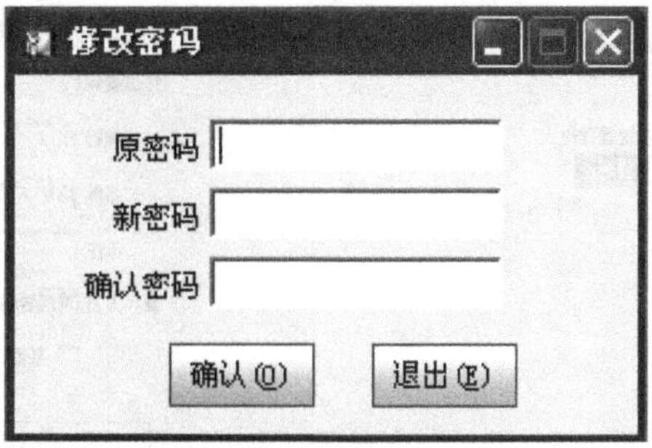

图 6-11　密码修改界面

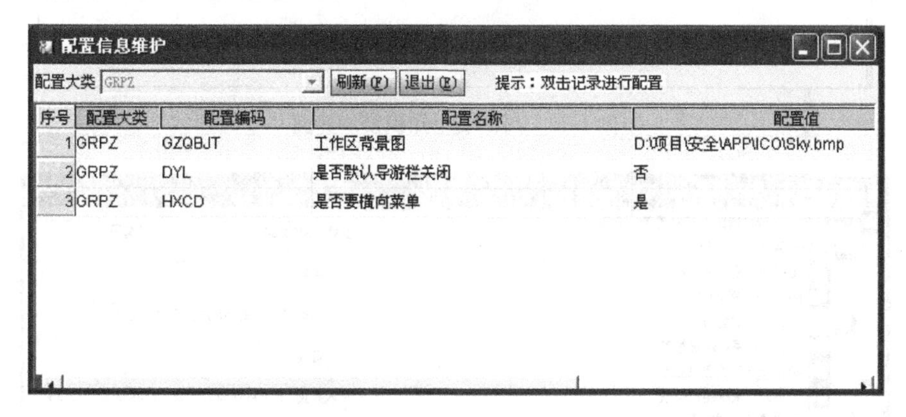

图 6-12　配置信息维护界面

2) 安全知识模块

该模块实现对煤矿安全知识文档的系统分类管理，预设煤矿本质安全管理理论、煤矿安全法律法规、煤矿安全生产监管条例、安全管理体系以及煤矿本质安全管理系统介绍几个大类。可通过各子模块实现各类文档的增、删、改维护以及文档浏览。以煤矿本质安全管理理论类文档的维护浏览说明其功能，如图 6-13。用户需要查阅相关文档只要选中篇目名称，点击【文件浏览】按钮，即可阅读相关 WORD 或 PDF 文档。

3) 煤矿本质安全管理标准模块

对建立的煤矿本质安全管理体系的管理要素和相关管理的体系标准进行维护(包括要素和体系标准的修改、更新和完善等)，可实现针对不同煤矿自身特点建立适应本矿的本质安全管理标准体系，以更为切合实际的实施本质安全管理。该模块根据课题组所建立煤矿本质安全管理要素体系预设煤矿通风管理要素系统、煤矿瓦斯抽放管理要素系统等十三个要素体系，下属 101 个元素以及末级 1 144 个指标。以煤矿通风管理要素体系为例，如图 6-14 所示。

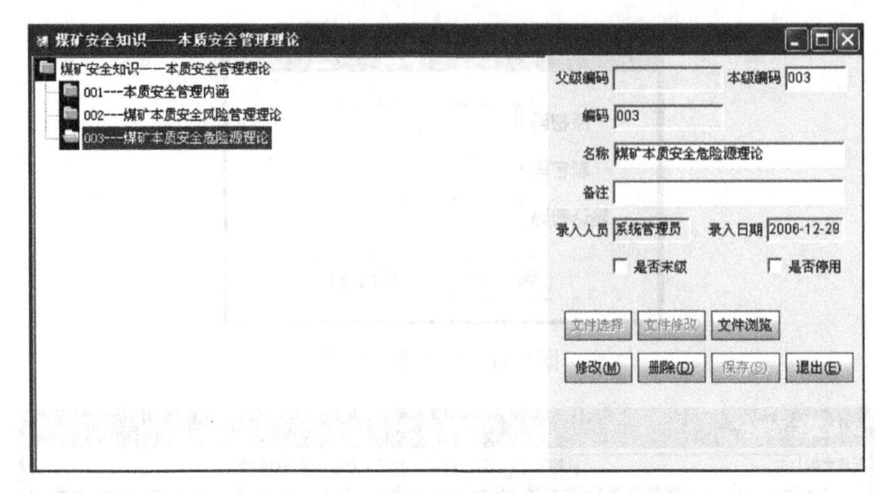

图 6-13　煤矿安全知识模块界面

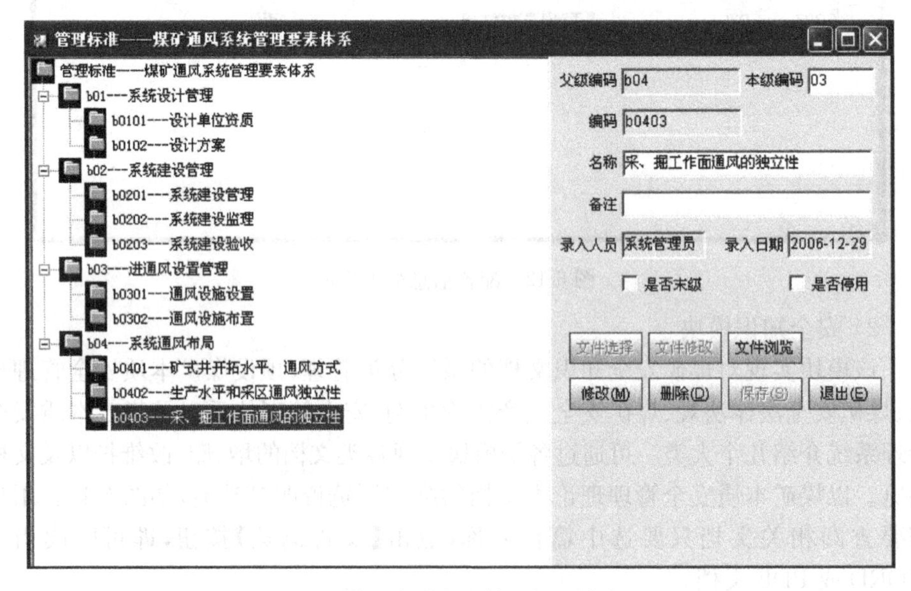

图 6-14　煤矿本质安全管理标准模块界面

4）煤矿本质安全风险评价模块

根据各煤矿实际情况建立的切合实际的煤矿风险评价指标体系，并对其进行不断地维护；可通过记录风险评价指标评价值，选择适合的模型进行综合评价，从而确定煤矿生产安全的综合风险等级或者某风险子系统的风险状态。煤矿本质安全风险评价模块界面如图 6-15 所示。

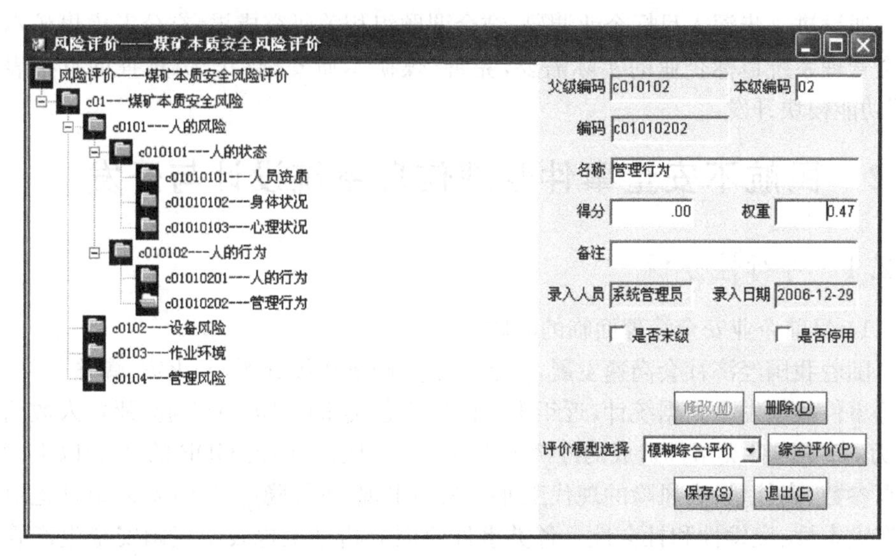

图6-15　煤矿本质安全风险评价模块界面

5）煤矿本质安全管理评价模块

针对各煤矿本质安全管理实际建立具体煤矿本质安全管理评价指标体系，并根据需要进行适时的维护；通过本质安全管理评价指标评价值，选择适合的模型进行综合评价，从而确定煤矿本质安全管理的综合水平，以及某各子系统管理过程中存在的问题。煤矿本质安全管理评价模块界面如图6-16所示。

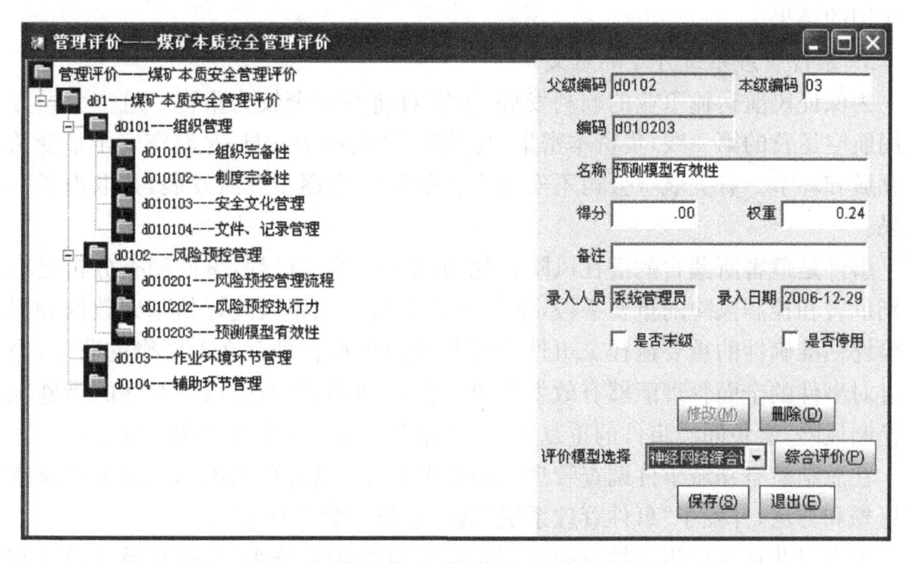

图6-16　煤矿本质安全管理评价模块界面

通过进一步深入目标企业调研，结合课题组相关研究成果，充分考虑煤矿本质安全管理系统目标企业的实际需要，完善“煤矿本质安全综合信息查询及报表输出”功能模块开发。

6.2 民航不安全事件管理信息系统设计与开发

6.2.1 可行性分析

1）目前企业安全管理面临的问题

随着我国经济社会高速发展，企业安全生产形势极其严峻，火灾、爆炸、毒气泄漏等事件频繁发生。据统计，近年来全国发生各类事件100余万起，死亡人数超过13万，每年因各类事件造成的经济损失在1 500亿元（约占GDP的2%）以上。随着高参数、高能量、高风险的现代工业工艺的出现，事件隐患越来越多，事件也更加具有灾害性、突发性和社会性。各类事件原因分析结论也表明我国安全生产管理水平还处于相对较低的水平，这也是造成事件重复发生的根本原因。

近年来，随着科技的发展和社会的进步，中国航空业迎来了前所未有的发展机遇，我国正由民航大国向民航强国实现历史性的跨越，航空运输量迅猛增长，但其在为人们的生活带来方便快捷，为社会带来巨大经济效益的同时，各种原因导致的不安全事件的总量也在不断增加，给人民的安全和社会经济带来了灾难。不安全事件的发生，往往是航空运输过程中外部环境突变、人为失误与飞机失控等因素相互作用的结果。

2）事件管理系统开发的意义

为保证民航运输事业的顺利发展，国家对航空安全较为重视。航空公司处在民用航空运营的第一线，集资本密集、高风险、高科技于一身，是航空安全最受关注的领域和环节。有关航空公司不安全事件的研究也逐步有所发展，并取得了一定成果。

事件是危害所蕴含的潜在风险转化为现实风险的过程，事件调查分析是有效识别危害和控制风险的重要手段，事件统计分析是积累风险评估基础数据和提高风险评估准确性的重要途径。事件管理与风险预控管理存在着紧密的联系，企业通过对事件的全面管理能够有效发现风险控制缺陷，从而采取针对性的措施消除和控制风险，避免同类事件的重复发生，确保企业本质安全水平的持续提升。

在总结航空领域事件调查管理经验的基础上，积极吸取国际先进事件调查管理思想和方法，开发了“事件管理系统”具有十分重要的意义。

本书以北京融信川科技有限公司企业信息管理系统为例，进行系统设计与实现说明。

6.2.2 系统总体规划

系统主要依据《生产安全事故报告和调查处理条例》(中华人民共和国国务院令第493号)开发。事件管理系统实现各类事件的调查分析、合成事件分析报告、事件致因统计、事件防范措施落实及跟踪、事件信息共享等功能。实现企业对事件调查管理情况的实时管控,通过对企业事件调查管理信息的综合统计,总结共性问题,明确安全管理的薄弱环节,为企业制定企业安全管理策略提供事实依据。事件管理系统设计层次如图6-17所示。

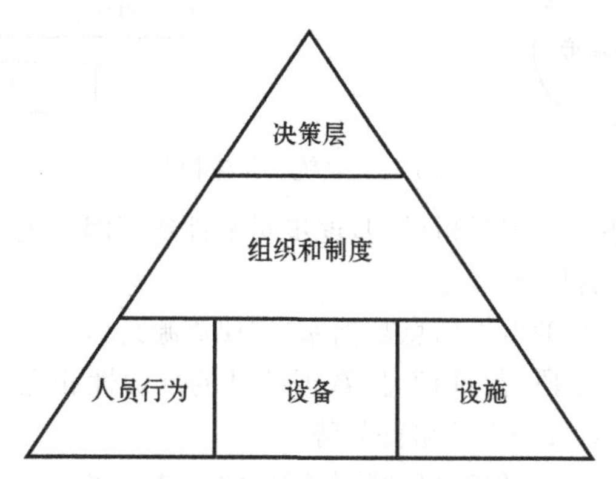

图6-17　民航不安全事件管理信息系统层次图

事件管理业务工作流程包括事件调查、事件调查报告、事件统计分析、事件汇编与经济分析等环节。首先企业的安全管理人员通过事件原始报告内容,对发生的事件进行上报,由于事件上报环节因涉及到事件原因分析和事故处理,需要参考相关管理制度和系统基础数据。随后形成完整的事件调查报告,企业领导可随时查看到事件调查处理的情况,同时通过事件统计分析功能,企业领导可知道每年不同类型的事件发生率,事故损失情况,历史同期数据对比,当年事故发生率涨跌等情况。在这些统计数据的基础上,集团领导可浏览到全年的事故汇编及经济损失分析统计情况。系统工作流程如图6-18所示。

该系统主要有以下特点:

(1) 通过信息平台建设,对事件调查管理流程进行组织规范和优化,建立科学、规范的安全管理模式,实现事件调查管理效能。

(2) 建立事件调查的模块化管理模型,保证调查结果的全面性和准确性,尽量降低人为因素对事件分析的影响。

(3) 通过对各类事件致因的统计分析,摸索事件发生规律,明确安全管理行动方向,保证管理有效性,为企业安全决策提供依据。

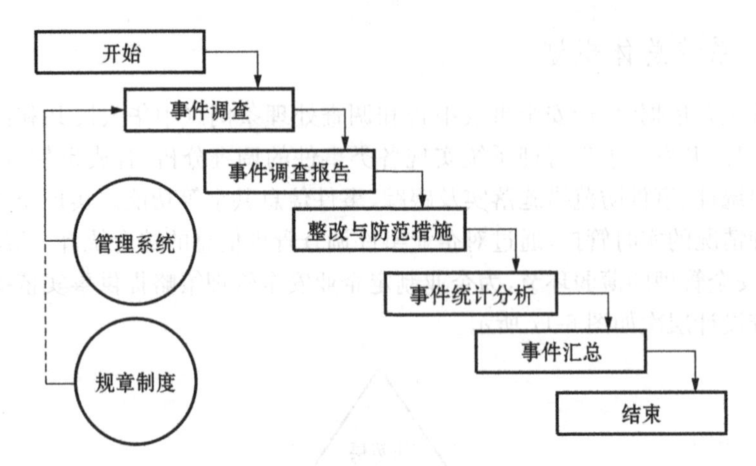

图 6-18 系统工作流程图

(4) 通过实践事件致因分析模型,逐步对事件致因因素类别进行明确和完善,实现事件调查管理的科学性。

(5) 建立统一完整的事件信息数据库,实现资源共享。

(6) 通过信息化手段,保证信息、数据统计的准确性和完整性,建立企业事件调查管理的数学模型,反映企业事件趋势。

(7) 通过信息化手段,保证事件防范措施的有效落实。

6.2.3 系统功能设计

系统主要功能包括:事件调查、事件致因分析、事件调查分析报告、事件防范措施落实、事件调查管理相关数据统计分析、事件数据库和系统管理。

(1) 事件调查功能。通过对事件经济损失的调查、工作类型的调查、事件等级的调查、事件类型调查、通过分析工作流程二十六种模式,运用事件分析的 76 种管控失效模式,如管理层失效、制度和组织失效、人身和设备失效等,分析出事件发生的根本原因。

(2) 事件防范措施落实追踪功能。系统能够对所属单位事件发生后防范措施执行情况的跟踪,实现对未完成的整改防范措施进行实时提醒,从而形成闭环管理。

(3) 事故信息汇总检索功能。系统要能够实现事件汇总功能,包括经济损失、事件汇编以及各类别事件统计分析,方便相关人员按年度快速查找各类别事件发生的详细信息;能够详细查询每起事件的调查分析报告,实现对事件类型、上报及时性、事件发生趋势的统计分析功能,为不同阶段控制不同事件的发生提供共享平台;能够实现通过图形化方式对事件发生率、设备故障率、事件致因和事件损失情况进行统计分析。

6.2.4　系统开发与实现

系统采用B/S(浏览器/服务器)为主要应用结构,采用XML(Extesible Markup Language)格式作为子系统间或者各模块间数据互操作和数据交互的数据格式,并支持SOAP(Simple Object Access Protocol)、WSDL(Web Services Description Language)协议。同时,为给管理者更清晰的展示事件分析的逻辑结构和明确展示原因内容,让管理者快速了解事件本质原因,快速和准确让管理者下达决策,系统提供事件调查分析鱼刺图功能,事件调查分析鱼刺图通过事件管理信息系统采集绘图数据,使用HTTP协议进行对采集数据的传输,利用Adobe Flex技术绘制鱼刺图。

6.3　民用机场安全风险决策支持系统设计与开发

6.3.1　可行性分析

对于民用机场的安全风险管理以及预警决策的过程涉及大量而且关系复杂的数据,若由人工进行数据处理既繁琐、效率低下又很难保证质量。考虑到计算机高效的数据计算处理能力,开发一套智能决策支持系统,辅助机场管理部门进行各种数据处理,使用该系统对评估数据用计算机加以管理,既有助于加速数据处理的速度,保证数据之间的一致性,同时也提高了机场安全管理工作的效率和质量。

随着信息技术的蓬勃发展,国内民航企业在不同的历史阶段建立了专门的各种的信息处理系统,这些系统都属于传统的以关系型数据库为基础的联机事务处理(OLTP)系统。系统间相互隔离、结构各异,决策者们很难得到全局的决策信息。而来自民航内外的大量信息每天、每时、每刻都在潮水般涌到民用机场安全管理者的面前,需要管理者们去处理分析。

同时,对于航空事故的分析涉及到人、机和环境等方方面面的信息与数据。如何从这些纷繁复杂的数据中提取有用的信息,在大量的信息和数据中寻找出影响航空安全的主要原因以及事故发生所涉及的各种因素之间的内在的规则和模式,是国内外每一家航空企业当前和今后需要解决的难题。只有这样,才能更好地发现隐患采取措施,预防事故的发生。因此,研制适合我国民用机场事故原因分析的专用决策支持系统显得非常必要。

6.3.2　系统总体规划与设计

根据民用机场安全风险的现行管理模式与操作流程的要求,本系统需要具备如下的系统功能:民用机场不安全事件数据的管理功能,包括不安全事件数据的录入、统计、查询;民用机场的安全风险评估功能,包括评估数据的输入、计算以及结果输出;业务流程的监控功能,包括管理进程的跟踪;预警报警功能,包括预警信号的图形输出等,详细描述如图 6-19 所示。

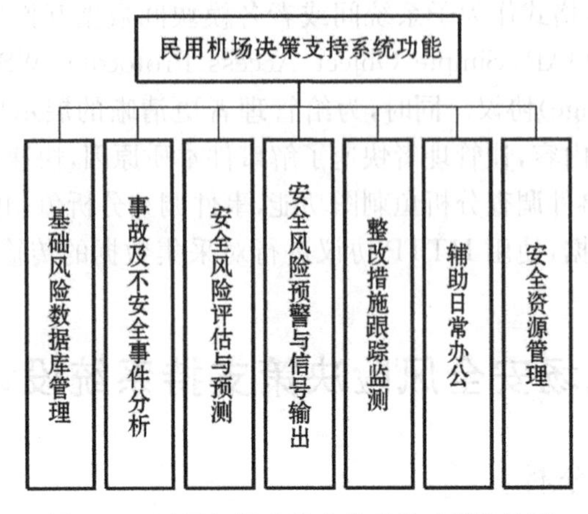

图 6-19 民用机场决策支持系统功能结构图

其中,基础风险数据管理:主要是完成不安全事件的添加、修改、删除、查询统计等功能。事故及不安全事件的分析:完成事故调查及不安全事件原因分析、原因添加、结果存储等功能。安全风险评估与预测:依据相关分析模型对风险进行评估预测,以及评估项目的添加、删除、查询检索等功能。风险信号的预警与输出:风险监测指标的监测及监测结果的多种形式输出。

此外,决策支持系统又是一个“跟踪系统”,按照 SMS 管理流程实施数据流跟踪,使机场安全管理部门注意到那些未发现的危险,察看危险控制措施是否得到了预期的结果、相反的结果或没有任何结果。决策系统可以进行数据分析以帮助评估风险的严重性和可能性,为缓解风险提供案例决策参考。

6.3.3 系统开发与实现

系统采用 B/S+C/S 体系结构,结合了 ASP 技术,并将组件技术 COM+和 ActiveX 技术分别应用在服务器端和客户端。该系统的实现主要分为三个部分:ASP 页面、COM+组件和数据库。一些需要用 WEB 处理的、满足大多数访问者请求的功能界面采用 B/S 结构,例如数据提供人员可以通过浏览器输入、删除、统计机场安全相关的各种信息;风险分析人员通过浏览器对风险相关信息进行管理与维护以及查询统计;管理决策可通过浏览器进行数据的查询和决策。这样客户端比较灵活。而后台只需少数人使用的功能则采用 C/S 结构,例如数据库管理维护、专家知识库管理维护、模型库管理维护等界面。如此处理，可充分发挥各种模式的优越性——避免了 B/S 结构在安全性、保密性和响应速度等方面的缺点以及 C/S 结构在维护和灵活性等方面的缺点。

民用机场安全风险管理智能决策支持系统启动时需要进行身份验证，没有权限的人员或者登录密码错误，系统拒绝进入。系统登录权限分前台用户和后台管理人员。民用机场智能决策支持系统前台登录界面如图 6-20 所示。

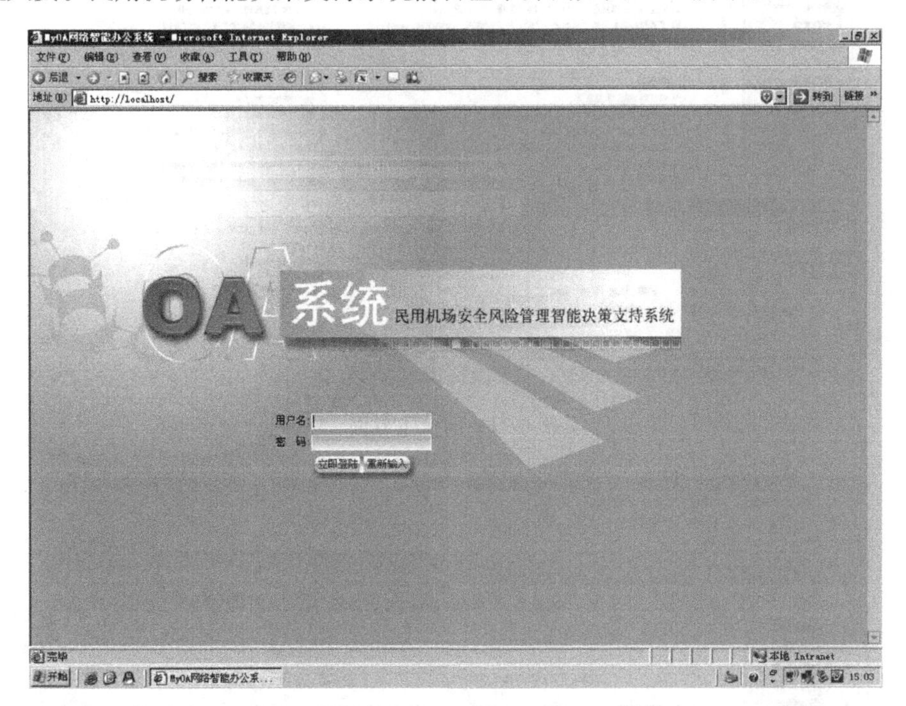

图 6-20　民用机场决策支持系统前台登录界面

民用智能决策支持系统前台具备通用的办公软件功能，如新闻发布、内部邮件交流、短信通信、公文流转、公告发布、资料下载等功能，主页面如图 6-21 所示。

风险管理是民用机场智能决策支持系统的核心部分，风险管理主要由三个模块组成：风险分析、风险评价、预警决策。三者是相互关联的，风险分析包含了对日常不安全事件的记录、分析等管理功能，同时其结果也是预警模块中单预警指标数据的来源，对于不安全事件的管理界面如图 6-22 所示，与不安全事件相关联的预警指标参数的设定界面如图 6-23 所示，对于单预警指标信号的输出如图 6-24 所示。

综合预警指标是根据对企业 SMS 总体目标通过层次分析计算得到，界面如图 6-25 所示，可以通过方针目标的“相关属性”栏连接到问卷设定及权重设定等功能上，如图 6-26 所示，综合预警的参数设定界面如图 6-27 所示。

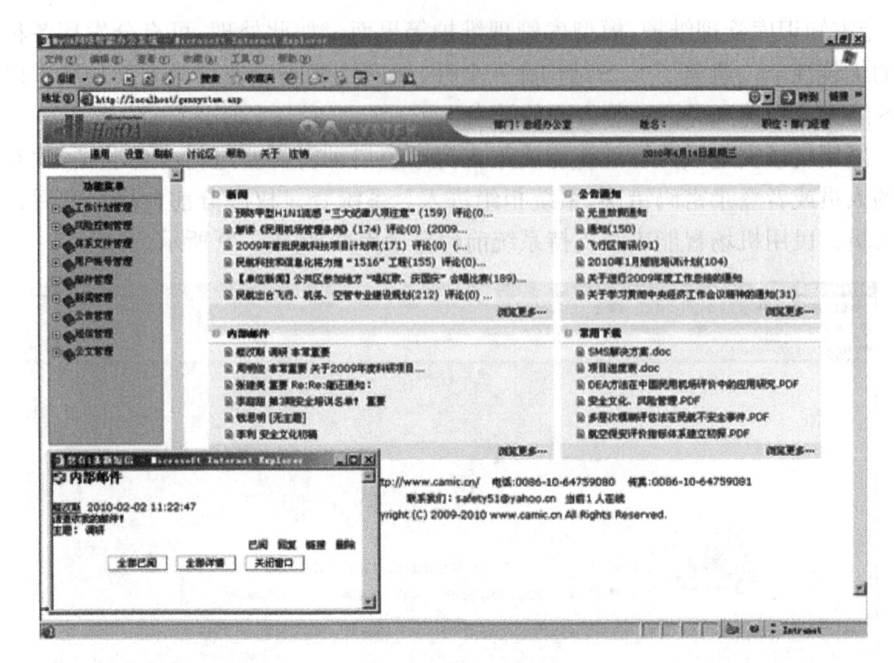

图 6-21 前台主界面

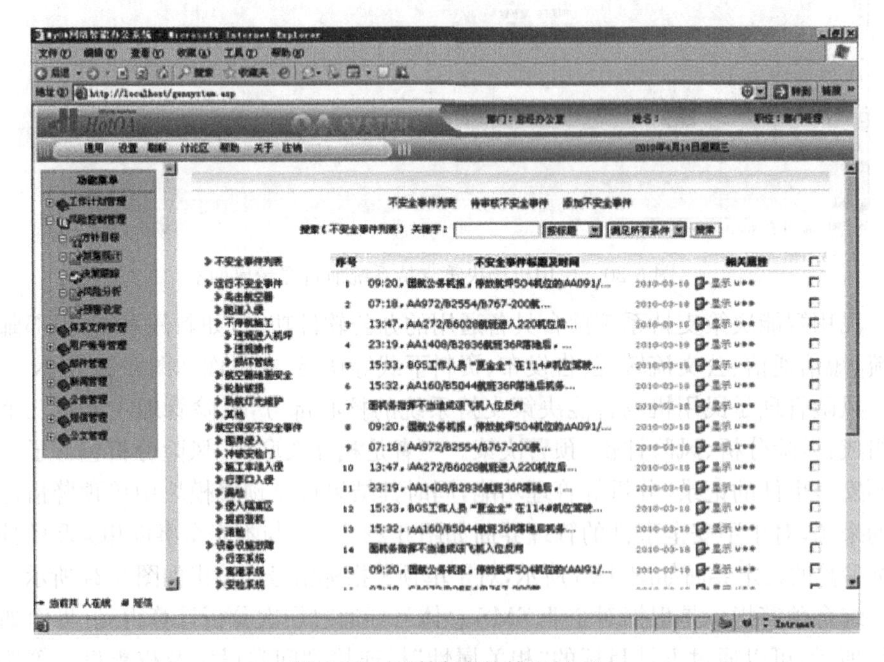

图 6-22 不安全事件管理界面

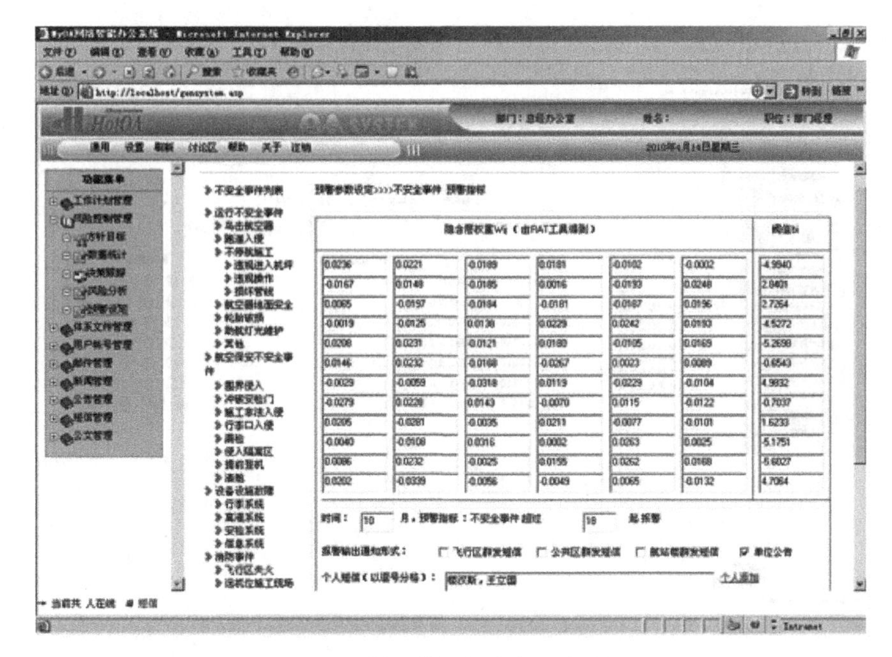

图 6-23　单预警指标参数设定界面

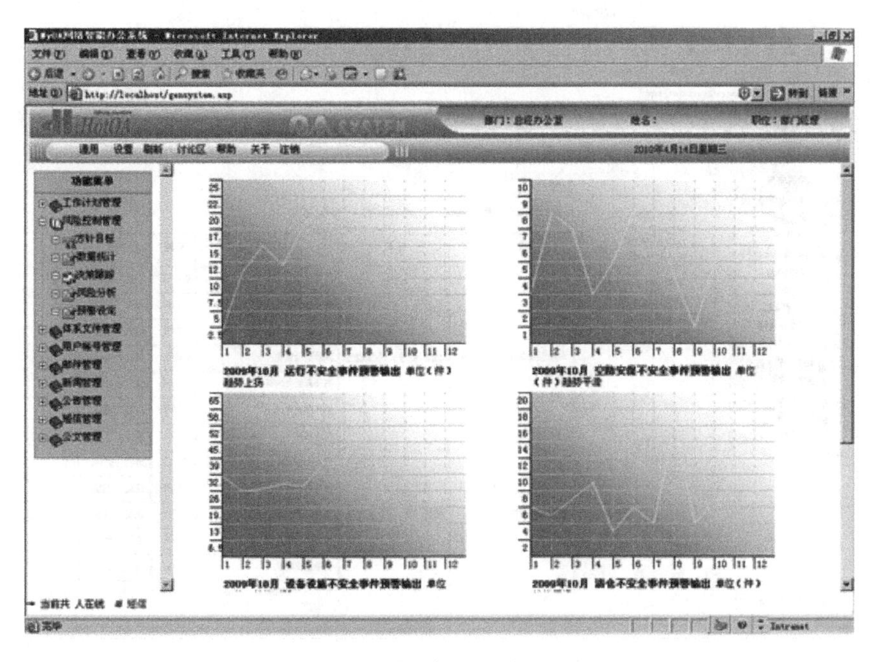

图 6-24　单预警指标输出界面

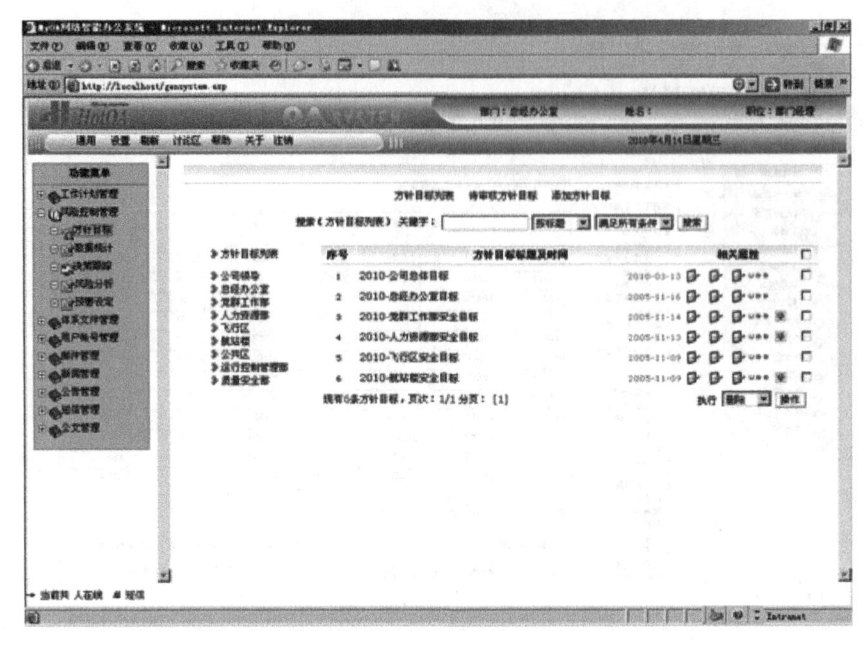

图 6-25　风险控制目标制定界面

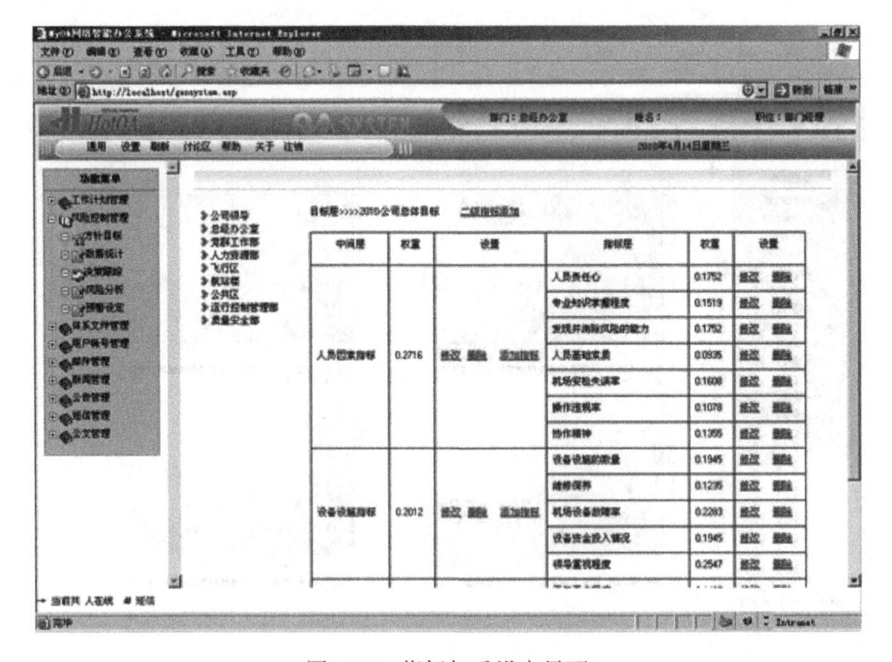

图 6-26　指标权重设定界面

预警输出的结果要为决策提供参考意见，并做相应的改进，风险分析界面如图 6-28 所示，其中决策改进从 4 个层面入手，即不安全的行为、不安全行为的前提条件、不安全的监督和组织层面。系统把整改措施由定制的流程通过短信、内部邮

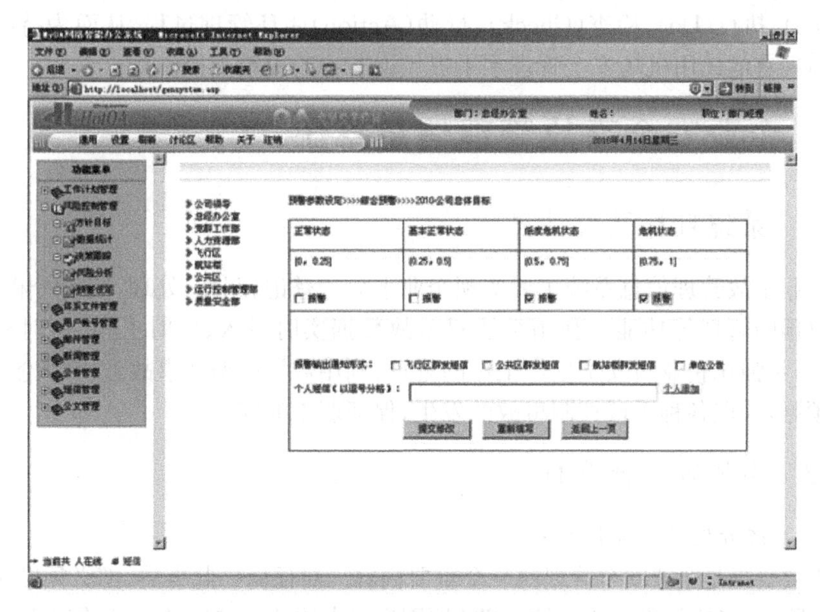

图 6-27　综合预警设定界面

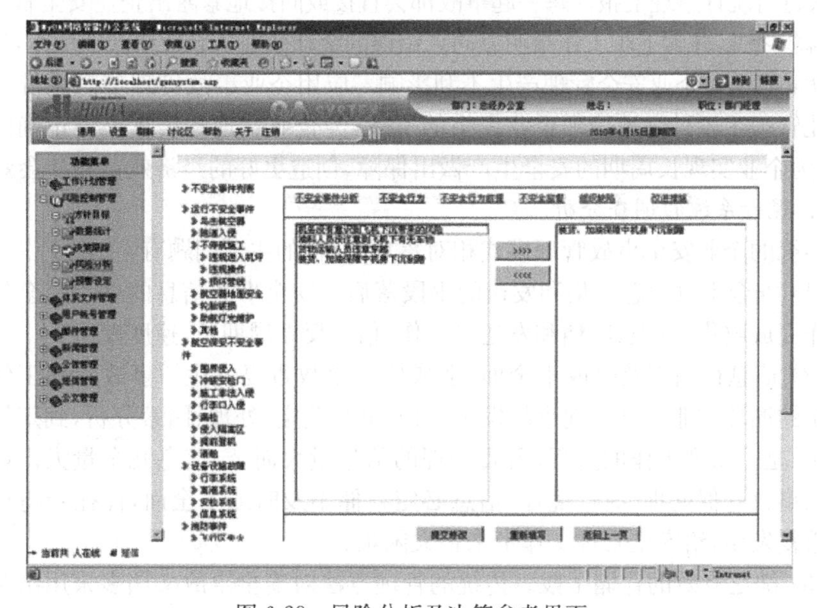

图 6-28　风险分析及决策参考界面

件、工作安排等方式通知给相关的责任人,并把修改了的标准手册向全体员工通报,进而达到信息的及时有效共享,从而有效地提高企业的安全管理水平。

利用系统提供的上述功能,就能够实现民用机场安全风险管理的PDCA,即计划(Plan)、执行(Do)、检查(Check)、行动(Action)闭环管理过程,从而为持续改进和提高现有的民用机场安全管理水平提供强有力的决策支持。

6.4 企业安全事故管理信息系统

6.4.1 系统目标及设计思想

企业事故管理信息系统主要实现企业事故的登记、调查、处理、统计分析、查询及事故预防管理等功能。利用系统对事故数据实时录入、实时上报、实时统计分析,进一步强化企业对安全生产工作的管理;利用数学模型及事故致因理论对事故进行预测,采取各种手段控制事故的发生,保证职工的安全。

6.4.2 系统可行性分析

1. 系统开发的必要性和意义

事故管理是企业安全管理的一个重要内容。对任何一起事故,都必须准确分析事故原因,严格按照我国"四不放过"的原则进行事故处理,对事故人员伤亡情况及事故损失进行统计整理上报。每一起事故都会直接或间接地暴露出企业安全管理中存在的薄弱之处,并为下步工作指明方向。错误的统计数据会导致错误的决策,错误的决策就必然会对企业安全管理产生不利影响。应用企业事故管理信息系统是利用现代化管理手段科学地管理企业发生的事故,为企业管理和决策提供正确的信息依据,为企业实现长周期的安全生产做出保障,创造更好的经济效益和社会效益。

2. 现行系统的调查分析

传统的企业安全事故管理模式相对落后,存在的主要问题有:

(1) 安全事故信息收集和发送的手段落后。安全事故信息的处理完全依靠手工操作完成收集、分类、归档和发送等工作,信息反馈周期长,速度慢。

(2) 信息存储不及时或不全面,造成同类事故重复发生。事故管理工作是周而复始的循环作业。从一起事故发生,对其进行鉴定、处理、因素分析,到定期的统计分析,是一系列工作的过程,需要处理的信息量大而杂,信息冗余量大。如果对突发的事故仓促处理,时过境迁,信息必定存储不及时或不全面,往往会造成同类事故重复发生,给安全管理工作带来很大困难。

(3) 缺乏有效的存储手段。传统的管理方法对安全事故文档多采用纸和笔记录内容,没有有效的保存手段,易受污损和破坏,造成宝贵资料的丢失,破坏了对文档至关重要的数据完整性。同时,采集和保存文档的工作量大,使得管理人员没有时间和精力从事创造性的安全管理工作。

(4) 检索困难。事故控制指标、事故因素分析、事故鉴定与分析、事故报表乃至事故统计等工作,最基础的工作就是信息检索。而传统的事故管理其资料主要以纸质文档分类存储。由于安全事故信息内容多,类型复杂,各种资料文档繁多,在堆积如山的纸质资料中查找所需要的信息无疑是十分困难的。信息检索工作的困难耗费管理人员的精力,导致安全管理办事效率不高。

(5) 缺乏对安全决策的信息支持。现行的企业安全检查、安全等级鉴定及事故分析,大多是凭借个人经验和主观意识来进行决策,其决策所需的信息,从时间上不能保证其连续性和动态性,空间上不能保证其全面性,影响决策的可靠程度。

(6) 不能很好地贯彻安全工作"事故预防"的方针。由于传统安全事故信息管理手段的落后,大量有用的涉及企业安全生产状况的数据信息不能及时地得到分析,不能及时消除企业的事故隐患,不能贯彻"安全第一,预防为主"的生产方针,从而陷入"事前不预防,事后分析忙"的困境。

正因为传统的企业安全事故信息管理模式存在上述问题,影响企业的安全管理水平,降低企业安全管理决策的准确性,不能有效地预防和控制事故的发生,阻碍企业的发展。可见建立一个高效、完整的企业安全事故管理信息系统具有重要的现实意义。

6.4.3　系统总体规划

企业按照法律规定一般都设置了安全管理职能部门,并结合内部相关科室(如人事部门、生产技术部门、设备管理部门、职业卫生防护部门等)对企业的生产安全进行管理。企业事故管理系统功能结构图如图 6-29 所示。

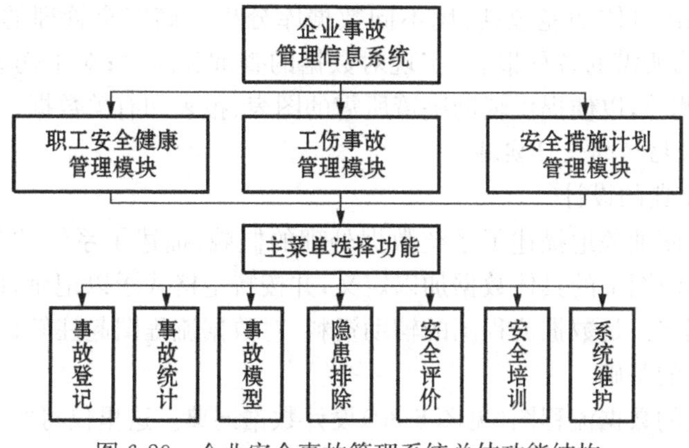

图 6-29　企业安全事故管理系统总体功能结构

6.4.4 系统的设计实施

1. 系统功能模块的设计实施

企业事故管理系统的功能模块详细设计是基于系统的业务流程分析和总体规划的基础上进行的。采用结构化设计方法由顶向下展开设计。如图 6-30 所示。

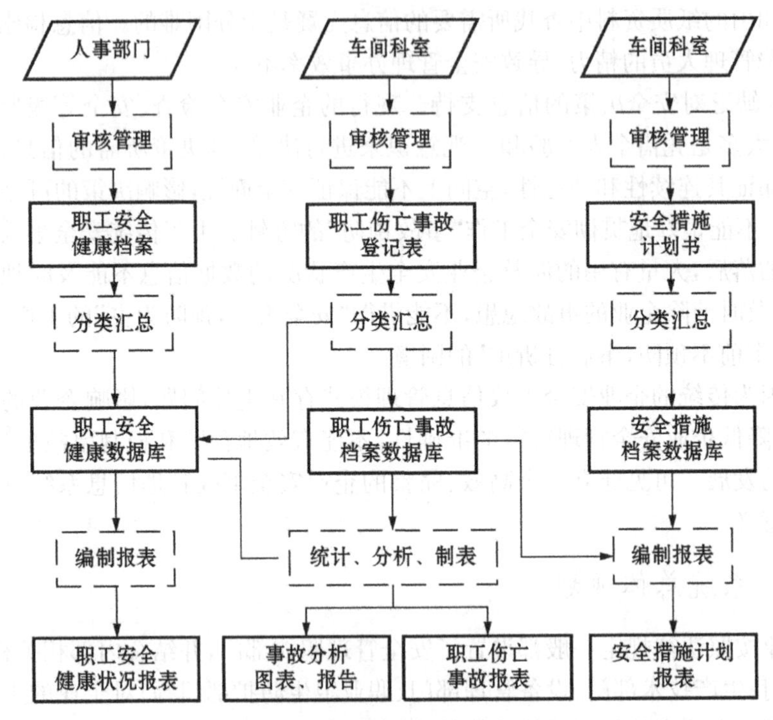

图 6-30 企业安全事故管理系统业务流程与功能模块

设计的系统具体功能包括:用不同数据库分析存储安全管理的全部数据;统计、分析和输出所需的各种报表;实现对数据的查询和应答;对工伤事故进行因素分析、趋势预测等,以便提供辅助决策所需的图表、报表和有关数据。

2. 系统数据库的设计实施

1) 数据字典的设计

数据流程图抽象地描述了系统数据处理的概貌,描述了系统的分解。数据字典就是把数据流图上的具体数据加以定义,并按特定格式予以记录,以备随时查询和修改。数据字典是数据流程图的辅助资料,对数据流程图起注解作用,同时它也是数据库设计的基础。

根据系统的数据流程图(见图 6-30)设计数据词典。这里仅将职工伤亡事故登记表的数据字典的条目列于表 6-18。关于数据处理说明,我们使用结构化汉语,以便设计人员与用户易于共同理解，并举例两项，列于表 6-19 和表 6-20。

表 6-18　数据字典示例

数据项名称	职工伤亡事故登记表
数据定义	单位＋姓名＋性别＋年龄＋工种＋工龄＋发生日期＋发生时分＋发生地点＋事故原因＋伤害程度＋休工天数＋直接经济损失＋事故类型＋事故经过＋事故处理
数量	不确定
注释	事故发生即时填报
使用单位	各车间
代码编号	GXSG

表 6-19　数据处理说明示例一

处理名称	职工伤亡事故登记
编号	
产生条件	具备事故发生职工伤亡事故档案数据库，并在填报职工伤亡事故登记表以后
数据来源与处理	根据职工伤亡事故登记表，查询并调出该职工的安全健康档案，并在档案事故记录栏输入事故的相关内容
执行频率	一人次/发生一起事故

表 6-20　数据处理说明示例二

处理名称	职工伤亡事故(统计)分析报表
编号	
产生条件	在每一统计周期(月、季、年)末，根据职工伤亡事故档案数据库统计输出工伤事故月、季、年报表；同时按事故类别、原因、工种、性别等进行分析，输出相应的分析图(直方图、圆图等)
执行频率	每个统计周期末一次

2）数据库结构设计

职工伤亡事故管理是根据企业内各部门填报核实的职工伤亡事故登记表，在一定时期内进行事故统计、分析和上报，探讨该段时期内的事故发生特征和规律，以便采取相应的安全措施，防止事故重发。因此，设计一个职工伤亡事故数据库，代码为 SGDJ2005，其后四数码 2005 表示年份，其结构见表 6-21。该数据库是企业安全事故管理系统的主要数据库，生成报表数据文件、打印报表、事故分析、查询及绘图所需数据均从该数据库获得。

表 6-21　SGDJ2005 数据库的结构

字段号	字段名	字段类型	字段宽度	字段含义
1	LYBH	C	4	事故类别及原因编号
2	DWMC	C	10	单位名称
3	DWBH	C	4	单位编号
4	CJMC	C	10	车间名称
5	CJBH	C	4	车间编号
6	XM	C	8	姓名
7	XB	C	2	性别
8	WHCD	C	10	文化程度
9	AQJY	C	4	接受安全教育情况
10	GZ	C	10	工种
11	GL	C	4	工龄
12	GZBH	C	4	工种编号
13	GZGL	C	4	本工种工龄
14	JB	C	4	级别
15	NL	C	2	年龄
16	CSRQ	D	8	出生日期
17	RCRQ	D	8	入场日期
18	SGNY	C	4	发生事故年月
19	SGRQ	C	2	发生事故日期
20	HM	C	5	发生事故时分
21	BC	C	2	发生事故班次
22	SGDD	C	40	发生事故地点
23	QYW	C	16	起因物
24	ZHW	C	16	致害物
25	SGLB	C	8	事故类别
26	SGYY	C	34	事故原因
27	SW	N	3	死亡

（续表）

字段号	字段名	字段类型	字段宽度	字段含义
28	ZS	N	3	重伤
29	QS	N	5	轻伤
30	SHBW	C	8	伤害部位
31	SHQK	C	16	伤害情况
32	TQSGBZ	L	1	同起事故标志
33	SGJG	C	150	事故主要经过
34	TBR	C	8	填表人
35	TBDW	C	10	填表单位
36	TBRQ	D	8	填表日期
37	BH1	C	2	
38	BH2	C	1	

3. 系统输出、输入的设计实施

系统输出的伤亡事故登记表和事故上报报表需要按政府相关主管部门制定的报表样式标准进行设计。企业内部流通的各种统计报表和安全数据分析图表（如事故类别重要度扇形图、事故原因直方图、千人负伤率及其变化趋势图等）根据需要设计得简单、直观。

输入设计的原则是用户操作简便、数据准确和输入量尽可能少，具有友好的人机界面。采用全屏幕对照栏目填空方式，输入原始数据。对没有规律性的字段，如 XM 字段，即姓名，直接输入汉字；对多次重复的字段，则采取代码输入。为了减轻用户记忆的麻烦将代码存储于数据库，在屏幕上动态翻页显示，用户输入工作量大大减少；同时设置数据合法性检验，防止不规范、不正确的数据输入。

第7章　政府安全生产管理信息系统设计与开发实例[①]

学习目标

1. 知道开发及设计政府安全管理信息系统的流程及要点。
2. 知道如何运用安全信息管理的基本原理及技术方法构建典型的政府安全管理信息系统。
3. 了解几个典型的政府安全生产管理信息系统。

7.1　市政工程安全管理信息系统

7.1.1　系统目标及设计思想

经济建设的发展，城市规模不断扩大，要求有与其相配套的市政设施。我国在20世纪90年代后，各大城市相继进行大规模的市政工程改造和建设，市政工程的数量、规模和施工队伍都日益膨胀。市政工程安全管理是市政管理中一项重要工作，其主要职责是对管理范围内的市政工程建设、市政施工中安全生产及施工进行监督和管理。管理内容主要包括：事故的统计报告及处理分析、安全生产监督、安全生产的预防预测工作，以及安全管理法规、标准、制度的制定和信息服务等工作等。随着某市工程安全管理工作从管理型向管理服务型转变，从政府管理向行业管理转变，某市的市政工程管理局进行了“市政工程安全管理信息系统”建设项目。

7.1.2　可行性分析

1. 系统开发的必要性和意义

近几年来，信息安全管理在我国各项事业中的重要性不断增强，实现对于国家事业的信息安全管理，是我国当前全部工作获得顺利实施的必要环节。就市政工程的安全管理而言，当今时期我国城市建设与发展的速度获得了极大的提升，安全管理的工作则在一定程度上落后于这种飞升的速度，实现对于市政工程信息安全管理，是城市负责人员当前必须实现的工作任务。

市政工程中高空及地下隧道等危险作业较少，与建筑工程相比出现安全事故

---

① 本章内容主要参照陈国华《安全管理信息系统》编写。

的因素和几率较小，但是其安全管理仍然不可忽视。一是因为市政工程施工线长、工作面广，机械设备和施工人员分散，其安全管理有相当的难度。二是市政工程施工的施工地点往往在人员密集的地段，发生事故的后果严重。三是人们对市政工程的安全施工往往不重视，施工过程中的随意性致使一些人身伤害事故和意外破坏公共设备而导致的二次事故屡屡发生，不仅给社会带来经济损失，而且造成不良的社会影响。

市政工程安全管理更强调信息服务。行业管理不像行政管理工作那样注重与琐碎的业务处理，其主要的工作内容之一就是信息服务，即对市政工程从业者提供法律、法规和政策导向；对上级政府机构提供安全现状及分析；对平行单位或机构提供行业资料。因此市政工程的安全管理对安全信息服务的要求也很高。开发建设市政工程安全管理信息系统可以适应市政工程的发展需求，为其安全管理提供必要的服务和资源配置。

2. 现行系统的调查分析

市政工程安全管理模式的现状及存在问题。过去，从事市政行业的企业都是市政局的行政直属单位，市政工程的管理属于直接管理。市政工程一般由政府投资，市政企业定点施工，在工程的承接、建设和管理等方面带来很强的行政管理性质，安全生产施工工作主要依靠行政手段去组织实施。

然而随着市场经济的逐步发展，越来越多的外地企业和其他所有制形式的企业也加入到市政建设中，市政建设和市政设施的资金渠道多元化，市政府对市政局职能重新划分等，这些都要求市政工程管理局对市政工程的管理必须从行政管理逐步向行业管理转变，市政工程施工企业的安全生产管理也必须适应新的历史条件，做出相应的调整。

市政工程作业人员的现状及存在的问题。随着劳工制度的改革和我国劳动力的大量迁移，外地农民工成为经济发达城市市政建设的一支重要力量。由于农民工自身的弱点，使之成为安全管理的一大难点。第一，农民工安全意识较薄弱。外地农民工年纪普遍较小，缺乏实际操作和施工经验，对自己所从事工作的危险性认识不够。许多人意识不到可能发生的坍塌、中毒、坠落和机械伤害等危险，侥幸心理严重。第二，自我保护能力差。农民工的文化程度普遍较低，初中和初中以下占绝大多数。他们缺乏对施工各个环节的了解，缺乏在危险面前的自我保护能力和紧急应变能力，在事故应急处理和自救方面也缺乏训练。第三，安全技术知识贫乏。第四，法纪观念不强，违章违纪较多。随着市政技术的发展，新工艺、新技术不断被采用，传统的施工方法逐步被淘汰。因此，必须重视市政工程的作业人员的培训和管理，提高人员素质，保证施工安全。

7.1.3 系统总体规划

针对市政工程的特点,设计市政工程安全管理信息系统的总体结构,如图7-1所示。其中上层虚线框图内的为用户,中层虚线框图内的为系统管理功能板块,下层虚线框图内的为系统组织结构。用户与管理功能板块、管理功能板块与系统组织结构之间的双向箭头是指用户向系统提出服务要求,系统向用户提供信息反馈。用户与系统组织结构之间的单向箭头是指用户通过使用系统的信息处理向系统提供安全管理数据。

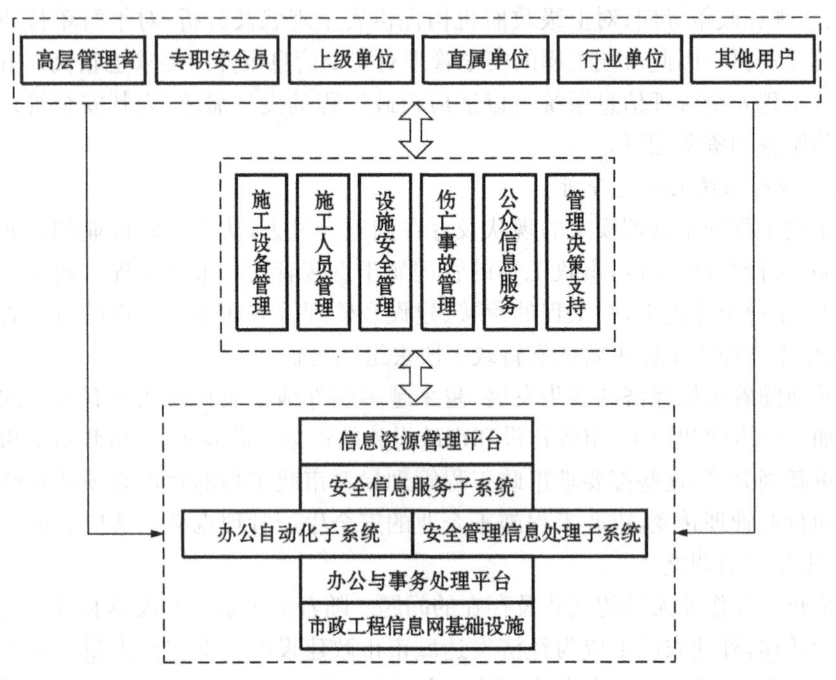

图7-1 市政工程安全管理信息系统体系结构图

7.1.4 系统的设计与实施

1. 系统功能结构的设计与实施

市政工程安全管理信息系统的功能结构按照其总体规划进行具体的设计与实施。其各部分的具体内容如下:

(1) 信息资源管理平台:为管理信息资源所使用的处理机制和支持系统。

(2) 安全信息服务系统:对安全信息资源进行管理、组织、维护并提供信息咨询的应用,其主要功能是用户视图的组织,信息导航和信息查询等。

(3) 办公自动化子系统:安全管理工作中所涉及的通用办公工作的信息处理。

(4) 安全管理信息处理子系统:指为安全管理工作建立事务和信息处理应用的系统,其主要功能是辅助安全管理人员进行事务和信息处理,采集和加工安全管理数据。

(5) 事务处理平台是指各个具体应用系统的处理机制和支持系统。

(6) 市政工程信息网基础设施:指市政工程管理局及其下属单位的计算机系统和网络的基础软硬件设施,是安全管理信息系统和其他应用系统所共享的基础平台。

2. 系统功能及实现举例

安全管理信息系统分为6个子系统,如表7-1所列。

表7-1　市政工程安全管理系统各子系统说明表

子系统名称	说　明
市政施工设备管理子系统	负责各分局及施工单位的施工设备安全检修与管理工作
市政施工人员管理子系统	负责市政工程的施工人员的管理与培训工作
市政设施安全管理子系统	辅助城市排水、道路、公路、地铁运行等安全管理功能
伤亡事故处理子系统	记录市政工程的伤亡事故处理、调查、分析、统计等功能
公共信息服务子系统	提供对公众信息的发布、查询功能
安全管理决策支持子系统	对安全评价进行信息支持、评价定量模型支持,负责预案的建立、应用和维护等工作,以及如何向上级提供信息服务等决策支持

3. 系统的用户以及权限设置

市政工程安全管理信息系统的用户可以分为六大类:

(1) 高层管理者:指市政工程管理局局长和各职能部门的相关领导。

(2) 专职安全员:按工作范围不同划分,包括市政工程安全员、设施运营安全员、特种设备安全员、交通安全员、市政安监站及其他专职安全员等。

(3) 上级单位:指市政工程管理局的上级政府管理单位。

(4) 直属单位:指市政工程管理局的直属单位,如市公路管理处、市政工程管理处、市城市路政管理大队、市道路管线监察办公室、燃气管理处、市政工程质量监督站、市政培训中心、隧道工程建设处、大桥工程建设处等。

(5) 行业单位:指市政工程的各施工单位和相关行业单位,如施工企业、城建集团、地铁公司、排水公司等。

(6) 其他用户:主要指公众用户,即其他所有对市政安全信息有需求的单位或个人。

在系统中设定了不同用户组,各个用户根据其职能的不同归属不同的组(一个用户可同时归属不同的组)。例如对于“公众信息服务子系统”,只有“系统管理员”组别的用户才具有“编辑者”的权限,即可以对该子系统进行信息增加、删除和修改,根据应用程序发布和流转相关信息文件,而其他组别的用户只有“读者”的权限,即只能读取公用文档。

4. 系统信息网络的设计实施

针对市政工程的管理特点和实施环境,将市政工程安全管理信息系统设计成纵向延伸与横向融合结合,可同时提供少数专门用户的事务处理和大量普通用户的信息服务功能。纵向延伸是指将信息采集点尽量向各二级网络节点延伸,以免信息采集在一级节点堆积阻塞,并留好程序接口;接着进行二级节点的安全管理信息、系统建设,然后形成上下贯通的安全管理信息系统网络。横向融合是指安全管理信息系统可与其他专业管理的信息系统及办公自动化系统充分共享信息、交换数据,并共同组成市政信息网一级网的有机整体。这两项都要求安全管理信息系统应易于与其他系统集成,并要具有顺利完成事务处理和协同工作的能力、强大的信息管理和信息发布的能力和严格而完善的权限管理能力。

市政工程安全管理信息系统的信息网络具体设计成三级组成:第一级为市政工程管理局的内部信息系统,覆盖管理局的各职能部门;第二级包括其直属机构(如市政工程管理处、市政工程安全监督管理站等)的信息网络;第三级包括区县市政行业管理部门(如区建委、市政管理所、县建设局公路管理所等)的信息网络。每一级都是一个规模较大的系统或系统的集合体。

由于安全管理信息系统是市政信息一级网络的一个子系统,必须处理好它与市政信息网其他部分之间的接口,以便使不同时间、不同人群开发的子系统之间能在市政信息网统一规划下平滑连接。在事务处理和信息处理方面,SMIS 主要为一级节点用户服务,并实现从二级节点直接采集、汇总信息的功能;而在信息服务方面,SMIS 应具有覆盖全行业、面向一、二、三级网络所有用户的信息服务功能。

7.1.5 系统的评价

建设的市政工程安全管理信息系统具有较强的协同工作能力、事务处理能力和强大的信息资源管理及信息发布的能力,能将市政工程的日常安全管理和信息发布有机地结合起来。同时系统可以很方便地与其他系统集成,使工程质量管理等其他专业管理也能充分地共享信息资源。在安全管理工作趋于正常运作和安全管理信息资源积累到一定程度之后,还可将关系型数据库系统、案例库集成进来,进一步提高统计、分析等决策支持的能力。在系统的设计中,充分考虑了信息系统从基础平台、信息交流、功能设置、直到信息发布形式的共享性、兼容性和与组织的无关性。因此,开发建设的市政工程安全管理信息系统是一个具有生命力和亲和力的信息系统，其设计和开发的经验具有借鉴和推广的价值。

7.2　大型政府安全生产管理信息系统

7.2.1　系统目标及设计思想

某省安全生产监督管理局按照政府部门电子政务信息化建设的统一规划，以《中华人民共和国行政许可法》、《中华人民共和国安全生产法》及有关法律法规为依据，计划开发建设一套功能完善、规范实用、高效快捷、安全可靠、起点较高的全省安全生产管理信息系统，通过电子政务推进职能转变，巩固其安全生产监督管理效果，减少安全事故所带来的经济损失和产生的不良社会影响。

7.2.2　可行性分析

1. 系统建设的必要性

安全生产是关系到国家和人民群众生命财产安全，关系到改革开放、经济发展和社会稳定的头等大事。安全生产的信息化建设对掌握安全生产动态，控制各类伤亡事故，减少事故损失能起到巨大的作用。它能为预防事故发生提供重要的参考，能及时发现事故隐患，及时采取应对措施，预防事故的发生，为安全生产部门的监管和决策提供重要的信息支持。因此，安全生产的信息化建设对实现现代化的安全生产监督工作起着举足轻重的作用。进行综合的安全生产管理信息系统将推进安全生产的信息化建设，提高安全生产监督管理水平，使安全生产面貌产生新的飞跃。

2. 安全现状的调查分析

该省在省委、省政府的正确领导下，安全生产工作从整体上来看是取得了很大的进步，但是形势依然十分严峻。一是安全发展区域不平衡，经济发达地区占全省40%左右人口，75%以上的经济总量，事故起数和死亡人数也占75%以上；经济较落后的地区安全基础也比较差。二是事故总量和特大事故没有得到根本的遏制，一年全省死亡人数超过1.2万，同时重特大事故多发，在国内外造成负面影响。三是安全生产基础薄弱，安全投入欠账多。在有些地方、部门，尤其是不少企业，不重视安全生产，存在着安全生产责任制不落实、安全管理制度不健全、作业场所管理混乱、重大危险源监控管理措施不到位等现象。四是全民安全意识和职工安全培训与新形势发展要求仍有差距，人们为了追求片面的经济利益而往往不惜牺牲“安全”。因此，必须采取更为高效的手段，不断提高全省的安全生产监督管理水平，切实保护国家和人民的生命财产安全。

3. 系统建设的可行性

(1) 政府的高度重视。该省政府高度重视电子政务建设,相继提出了《电子政务建设实施意见》、《电子政务建设管理办法》等政府文件,同时该省安全监管局领导积极推进电子政务建设,为本系统建设项目的顺利实施提供了重要的保障。

(2) 原有电子政务网络基础平台初具规模。自该省安全监督管理局升格为省政府直属部门,着力加强安全监督的信息化建设。经过2年多的发展,形成了一个覆盖全省的数字化、运行可靠的基础传输网络,连接全省直属单位和地级市,电子政务网络基础平台已经初具规模。内部信息化方面,各部门内部普遍使用计算机进行文字处理和信息管理,开通了互联网和电子邮件等服务,办公电子化、管理信息化的水平逐步提高;网络连接方面,基本建成了内部局域网,与省政府总部和其他行政管理部门建立了网络连接,主要用于报送业务信息及简单的文件传输。公众信息网方面,开通了省局的公众网站,收集和发布各类安全生产信息和各种政策法规,逐步实现政务公开。

(3) 随着计算机普及和信息化建设,工作人员大部分掌握了现代化办公技能,领导机关的信息化意识得到了增强,逐步促进了领导方式和工作方式的转变。

(4) 我国一些省市地区的安全生产监督管理局相继进行了安全生产管理信息系统的建设项目,逐步实现全国的安全生产监督工作的信息化。该省某些地方安全生产监督管理局也开展了相关的开发建设项目。这些都为本系统的建设提供了有益的借鉴和经验。

4. 用户需求分析

随着经济的迅猛发展,该省安全生产监督管理工作呈现出任务重、责任大、范围广的特点。面对如此形势,加快安全生产信息化建设是安全监督管理部门需要迫切开展的工作。

根据政府对安全生产监督管理工作的总体要求和目前的安全生产现状,利用现有的网络基础,在全省建立起一个信息化的安全生产信息管理平台,纵向贯通国家安全监督管理局和省、市、县安全监督管理局及生产经营单位,横向达到全省各级政府和各级安全委员会成员单位,及时为安全生产监督管理提供准确而有效的数据信息,从而实现监督力度的加强和管理水平的提高。

7.2.3 总体规划

1. 总体目标

系统的总体目标是:根据政府和国家安全监督管理总局的统一规划和部署,以全省电子政务网络平台为基础,在全省范围内建立起安全生产信息管理平台,形成一个互联互通、动态监督管理、应急指挥的格局,为全省各级安全管理监管部门提供准确有效的数据信息。同时构建信息管理系统,及时公开政务信息,依法接受社会监督,提高行政监管业务的透明度,维护公平、公正、公开的监管原则,如图7-2所示。

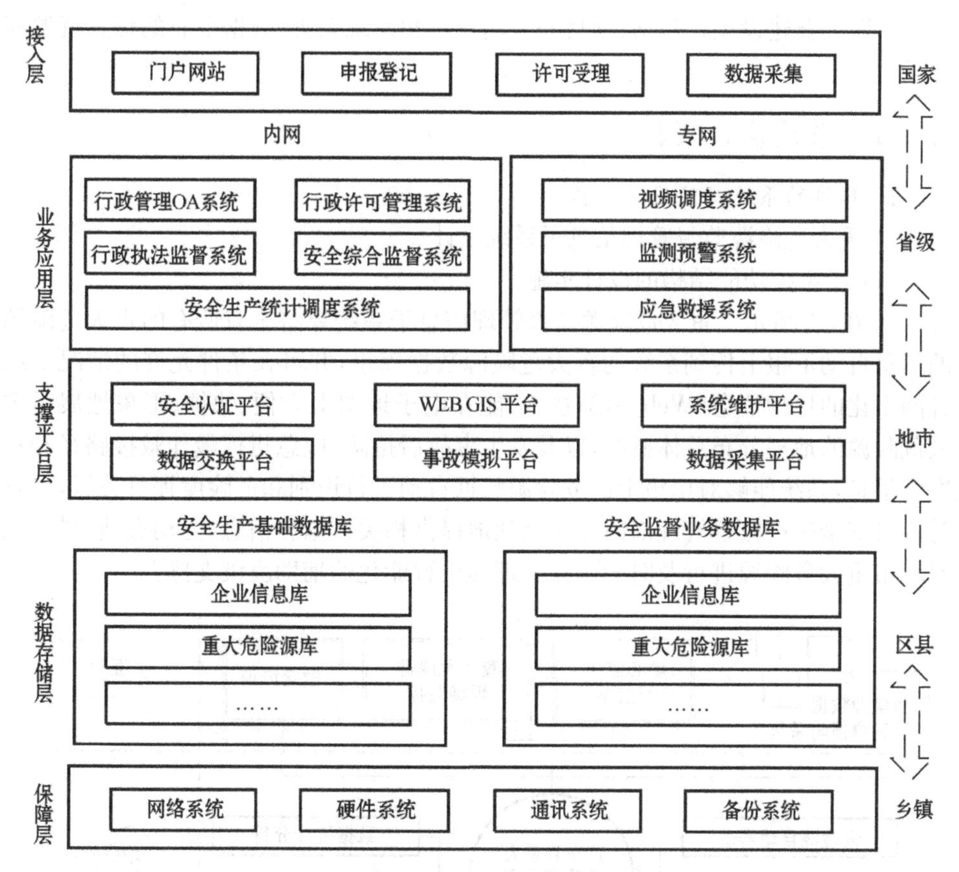

图7-2　大型政府安全管理信息系统总体规划图

以需求为向导,整个安全生产管理信息系统建设的总体目标包括以下几部分:安全生产数据中心、公共信息服务平台、基础设施与安全支撑平台,以及重大危险源监督管理信息系统、应急救援指挥系统、安全许可管理系统、安全执法监管系统、事故统计分析系统、协同办公系统和视像会议系统。

2. 分期目标

由于总体目标内容覆盖面较广,而且应用基础和应用环境比较薄弱。因此,系统的建设将按照统一规划、整合资源、需求导向的思路,根据安全生产和公共服务需要突出重点建设业务系统和数据共享的基本原则,按照项目经费情况分期建设。

前期主要建设项目包括:全省重大危险源监督管理信息系统建设,安全生产应急救援指挥系统建设，安全许可管理系统建设，安全执法监管系统建设，事故统计分析系统建设，办公自动化系统建设，公共信息发布管理系统建设，公众网站升级和网上审批系统建设，基础设施和安全支撑平台建设，全省视频系统建设。

后期主要建设项目包括：项目的二期建设和系统完善，数据中心的信息资源库建设。

7.2.4 系统设计实施

1. 具体的系统功能设计实施

1）重大危险源监督管理信息子系统设计

（1）子系统功能结构的设计实施。

如图 7-3 所示。重大危险源监督管理信息子系统要将全省所有的重大危险源的信息自动汇报上传到系统的重大危险源数据库里，并可在条件允许的情况下结合网络化的地理信息（Web GIS）技术，能在电子地图上方便、快捷、形象地展示重大危险源的地理分布总体概况，以及发生事故后抢险、应急指挥最佳救援路径和预案等信息，系统能够对申报上的危险源数据自动进行识别和危险度评价分级，能够为各级安全生产监督管理部门领导直观地提供相关数据和信息，为动态地、科学地对城市重大危险源进行及时的监督管理提供智能化的辅助决策支持。

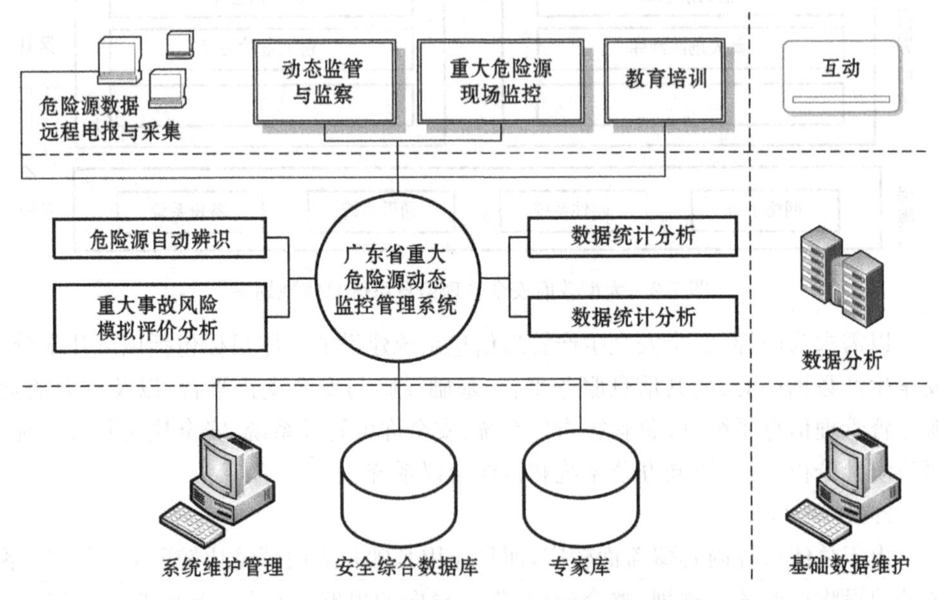

图 7-3 重大危险源监督管理信息子系统功能结构图

(2) 子系统基础数据库的设计实施。

全面、实时的数据是支撑全省应急联动系统的重要基础，每一个环节都需要数据的辅助。重大危险源监督管理信息子系统的基础数据库建设主要包括：危险源数据库、重大危险源空间基础地理信息、重大危险源生产经营单位基本信息、安全事故专家数据库、应急指挥可调度救援物资信息。基础数据库的建设要统一规划，统一建设，确定统一的数据标准和技术架构，旨在充分满足共享的应用需求，避免重复建设。

(3) 子系统网络的设计实施。

重大危险源监督管理信息子系统的网络设计主要是满足重大危险源信息的远程申报和采集的需要，要向各重点生产经营单位提供网上直接申报功能入口，生产经营单位登录到系统后，按照规定的格式和要求填写相关数据，初步完成危险源数据的采集、输入工作。

生产经营单位申报数据的方式有两种：一是联网上报，通过登录重大危险源网页，进行身份认证后直接填报；二是离线上报，即下载离线上报系统，完成数据填写后，通过磁盘、光盘等移动存储器上交到安全监督管理局，其流程如图7-4所示。

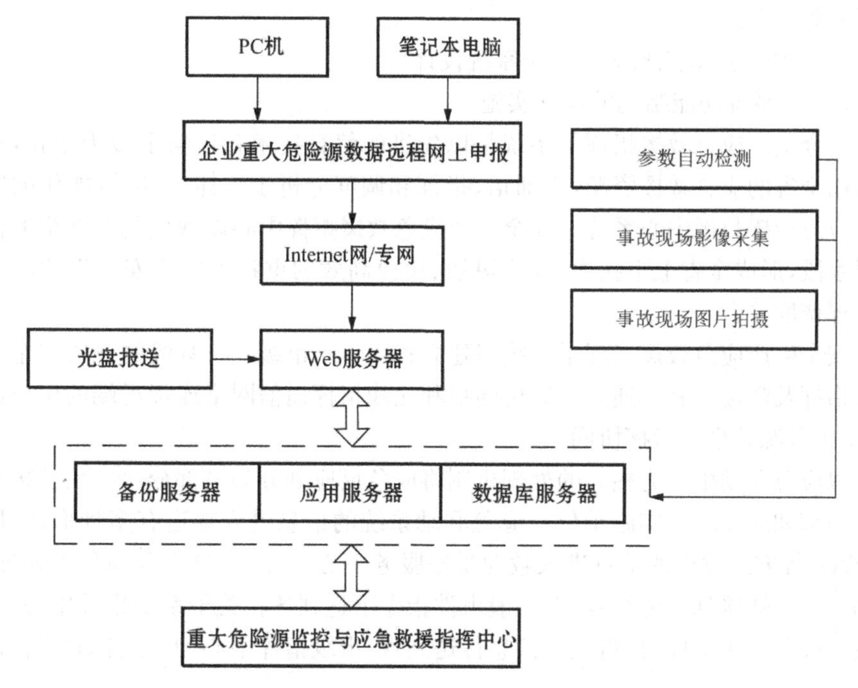

图7-4　重大危险源数据采集示意图

(4) 子系统的管理组织设计。

重大危险源监督管理信息子系统涉及全省的所有重大危险源,遍及各地级市、县、区、镇,因此,系统的管理组织方案将直接影响整个子系统的实施效果。基于系统的功能设置以及网络设置等,采取分布式集中网络管理与地区分级管理策略。

➢ 省级总控制管理中心。省级总控制管理中心是全省重大危险源动态监督管理的核心管理机构,负责管理全省重大危险源数据中心;负责发布数据同步指令;负责系统的统一用户管理和统一用户认证;可以随时查看所有动态监督管理设备的视频、图像、数据,并能调度省内各级动态监督管理设备以及人员。

➢ 地市调度管理中心。地市调度管理中心是各地市的重大危险源动态监督管理中心。其职能是:负责管理辖区内的重大危险源管理数据库;负责辖区内的监督管理设备和应急物资、人员的调度;可随时查阅系统的相应监督管理数据。

➢ 县区协管单元。县区协管单元主要负责管理县区内重大危险源动态监督管理,以及辖区内的应急资源调度。

➢ 数据采集点。数据采集点是最底层、也是最直接的监督管理点。包括用户和遥感设备。各采集点根据实际情况通过有线或无线的方式向上级管理部门及时上报采集数据。

2) 安全生产应急救援指挥子系统设计

(1) 子系统功能结构的设计实施。

安全生产应急救援指挥子系统是以先进的信息技术和通信手段为依托,整合和利用全省的应急救援资源,集通信、指挥和调度分析于一体,高度智能化的安全生产应急指挥救援中心系统。安全生产应急救援指挥中心以现代化的网络通信为主要手段,形成全省上下畅通、反应灵敏、快捷高效的重特大生产安全事故应急救援指挥调度平台。

安全生产应急救援指挥子系统将建立省级——市级——县级的三级安全生产应急指挥及救援机制。通过计算机网络和无线指挥通信网络连接远端的单位或部门,实现资源共享和指挥协同。

以应急联动中心为核心的处理机制将应急反应划分为三部分:公众、救援指挥中心内部和应急救援实施单位。应急联动系统的信息进入渠道有多种形式,以语音、Web 等方式发送的信息进入救助受理服务中心,按照紧急与咨询分类处理,对咨询类需求转接到咨询热线,对一般事件指令下达到各相关子系统指挥中心,当发生重大公共危机事件时,将危机信息传送到省/市级指挥中心,此时启动全省/市危机应急预案。

应急预案启动后,指挥中心按照程序和权限直接对各区、县、镇及相关专业系统行使指挥权限。各级应急指挥中心与一线的执行人员、现有的省/市指挥中心以及区县指挥中心建立直接的双向联系，主要通过救援专用内部网络或政务网进行。

(2) 子系统应急指挥中心技术模块设计实施。

应急指挥系统包括：固定指挥系统、移动指挥系统及应急呼叫中心三部分。

固定指挥系统。固定指挥系统应包括：信息报送系统、基于GIS的分析与决策系统、通讯控制与调度系统、数据整合及分析系统、应急协同办公系统、视频监督管理系统、视频会议系统、应急预案管理系统、危机专家知识管理系统等。

移动指挥系统。移动指挥系统是以卫星、微波、GSM、GPRS、CDMA等现代信息化手段，集多媒体和无线实时传输于一体，作为处理重大事件时的现场指挥中心。具有与集群系统、移动基站、各级信息系统、无线通信网络、视频传输系统的连接接口。具体包括：指挥应用系统、决策支持系统、视频会议系统。移动指挥系统决定整个应急指挥系统是否可以有效地运作。

应急呼叫中心。应急呼叫中心设有24小时电话热线。将接受到的呼叫过滤后按照紧急与咨询分类处理，对咨询类需求转接到咨询热线，对一般事件指令下达到各相关子系统指挥中心。呼叫中心提供足够的工作人员和设备满足大量并发应急事件的处理。

3) 安全许可管理子系统的设计实施

安全许可管理子系统实现安全生产许可证的网上申请、上报、审核、延期申请、变更、查询、统计、打印等信息管理功能。同时满足与相关业务系统的数据交换。

4) 安全生产数据子系统的设计实施

安全生产数据子系统主要包括数据交换系统和信息资源库的建设，实现共享数据的管理、信息交换管理、共享与交换目录管理、用户权限管理，实现内网与政府各部门的数据共享、数据交换以及应用系统的接口。

安全生产数据子系统收集和管理各种安全生产信息，形成安全生产信息资源库，以便进行安全生产的分析和辅助决策。信息资源库由数据库、模型库和知识库组成。数据库由业务应用系统及其他相关系统的大量历史数据经过加工、过滤而形成，是数据共享、综合统计、分析、预测的基础。模型库保存安全相关的各种要素的定量化模型，结合数据库资料为安全评价、分析和预测安全形势提供战略决策基础，为安全生产的安排提供量化的依据。知识库保存安全生产管理及其实施效果的经验数据，是指导生产经营单位进行安全生产、安全生产预防和事故应急救援的历史依据，是专家知识和历史经验的总结。

5) 视像会议子系统的设计实施

视像会议子系统包括：实现与国家安全监督管理总局的视频音频信号连接；实现全省安全监管系统的视频会议的连接；实现与省政府的视频会议的连接；实现与应急指挥中心的连接。

6）协同办公子系统的设计实施

协同办公子系统是安全监督管理局机关内部日常基本办公和业务管理子系统，以工作流程为基础，提供信息流程管理、权限控制和用户管理服务。具体包括：公文处理、收支管理、发文管理、文件归档管理等等。子系统的功能模块又分为办公业务区、领导区、局/科/室区、服务区、资料下载区、链接区以及系统管理区。

2. 基础设施与网络支撑平台的设计实施

基础设施与网络支撑平台的建设是保障综合安全生产监督管理信息系统高效、安全运行的基础。具体包括：基础网络的建设、网管系统的建设、身份认证系统的建设、网络安全系统的建设与数据备份系统的建设。

1）基础网络的建设

基于原有的安全监督管理局网络系统进行升级改造，增加新的网络设备，增加传输带宽，设置业务优先等级等方法，改善业务传输速度和质量。需要增加的配置有路由器、核心交换机、接入层交换机及相关模块。

2）网管系统的建设

为保障系统的高效、安全运行，建立网管系统保障网络运行的管理和运行。对整网设备进行统一管理，提供集中、分级、分权的网元管理、网络管理功能。网管系统采用先进的组件化结构，可以对全网设备集中管理。

3）身份认证系统的建设

身份认证系统是为避免非法用户进入系统，对所有登录系统的用户进行严格的身份认证的管理系统。其建设的主要内容包括：安全应用支撑服务系统、安全客户端、证书查询与验证服务。通过安全应用支撑服务系统，为系统提供如加解密、签名、数字信封等安全服务，以支持信息的机密性、完整性和有效授权。

4）网络安全系统的建设

网络安全系统是保障网络安全稳定运行的必要系统。采用主要的安全防护手段包括防病毒软件、防火墙、入侵监测、安全漏洞监测等。

5）数据备份系统的建设

为了业务运行更加可靠，减少故障环节，数据备份系统的建设是十分重要的。数据备份系统的建设包括备份系统硬件、备份系统软件、备份策略及灾难恢复策略等。

第8章　安全信息管理技术的新发展

学习目标

1. 了解安全信息管理最前沿的技术方法。
2. 理解人工智能技术在安全信息管理中的应用。
3. 知道安全决策的基本概念、分类、构成及内容。
4. 理解如何构建事故预测专家系统。
5. 理解GIS技术在安全信息管理中的应用。
6. 了解大数据基本概念、特点、内容以及与安全信息管理的关系。
7. 了解大数据在安全信息管理中的应用。

8.1　人工智能技术与安全信息管理

人工智能(Artificial Intelligence,AI)是在计算机科学、控制论、信息论、神经心理学、哲学、语言学等多种学科研究的基础上发展起来的,用以研究计算和知识之间的关系的学科。其实质是如何构造智能机器或智能系统,以模拟、延伸、扩展人类的智能。

人工智能早期的研究领域有:专家系统、机器学习、模式识别、自然语言理解、自动定理证明、自动程序设计、机器人学、博弈、人工神经网络等;目前已涉及以下研究领域:数据挖掘、智能决策系统、知识工程、分布式人工智能等。

8.1.1　安全管理决策

1. 安全决策的概念

安全管理是保证企业安全生产活动正常进行的计划、组织与控制工作,是企业基础管理工作的重要组成部分。安全管理的核心是安全决策。安全决策就是针对社会活动和生产活动中需要解决的特定安全问题,根据安全规范、标准和要求,运用现代科学技术知识安全科学的理论与方法分析相关信息资料,提出各种安全措施方案,经过分析、论证与评价,从中选择最优控制方案并予以实施的过程。

2. 安全决策的分类

(1) 确定型决策。

确定型决策是在一种已知的完全确定的自然状态下,选择满足目标要求的最优方案。

确定型决策问题一般应具备四个条件：

➢ 存在着决策者希望达到的一个明确目标(收益大或损失小)。

➢ 只存在一个确定的自然状态。

➢ 存在着可供决策者选择的两个或两个以上的选择方案。

➢ 不同的决策方案在确定的状态下的益损值(利益或损失)可以计算出来。

(2) 非确定型决策。

当决策问题有两种以上自然状态，哪种可能发生是不确定的，在此情况下的决策称为非确定型决策。非确定型决策又分为两类：

当决策问题自然状态的概率能确定，即是在概率基础上做决策，但要冒一定的风险，这种决策称为风险型决策。风险型决策问题通常要具备如下五个条件：

➢ 存在着决策者希望达到的一个明确目标。

➢ 存在着决策者无法控制的两种或两种以上的自然状态。

➢ 存在着可供决策者选择的两个或两个以上的抉择方案。

➢ 不同的抉择方案在不同的自然状态下的益损值是可以计算的。

➢ 未来将出现哪种自然状态不能确定，但其出现的概率可以估算出来。

如果自然状态的概率不能确定，即没有任何有关每一自然状态可能发生的信息，在此情况下的决策称为完全不确定型决策。

3. 安全管理决策的内容

安全管理决策的内容按照管理功能分：

(1) 发现事故隐患，确立事故预防工作。

(2) 预测由于主客观原因引起事故的危害程度，设计和选用安全措施方案。

(3) 制定安全防护目标，组织实施安全防范举措。

(4) 分析和评价安全目标执行效果，确定安全效益。

(5) 确立信息反馈深度，进行反馈调节。

4. 安全管理决策过程中的问题描述

决策过程是一个提出问题、分析问题、求解问题和评价问题的过程。对于一个抽象系统，问题的描述是系统模型建立的基础。问题描述因素集是一般系统的输入集，能反映出问题对象所需的相关因素，确定问题所属类型，明确解决问题的方法。利用数学方法将不确定因素转换成确定因素，使复杂模糊的问题模型化。解决安全管理决策过程的描述方法问题，有利用安全管理决策者与安全管理决策支持系统开发人员进行沟通与交流，将问题快速明确化，使安全管理系统具有较高的可操作性。

(1) 目的描述。安全管理决策的根本目的是系统安全，包括系统运行安全(生产安全)、系统输入输出安全(信息技术安全)。保证生产安全是核心,信息技术安全是保障。

(2) 目标描述。系统安全目标根据不同的企业或部门具体要求不同,它是具有一种强制性的安全评价标准。如铁路及企业中安全生产天数、年伤(亡)人数的目标等。管理控制层,即策略层的安全管理工作需依据战略层下达的安全管理要求进行。

(3) 状态描述。依据最好的安全等级划分方法,系统安全的状态可分5级:安全、较安全、一般、较危险、危险。安全状态是管理控制效果的直观表现,既是安全工作的一种评价,也是安全预测的基础。

(4) 约束条件。任何一个系统运行都具有其固有的生命周期,时间是系统安全的首要约束条件,包括最小系统维护间隔时间、最小部件更换时间、最大系统更新时间等。其次,系统安全管理过程中还必须综合考虑其他的因素,如安全成本、安全效率、安全效益等。在市场经济条件下,企业安全生产的目的是为了取得一定经济效益。为保证企业发展,安全经济指数是安全管理应考虑的因素。

(5) 数据描述。系统的数据描述分为数字描述和非数字描述。数字描述是指能直接用数字表示出变量值的方法,如企业连续安全生产100天。非数字描述指的是要说明的变量不能明确其量值或概念模糊的描述方法,如安全生产等级(安全和危险)。

(6) 决策准则描述。系统安全管理决策要依据国家和部门及企业的相关标准为依据。各种标准规定的安全要求,包括环境条件要求、生产规程要求、劳动安全保障要求等。对于安全管理控制人员的决策,还要依据上级安全管理的政策要求,及时加强安全管理工作。

5. 安全管理决策中的关键问题

安全管理是一项多目标管理控制系统,认清安全管理决策中的多目标问题是安全管理的必然要求。系统开发应着重处理好的几个关键问题:

(1) 安全与效益的关系。效益是企业的生命,安全是企业生产的基本要求。安全问题也是经济问题,在一定程度上增加对安全装备的资金投入,会直接或间接地减少由于事故所带来的经济损失,从而保证甚至是增加了产值。因此,具有安全效益这一安全意识是管理决策者的思想基础。

(2) 安全与工作进度的关系。任务重、工作量大,而工期紧是安全管理者面临的一个现实的矛盾。“安全第一”和“管生产必须管安全”的原则是安全生产的基本政策,任何安全管理的决策者都不能以降低安全标准换取生产速度。但能够利用现代化信息管理手段,准确预测事故隐患,加大安全防护,提高生产的速度也是可行的。

(3) 安全与技术装备的关系。技术装备是生产力的重要内容,同时也反映了生产力的发展水平。技术装备是安全生产的保障,同时又是安全生产监管和安全监察的重要组成部分。因此,技术装备水平应按照安全等级确立,满足安全目标的要求。

(4) 安全与事故的关系。安全与事故是同一事物的矛盾双方,但两者并不是相互对立的。没有绝对的安全,也不存在必然发生的事故。安全生产是永恒的主题,完成了安全生产的目标,并不代表今后不会发生事故。因此,只有保持正确的安全意识,才能做出安全的决策。

8.1.2 安全决策支持系统

1. 决策支持系统产生的背景

计算机在安全管理领域的应用是从事故数据处理和编制事故报表开始的,这类应用所涉及的技术称为电子数据处理(Electronic Data Processing,EDP),但EDP在把人们从繁琐的数据处理事务中解脱出来的同时,也暴露了它的不足。由于任何一项数据处理都不是孤立的,都必须与其他工作进行信息交换和资源共享,因此有必要对一个企业或组织的信息进行整体分析和系统设计,从而使整个工作协调一致。在这种情况下,管理信息系统应运而生,使信息处理技术进入一个新阶段。

管理信息系统从系统的观点来合理地组织与管理信息,运用系统分析的方法来提高信息处理的效率和管理水平,不仅解决了信息存放的冗余问题,而且大大提高了信息的效能。但是,管理信息系统只能帮助管理者对信息作表面上的组织和管理,而不能把信息的内在规律更深刻地挖掘出来为决策服务。而且,管理信息系统只能解决结构性问题,它的重点并不放在决策支持上。

于是,人们期望一种新的用于管理的信息系统,这种系统应该能在某种程度上克服管理信息系统的上述缺陷,为决策者提供一些切实可行的帮助。另外,由于许多相关学科都有了长足的进步,例如,数理统计、运筹学、多目标决策、人工智能、数据库等,各类软件开发工具的广泛研制等。这些因素都为决策支持系统(DSS)的发展奠定了良好的技术和物质基础。

1971年,Scott Morton在《管理决策系统》一书中首次指出计算机对于决策的支持作用。随即这一领域的研究开始活跃起来,但一直到1975年以后,决策支持系统作为一个专有名词才开始被人们承认并关注。

2. 决策支持系统的主要特征

(1) 从要解决的问题来看,DSS是解决面向中高层管理人员所面临的半结构化问题。半结构化问题的解决既要有自动化数据处理,又要靠主管人员的直观判断。因此,它对人的技能要求与传统的数据处理要求不一样,如在MIS分析与设计中,主要是以数据流为系统分析的中心,MIS处理结构化决策时,人并不起主导作用,决策全靠计算机系统自动做出。决策支持系统的分析与设计,不仅要考虑到主管人员在这种系统中的主导作用,还要进一步考虑决策者在系统中所起的作用。

(2) 从处理来看,结构化的问题易于明确地表达出来,因而能用一套明确的形式模型来解决这类问题。而决策支持系统的处理是模糊的、演进的,对问题的了解不是很清楚,这样的模型往往有限。决策支持系统除了具有数据存取和检索的功能外,在很大程度上,还依靠推测性论据以及利用那些有助于主管人员进行决策的模型与数据库。

(3) 从预见性来看,DSS处理半结构化问题,半结构化问题的发生时间、具体内容以及问题本身的性质等,都是不能完全预见的。因此从系统规划的要求来说,不能预先规定需要什么样的输出,从而对处理过程乃至输入都不能在系统分析中做出具体明确的规定。

(4) 以工艺方面看,决策支持系统具备的性能应能使非计算机人员易于以对话方式使用,并包括有绘图功能,以便从图中可以看出趋势和规律性。同时系统应具有灵活性与适应性,以便随环境的变迁或决策者的决策方法及方式的改变,系统能做出相应的改变。

总的来说,决策支持系统的特征是:处理半结构化问题为主;系统本身具有灵活性;多数为联机对话式。即决策支持系统的分析与设计是围绕着以决策人为行动主体进行的。决策支持系统是“支持”决策而不是“代替”决策。DSS与MIS的区别在于MIS可以在无人干预下解决预先设计好逻辑的管理决策问题,而在DSS中所有的决策最后都要靠人来做决定。人是决策行动的主体,一切信息技术只是协助决策人做出有效的决定,而非代替人去做最后决定。在决策过程中过分强调计算机的作用,或把计算机的作用放在第一位是不妥当的。

3. 安全决策支持系统的基本构成

决策支持系统是以信息技术为手段,应用决策科学及有关学科的理论和方法,针对某一类型结构化或非结构化的决策问题,通过提供背景材料,协助明确问题,修改和完善模型,列举可能的安全管理解决方案,进行分析和比较等方式,帮助管理者作出快速、正确决策的人机交互式信息系统。安全决策支持系统(SDSS)以安全管理信息系统(SMIS)为基础,充分利用SMIS信息收集存储、整理、统计、资料动态组合查询和报表输出等功能。SDSS通过对系统当前安全数据的处理来获取相关信息,管理和控制系统安全运行。利用过去的安全数据和模型预测未来的安全状态,以辅助支持安全管理的决策活动,最有效地实现安全管理信息化。

安全决策支持系统可分为主模块以及副模块,如图8-1所示。主模块是系统运行的基本模块,副模块是可选模块,根据实际情况进行扩展使用。

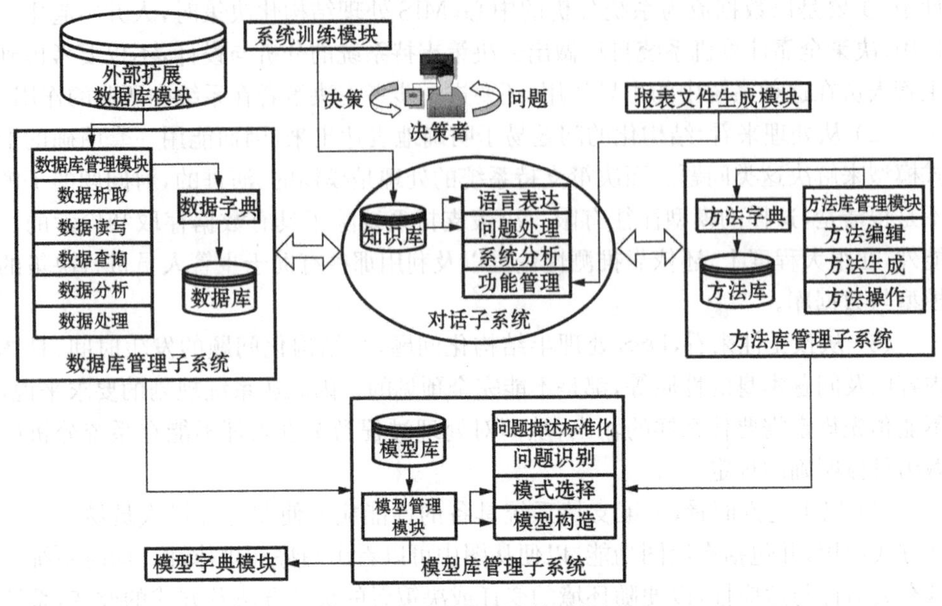

图 8-1 安全决策支持系统图

主模块一:对话子系统。人机对话是 DSS 中用户和计算机的接口,起着在决策者、模型库、数据库和方法库之间传达命令的重要作用。其基本功能有:提供友好直观的操作界面;提供输入输出设备自动化管理;能及时控制和响应其他子模块的动作;具有一定的智能识别用户指令,并进行问题处理的功能;能依据各种数据、方法和模型进行系统分析。

主模块二:数据库管理子系统。数据库是 DSS 的重要数据资源,是系统的基础部分。其主要功能有:对数据的记忆辅助,包括读写、更新等;数据的操作功能,包括数据的查询、归纳等;数据的基本分析,包括数据时效性、分类等;数据的预处理,包括数据类型转换、权限改变等;数据析取功能将多种源数据库与一个决策支持系统数据库接口的技术。SMIS 在许多企业得到了应用,随着信息技术在安全领域的不断推广,如何合理地利用既有数据资源是十分重要的任务。数据析取技术的应用能较好地解决系统的可拓性与实用性。

主模块三:方法库管理子系统。用于管理各种算法,如数学方法、数理统计方法、经济数学方法等。利用这些方法,既可以辅助决策者直接对数据进行分析计算,又可以根据模型进行更复杂的系统分析。

主模块四:模型库管理子系统。模型部件是 DSS 的核心,是模拟决策过程中推理、比较、选择、分析解决问题的一种智能模块。模型合理地利用系统的资源,依据决策者的目标输入及对问题的描述,分析出问题的结论,并指导决策者发现问题的关键点。

副模块一：系统训练模块。帮助决策者熟悉系统的使用，辅助决策者进行学习安全管理的一种人机交流工具。

副模块二：报表文件生成模块。一种能按照用户的要求，提供各种格式的报表生成工具。

副模块三：外部扩展数据库模块。提供连接外部数据库的接口工具，如 SMIS 数据库。

副模块四：模型字典模块。是一种方便用户了解和掌握系统现有模型结构和原理的工具。

8.1.3　安全管理决策支持系统的研究、开发与应用

企业安全管理人员要求开发软件环境使数学模型和安全信息便于操作，并与专家系统技术集成一体，辅助企业的安全生产决策。基于此，将 ES 技术与 DSS 技术结合，开发智能企业安全管理决策支持系统(Safety Management Decision Support System，SMDSS)，已有部分 SMDSS 在钢铁集团公司矿业公司、有色金属公司等大型冶金、有色企业和政府职业安全卫生监督管理部门得到应用。SMDSS 具有相当于某一领域安全专家水平的知识；能从事故信息数据库中提取安全和环境信息；支持企业安全状况评价；支持大型复杂系统事故趋势动态预测预报；支持安全措施计划编制；支持安全投资最优分配。SMDSS 作为主要面向职业安全卫生监督管理部门和冶金、有色大中型企业安全管理部门的 DSS，它的主要作用是为这些部门提供决策支持。

正如前面所述，计算机技术的迅速发展为企业安全管理提供了有力手段，安全管理不仅需要处理大量的统计数据，而且需要建立大量的数学模型进行综合分析判断，采用计算机技术支持企业进行安全管理信息系统的工作是提高企业现代化管理水平的一个重要方面。我国政府管理部门或其有关下属企业，从 20 世纪 80 年代中期开始探索利用计算机技术进行事故统计分析，所开发的系统一般都有收集、存储、查询、统计及某些分析功能，这些事故统计分析计算软件系统的开发，大大提高了事故资料的利用率，完成了靠手工所难以进行的大量数理统计工作，探索到了大量以前未知的事故规律和影响因素，对安全管理水平的提高发挥了积极作用。但是这些软件只是把大量的数据经过处理列成表格绘出曲线和统计图，进行数据的汇总，变成有用的信息输出。这些系统多处于 EDP 阶段和 MIS 阶段，并没有达到 DSS 阶段。SMDSS 系统与这些软件系统相比，有以下特点：

(1) 采用软件工程理论开发本系统，在发展水平上处于更高一个阶段即从 EDP 阶段、MIS 阶段发展到 DSS 阶段，并与 ES 技术结合，具有智能化。

(2) 采用模糊数学、灰色系统理论和安全系统工程理论，建立了客观反映事故系统特征的数学模型体系，并将其计算机程序化。事故统计、查询、分析、预测功能提高到适度的定性与定量组合、模糊和动态组合的工作状态。

(3) 采用数据库理论技术，进行数据库结构设计。按照数据库理论中的4个E-R式，通过分析用户需求、系统概念结构设计、逻辑结构设计和物理结构设计，使系统能正确反映用户的使用环节，满足用户的数据处理要求。

(4) 系统采用Top-Down结构原形软件开发方法，各个功能模块之间独立性强，可移植性和可扩展性强；采用计算机图形学技术，图形功能强大，人机界面友好，工作效率高。

8.1.4 安全管理专家系统

近年来，专家系统作为人工智能这门学科的一个重要分支，在理论研究和实际应用方面取得令人瞩目的成就。在管理决策领域，专家系统也越来越受到人们的关注。

1. 专家系统概述

专家系统是一种具有解决问题能力的智能计算机系统。它能够处理现实世界中需要由具有专门领域的知识和经验的专家来分析和解决的复杂问题；它利用包含有专家推理方法的计算机模型来求解问题，其结果可以达到相应专门领域的专家的工作水平；它是一种具有智能特征的系统。

一个专家系统至少由四部分构成，包括知识库、推理机制、知识获取工具和人机接口。在专家系统中，知识库和推理机制是专家系统的关键部件。

知识库中储存有专家系统求解问题所需的事实和经验。这里需要解决如何以计算机能够处理的形式来表达知识的问题。

推理机制包括知识库管理系统和推理机。知识库管理系统能够按要求自动地控制、扩展更新知识库中的知识，按照推理过程的需求去搜索适用的知识，能对知识库中的知识作正确的解释。推理机在问题求解过程中生成并控制推理的过程，使用知识库中的知识。推理机应包括推理知识、控制策略和解释生成器。

知识获取部分是专家系统的一个辅助功能，它主要解决如何从相关专家处获得知识，并为知识库和推理机所用。

人机接口是用户与计算机系统交互的窗口。要求它尽可能符合人的思维和问题求解过程，使用尽可能接近自然语言的语言以方便用户使用。

2. 专家系统的特征

(1) 专家系统针对某一特定领域中的问题，通过对知识的解释，推理过程来行使专家的职能，完成类似专家的推理过程。决策支持系统则对管理决策的某个或某几个阶段进行模拟分析，给出运行结果作为决策的依据。数据处理程序则完成确定业务处理范围的结构化操作，为管理决策提供必需的信息。

(2) 专家系统虽然也会涉及数学计算，但更重要的是通过符号处理来解决决策过程中十分困难的问题。而传统的计算机程序和决策支持系统只能处理数学和字母。

(3) 专家系统可以同时处理不同精确度的数据，解决的办法是状况概率等。传统的计算机程序和决策支持系统则处理精确的数据。

(4) 专家系统的运行结果是以定性为主，辅以定量，这个结果不是一个简单的答案，还富有关于这个答案的解释和建议。

(5) 传统的程序和决策支持系统只执行预先确定的路径，这个路径只有一个解。专家系统则对求解问题的路径无确定性，但是最终能得到结果。

(6) 专家系统可以把新的知识不断地加入到现有知识库，以修改原有知识，具有自学习功能。

(7) 专家系统是以数据驱动，而不是控制指令驱动。操作时以搜索为主而不是以计算为主。

3. 专家系统的优缺点

(1) 由于专家系统汇集相关领域的众多专家的知识和经验，因而由非专家可以去完成过去只有专家才能完成的工作。

(2) 专家系统解决的问题可以不受周围环境、时间和空间的影响。

(3) 能够提高工作效率，带来巨大经济效益。

但是目前来说，专家系统还不是一个相对成熟的系统工具，还存在着相当多的问题。主要的问题是：

(1) 寻找好的专家，获取专家知识较困难，难以开发出令人满意的专家系统。

(2) 开发费用昂贵，一般企业难以承担。

(3) 技术条件的限制，如适用于一般用途的计算机硬、软件系统有待进一步加强。

(4) 专家系统的可靠性、适用性要经过较长时间才能得到判断。

尽管存在不少问题，但是专家系统的优势仍然吸引着许多理论研究和实践方面的专家去探索研究。

4. 专家系统的应用领域

(1) 诊断：诊断专家系统用于发现一个系统部件存在的功能失调的原因，并提供排除故障的建议。如设备仪器诊断专家系统。

(2) 解释：解释专家系统在接受观察到的现象或其他信息后，利用知识库和推理功能，指出事故所处的状态。

(3) 设计：根据事前存入专家系统中的有关系统的设计信息，设计人员按照要求说明书运行专家系统，可以设计出相应的产品。

(4) 计划:计划专家系统根据给定的目标和起始状态,以及可能的中间环节、状态或步骤,提出一个满意的计划。

(5) 预测:预测专家系统根据给定状态的信息,运用知识库和推理机对可能发生事件进行推断。

(6) 控制:将反馈信号作为输入,根据变化着的状态做出调整操作的决策,以控制系统的运行。

8.1.5 应用实例——事故预测专家系统

1. 事故预测专家系统的简述

事故预测专家系统是运用专家知识处理困难的事故预测问题。以最聪明、最有经验的预测者的大脑思维过程为模型,即依据专家经验构造模型。系统的运行主要以来预测专家所用的事实、规则、启发式方式等,如图 8-2 所示是整个系统的功能简图,该系统是由数据库、模型库、方法库和知识库开发系统、推理机、解释系统以及人机接口对话系统所组成,通过人机智能接口会话系统,用户和专家可方便地对各库进行更新、查询、扩充和修改等。

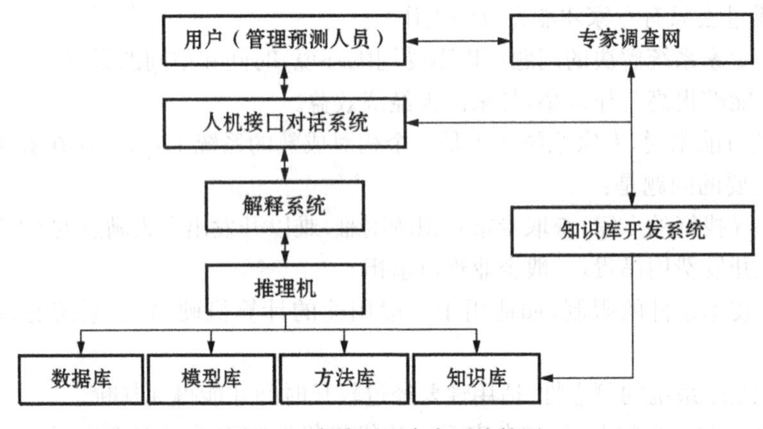

图 8-2 事故预测专家系统简图

2. 事故预测专家系统的特征

该系统具有下述三大特征:

(1) 启发性:使用判断性知识和已确定理论的形式化知识进行启发式推理求解。

(2) 透明性:能解释自身推理过程,即能利用自身知识来对自身的演绎过程进行调整并对所要求得到的结论给出合理的解释和说明。另外向用户提供智能会话接口,方便用户的查询和提问。

(3) 灵活性:便于专家对数据库、知识库等进行扩充、修改等。

事故预测专家系统中主要使用大量的、没有正确性保障的经验性知识,系统的透明性、灵活性对提高该系统的可接受性非常重要，因而为实现系统的透明和灵活性，必须增强系统的解释功能和知识获取功能；其次，该系统采取逐层向上扩充的方式建造系统，以逐层过渡最终达到预测专家能根据环境、对象灵活运用知识能力和根据不精确、不完备的证据推出较好的结论；再次，该系统强调灵活性、自适应性以顺应预测的千变万化。当然该系统性能取决于它所含预测专家知识的数量、质量、表示方式、组织和知识库的开发工作。

3. 事故预测专家系统的功能

1）数据库

数据库使用关系模型存放数据，以便用 PROLOG 语言处理数据。数据主要包括：预测所需基本数据，如伤亡率历史时间序列数据，相关因素统计数据序列，各种模型参数，专家调查数据信息等；领域内的初始证据信息，推理过程中得到的中间信息以及用户已知事实。

2）模型库

存放具有各种不同功能的预测模型，如时间序列分析模型，计量经济模型，相互影响模型，因素分析模型，指标分析模型，模拟模型以及各种类型的调整模型。系统可以根据预测期限和数据条件选择合适的预测模型，每个模型以过程方式结合，以便不断地完善和扩充。

3）方法库

预测技术离不开运用数据进行定量、定性分析，比较各种方案；或者分析某些离散数据，在以往专家经验指导下，进行必要的计算及统计、回归分析等，以找出最优方案，因而将常用的最优化算法和预测指导原则构成的方法库尤为重要，该库通过自学习机制，不断丰富预测经验。事故预测专家系统方法库如图 8-3 所示。

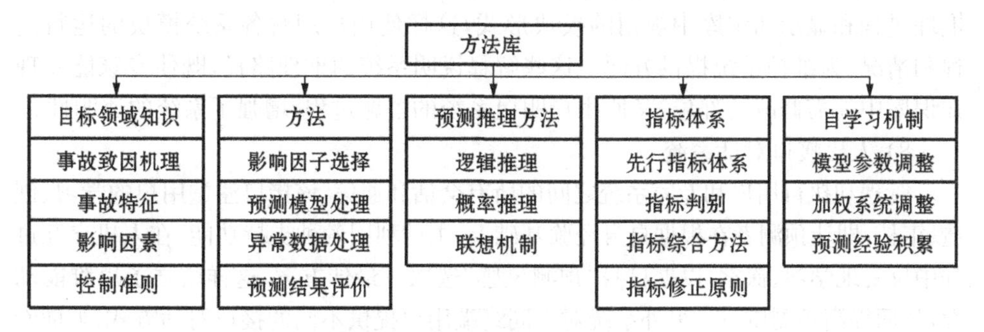

图 8-3　事故预测专家系统方法库

4）知识库

对于数据库难以定量表示的，需根据经验、知识由专家定性分析，近似推理的这部分数据信息，利用专家系统中的知识表示，基于规则的受控演绎、归纳原理、自然语言理解等技术来构造知识库，即将数据化知识、经验事实、求解规则、推理机制及对事实和规则的一致性、完整性约束等，以合适形式送入计算机，建造知识库。

5）知识库开发系统

其功能是通过辅助知识获取，辅助知识库的构造、排错、修改和测试来方便知识库的建立与维护，其目的是向专家提供直接扩充、更新、查询、修改知识库的途径，而无须经过推理机，从而使开发知识库的工作易于进行和更好地完成。

6）推理机

其功能是利用知识库中的知识，根据一定的搜索控制策略，对指定问题进行启发式推理求解。某一任务的推理策略，依赖于此任务特点和系统所用知识的特点。微观上看，推理机是组函数，将事实与规则前提匹配，把匹配上的规则结论部分作新事实送回知识库，再用更新过的知识库的所有事实与规则匹配，直到不产生新事实为止；宏观上看，它根据一定的推理机制，即专家逻辑思维和经验推理，再据预测目标要求和约束条件，运用用户提供的信息和知识库中知识，选择合适的预测模型，并对预测结果进行逻辑推理和判断，从而在更高一个层次上实现预测的定量定性相结合。

由于专家知识的不精确性和因随机、模糊、不确切知道等原因造成的领域数据的不精确性，多用不精确推理，不精确推理是对不肯定证据给予某种"权"，对多个证据进行"权"的组合，即在公理的基础上，定义一组函数求出定理（非原是证据的命题）的不确定性度量；另外系统放弃逻辑完备性要求，采用有效的启发式方法，以利用那些难免出错但却有效的判断性知识，此类知识是专家对特定问题长期实践摸索出来的经验性总结。

7）解释系统

为一组程序，按用户的请求提供寻出具体结论的基本逻辑或推理路径，并解释推理过程和显示知识库中规则的模块形式，这样使用户理解各系统模块的运行过程和情况，为维护系统提供方便。这些解释说明系统的推理路径，既使专家能发现知识库中尚需修改的部位，又使用户明白系统的解题过程，增强了系统的透明性。

8）人机接口对话系统

管理和执行用户和专家系统之间的所有会话和通信，该接口注重用户的学习、创造、审核，即让预测者在根据自身经验基础上，主动利用各种支持功能，在人机交互过程中反复地学习、探索，以据自身"预测灵感"选取一最佳方案，这样增强了思维能动性，从而提高预测质量。另外系统对不同终端用户提供不同的接口对话方式，如向专家提供知识库编辑、调试程序功能，面向管理员提供对规则和变量定义的访问等功能。

此外，根据预测的特点，还建立了一个具有一定数量某一领域专家组成的调查网，作为预测专家系统的外围信息源，通过函询的方式不断收集动态信息和专家经验充实到相应的数据库、知识库中，以提高系统的实用性。

系统根据用户要求输入信息，运用专家知识进行逻辑推理，自动设计、生成预测方案，并对原始数据进行合理的处理，选择适当的模型，进行预测计算，对定量计算结果加以评价、调整和解释。系统运行过程中，通过一个个预测案例，不断总结经验，丰富系统专家知识，提高系统的实用性和可靠性。

4. 专家知识的获取、表示和利用

构造专家系统的关键在于专家知识特别是经验性知识的获取、表示和利用。只有把实际预测中的经验知识归纳成相应的“事实”和“规则”或其他形式，并存储进计算机，再按一定的逻辑关系和恰当规则结构构造知识库，才能使预测智能化得以实现。

预测专家知识的获取可以采用两种方式，一种是人工传授，即通过人机对话方式预先根据专家的经验来充实和修改知识库的内容。另一种是在预测过程中，进行实时跟踪，即不断地根据预测案例，调整模型参数，积累知识，因此自学习过程实际上是经验参数不断地完善的过程。

预测中专家知识应体现在以下几个方面：

(1) 模型选择。大量预测案例表明，预测方法之选择主要依赖于：预测要求，包括对预测期限的要求（长期、中期、短期、近期），预测范围限制等；预测目标的特性，是指目标本身所固有的属性，如事故种类，事故发生位置等；预测条件，指数据条件，信息来源以及系统的完善程度。

(2) 影响因子和线性指标判别。判别依据通常来自两方面：一是人工传授的经验知识；二是通过对数据序列的统计分析，识别影响因子和线性指标，对专家系统而言，还应根据环境的变化，对影响因子加以调整和鉴别。

(3) 模型的综合。专家系统还可以根据一定的知识经验自动对定量预测的结果加以综合评价，并运用启发函数，可信因素和线性指标等专家知识对预测结果进行调整。

(4) 预测知识的自学习。实际上，每一次预测都是一次“实例诊断”，作为智能化的预测系统，它可以不断地从实时预测中吸取知识经验，进行自学习。

(5) 预测结果的解释与分析。专家系统还可以根据要求，将预测过程中的主要环节用关键字一一加以解释说明，以得到决策者的充分理解和信任，同时在影响因素分析的基础上，针对存在的问题，开出一张张“处方”。

系统启动后，根据输入数据信息和预测要求，按一定的规则自动选择合适的模型，进行预测计算，并对线性指标一一加以鉴别，运用知识模型对先行指标的影响程度、影响时间加以分析判断，并对预测结果加以修正，为了提高准确性，还不时通过专家查询网进行函询调查，将有关信息输入系统，进行综合分析，随着时间的推移，系统根据反馈信息“学习”经验，不断进行滚动预测。

8.2 GIS 技术与安全信息管理

8.2.1 GIS 的原理简述

地理信息系统(Geographical Information Systems,GIS)是一种采集、存储、管理、分析、显示与应用整个或部分地球表面(包括大气在内)与空间地理分布有关的数据信息的计算机系统,是分析和处理海量地理数据的通用技术。它由硬件、软件、数据和用户有机结合而成。它的主要功能是对地理数据(位置数据和属性数据)进行操作、显示和管理。

从计算机角度看,地理信息系统(GIS)由四个主要部分组成:计算机硬件、软件、地理空间数据和系统开发、管理与使用人员。按照 GIS 对数据采集、管理、分析和表达,可以将 GIS 软件系统中与用户有关的软件分为五大系统,如图 8-4 所示。

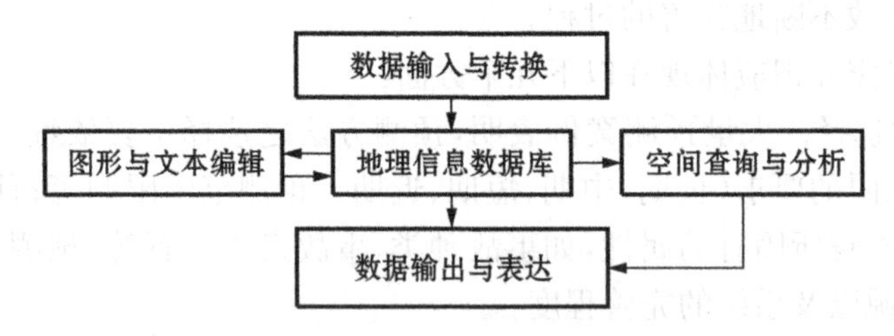

图 8-4 GIS 的系统结构图

首先将采集到的数据信息输入计算机,由其他应用软件所产生的图形格式数据(如 AUTOCAD 的 DXF 格式、ARC/INFO 的 E00 格式、ASCII 码格式等),可直接转换成 GIS 的图形格式。然后数据入库,对原始数据 MAPGIS 提供了强大的图形编辑功能。可对点、线、面的空间位置及参数进行直观的、智能化的修改,包括增加、删除、移动、复制、修改、剪裁、提取、移位、旋转、放大、镜像、分割、联接、平滑、变形、替换、统改、对齐、靠近、边缘处理等二百多种编辑操作。再将处理好的数据重新入库并进行空间查询和空间分析,分析功能包括:测量、坐标变换、建立目标、目标属性修改、多边形边界消除与合并、线的平滑与概化、目标集的统计计算、拓扑叠加、面运算、网络分析、输入和输出管理。最后处理好的图形由图形输出系统进行版面编辑处理、排版、图形修饰,最终形成各种格式的图形文件,如 Windows 格式的输出、矢量格式的输出、光栅格式的输出。

目前,以 GIS 为底层平台,已经开发出各种地理信息系统工具软件,供其他系统调用或进行二次开发。常见的 GIS 开发软件有如下几种:

(1) 组件式工具。组件式 GIS 开发工具是计算机技术发展的产物,代表了 GIS 开发的发展方向。它不仅有标准的开发平台和简单易用的标准接口,还可以实现自由、灵活的重组。组件式GIS开发工具的核心技术是微软的组件对象模型(COM)技术，新一代组件式GIS开发工具多是采用ActiveX控件技术实现的。比较常见的组件式GIS开发工具有：TatukGIS公司的Developer Kernel、ThinkGeo公司的Map Suite GIS、Intergraph公司推出的Geomedia，ESRI公司推出的MapObjects，GEOCONCEPT集团推出的Geoconcept Development Kits等。其特点是：在无缝集成和灵活性方面优势明显。GIS开发者不必掌握专门的GIS系统开发语言，只要熟悉基于Windows平台的通用集成开发环境，了解控件的属性、方法和事件，就可以实现GIS系统开发了。

(2) 集成式工具。集成式GIS开发工具意指集合了各种功能模块的GIS开发包。比较常见的有：ESRI公司推出的ArcGIS、MapInfo公司的MapInfo、GEOCONCEPT集团的GeoConcept等。其特点是：各项功能已形成独立的完整系统，提供了强大的数据输入输出功能、空间分析功能、良好的图形平台和可靠性能，缺点是系统复杂、庞大和成本较高，并且难于与其他应用系统集成。

(3) 模块式工具。模块式GIS开发工具是把GIS系统按功能分成一些模块来运行。比较常见的有：Intergraph公司的MGE。其特点是：开发的GIS系统具有较强的针对性，便于二次开发和应用。

(4) 网络工具。WebGIS是指基于Internet平台的GIS地理信息系统，是利用网络技术来扩展和完善GIS地理信息系统的新技术。WebGIS还处于初级发展阶段，不过已经有很多公司推出了WebGIS开发工具，TatukGIS公司的Internet Server(IS)、ThinkGeo公司的Map Suite Web Edition、MapInfo公司的MapInfo ProSever、Intergraph公司的GeoMedia Web Map、GEOCONCEPT集团的GeoConcept Internet Server(GCIS)等。其特点是：开发的GIS系统具有良好的可扩展性和跨平台特性，使GIS真正实现大众化。

8.2.2　GIS的发展及其在安全领域的应用

GIS的发展始于20世纪60年代初，如今的GIS是从当初的一种计算机辅助制图工具迅速发展而成的，它整合了图形处理技术、数据库技术、测绘技术和可视化技术，并以其混合数据结构和强大的地理空间分析功能和查询功能而独树一帜。它与CAD制图系统和DBMS数据库管理系统有着很大区别。CAD虽有强大的图形处理能力，但其拓扑关系比较简单，管理和分析大型地理数据库的能力有限；DBMS侧重于非图形数据的优化存储和查询，图形查询、显示功能、数据分析功能均相对较弱；而GIS却能够对海量的地理数据进行空间分析与查询。由此可见，GIS具有灵活而强大的空间处理功能。在短短的40年内取得了惊人的发展，其应用领域不断拓展，特别是在安全领域信息化发展中获得了广泛的应用。

1. 国外GIS在安全领域的应用

GIS在国外发展较早，其应用已遍及环境保护、资源保护、投资评价、城市规划建设、政府管理、交通安全监控、灾害预测等众多领域。在对重大危险源及装置进行监管，对重大工业事故进行风险管理方面，有代表性的是欧洲根据Seveso Ⅱ规程开发的几个典型的商业软件包，如SPIRS软件、GIRL软件、ARIPAR软件，主要基于GIS进行风险分析、风险管理以及应急预案的制定等。此外，C. T. Kiranoudis等人在其论文中讲述了希腊第一个应急操作中心(EOC)的结构和主要功能，GIS系统是整个操作中心的基础，执行所有的图形任务；事故仿真工具(AST)执行必要的数值计算，从而对工业事故的后果程度进行量化，它们构成了该操作中心的核心。

除了欧盟，GIS在美国的风险管理中也有比较广泛的应用。纽约市的多个部门都采用了GIS来进行管理，1998年开始建设全市范围的公用GIS，作为中心数据仓库，并使部门之间共享数据更加容易，其主要职责是对公共安全和紧急情况的管理提供支持。在纽约2001年的9・11事件中，GIS和相应的空间技术经受了有史以来最严峻的考验，它们被广泛地用于应急响应、救援、灾后恢复，在该事件中这些技术被证明非常有价值。

国外应用数字仿真技术评价和预测危险源安全状态的研究工作已开展多年，如美国杜邦公司为加拿大安大略省化学联合企业设计的计算机安全监控系统，除了对生产过程进行监控外，还可预测事故危害程度。在沙特阿拉伯，美国SAFER System公司和沙特Saudi Aramco Information Technology group联合开发的Uthmaniyah天然气工厂的应急响应系统(ERS)结合了实时应用系统与GIS系统，基于本地的地形、地图、气候、化学品泄漏细节、气体传感器数据等为用户提供实时烟云图，并预测气体或液体泄漏的动向和浓度，其特点是通过气体传感器和气象塔实时获取风险分析所需参数，需要用户输入的数据较少，实时性比较强。

2. 国内GIS在安全领域的应用

GIS在我国起步较晚，经过二十几年的发展，在许多部门和领域也得到了一定的应用，并开始应用于工业危险源和隐患监管领域。例如，北京市在重大危险源普查基础上，建立了基于GIS的城市重大危险源和重大事故隐患信息管理系统。江苏大学陈万和教授等人把面向对象方法和GIS技术应用于工业危险源与隐患控制及应急调控系统中，结合电子地图进行事故模拟计算，提供事故分析功能，并进行过程监控和指挥。南京理工大学在危险品库房安全管理中引入了GIS技术，使得危险品库房的管理更加直观。在仿真预警方面，我国八五科技攻关时期提出了“易燃易爆重大危险源监控及预警技术研究”专题，以四川化工总厂液氨球罐为研究对象，开发了液化危险品储罐泄漏——扩散监测及仿真预警系统。孙长嵩等研究学者论述了一个基于组件式GIS技术的矿井安全与救援信息系统，将地图信息可视化技术与生产监控、安全监察、管理信息系统集成，为井下安全生产及救援部门提供一个辅助决策工具。

目前国内在利用 GIS 进行危险源管理上还处于起步阶段，国家安全生产科技发展规划(2004—2010)把基于 GIS 的重大危险源监控管理软件列入 100 项重点推广技术之一。

8.2.3　基于 GIS 的危险源管理与应急救援技术

1. 危险源的显示与查询

GIS 作为一种工具，它能捕获、管理、加工并显示空间和地理参考数据，这些数据一般分为几何数据(坐标和地形信息)和属性数据。几何数据指对空间的点、线、区的描述；属性数据指那些点、线、区特征的描述。例如，每一个危险源对应着一个危险源对象，即对应着地理信息中的一个点。危险源信息包含重大危险源及一般危险源信息，危险源信息与 GIS 图层的对应关系如图 8-5 所示。

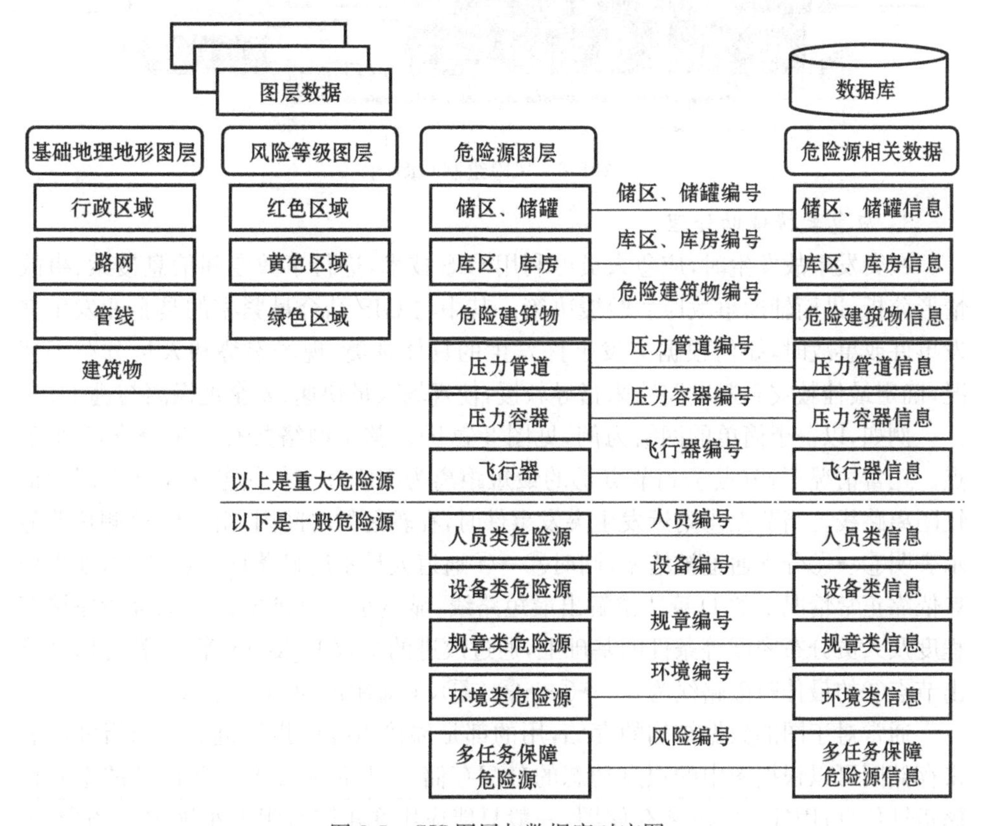

图 8-5　GIS 图层与数据库对应图

2. 风险绘制

在基于 GIS 技术的危险源管理系统中，根据风险识别分析的结果，进行风险分级，并在地理信息地图上以相应的颜色表示，如图 8-6 所示。

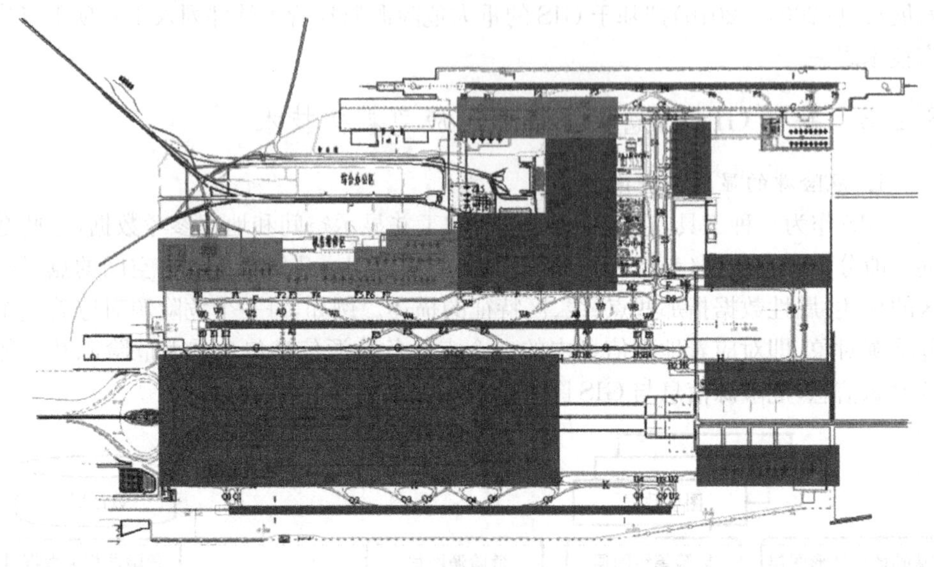

图 8-6 风险绘制 GIS 图

3. 应急救援辅助处理

在突发事故发生时，应急人员可利用 GIS 技术，进行事故空间信息搜索、事故情形分析，进而辅助事故应急救援决策。其中与 GIS 结合最紧密的是企业发生突发事件或事故时，如何根据突发事件发生的具体种类、现场态势和人员分布等情况，确定最佳救灾和避灾路线来指导救援，使现场人员快速、安全地撤离与逃生。

例如，以一个简单的网络为例，见图 8-7(b)。整个网络共有 9 条分支，7 个节点。正常情况下，节点⑦到节点①的最短距离为 13，⑦→⑥→④→③→①即为最短距离路线。当节点④附近发生突发事件时，在较短的时间内，由 GIS 监测仪器显示表明⑤→④分支通道被堵塞，同时⑥→④通道人员密度显著增高。此时，如果仍然依靠正常情况下的 D 算法求解出最短路线，显然是不合理的。在综合考虑堵塞程度及人员分布密度等条件的基础上，通过改进的加权 Dijkstra 算法，就可以计算出节点⑦的最佳疏散路线为：⑦→⑥→③→①，最短距离为 16。

通常对于图的数据结构的存储，用的都是邻接矩阵或指针链表。用指针链表来存储图可以根据图中的顶点动态的分配存储空间，但是需要一些额外的空间存储指针信息；用邻接矩阵来存储图，一般只能应用在矩阵数组大小固定的场合，不能根据图中顶点的变化来定义数组的大小。所谓改进的加权 Dijkstra 算法，即使

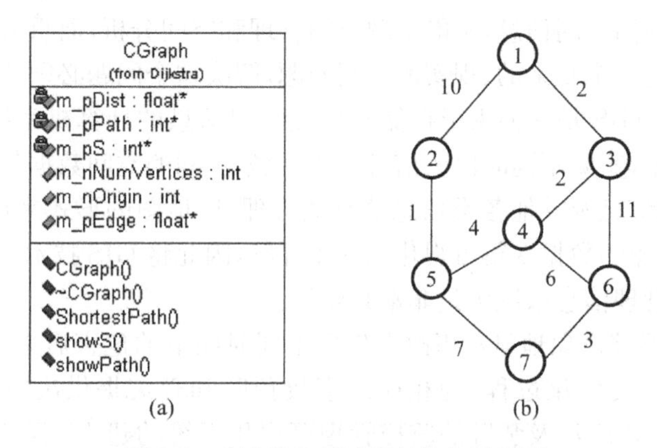

图 8-7　改进的 D 算法类结构与示例图

用动态生成的一维数组来表述二维信息，这就将邻接矩阵处理简便、算法简单，动态生成一维数组节省空间的优点结合了起来。具体如下：

首先，构造图类 CGraph，类结构如图 8-7(a)所示。CGraph 是一个具有 n 个顶点的带权有向图，各边上的权值由下式给出：*(m_pEdge + m_nNumVertices * i + j)。

然后，建立起一个数组：m_pDist[j]，$0 \leqslant j < n$ 是当前求到的从顶点 v 到顶点 j 的最短路径长度，同时用数组 m_pPath[j]，$0 \leqslant j < n$ 存放求到的最短路径。其中 CGraph 为图的类定义，m_pDist 为最短路径长度数组，m_pPath 为最短路径数组，m_Ps 为最短路径顶点集，m_nNumVertices 为图中顶点的个数，m_nOrigin 为从哪个顶点出发向其他点求最短路径，m_pEdge 为指向临界矩阵的指针，例如访问第 i 行第 j 列的元素可以用如下的形式：

*(m_pEdge + m_nNumVertices * i + j)，其中 $0 \leqslant i <$ m_nNumVertices-1，$0 \leqslant j <$ m_nNumVertices-1。

8.2.4　基于 GIS 的重大危险源安全管理信息系统

1. GIS 应用于重大危险源安全管理信息系统的意义

为了预防重大工业事故的发生，降低事故发生时造成的损失，近年来，国家加大了安全生产监管监察力度。火灾、爆炸和泄漏中毒事故是石化工业中的灾害性事故，针对易燃易爆有毒有害危险物质的模拟评价和风险管理技术，特别是后果分析是目前研究的一个热点问题，一些研究者开发了相应的灾害模拟评价软件。

由于重大危险源及重要装置的分布具有明显的地理空间特征，其数据量庞大，分类复杂，以往的传统管理方式主要以通过人工检查来收集、处理信息为主，即使使用了计算机技术，也都是基于数据库建立的信息系统。传统的数据库结构不能很好地表达和存储空间信息，不能实现空间管理和空间分析，而重大危险源及装置的监控管理却是一个复杂的、现实的空间问题，解决这个问题必须与现实的地理空间信息相结合。GIS是一种用于存储和处理空间信息的计算机系统，它通过分析信息的空间分布，监测不同时段的信息变化，比较不同的空间数据集和其他各种信息，实现对空间信息及其他各类信息的有效管理，以地图的形式来反映所需信息，使大量抽象、枯燥的数据变得可视化和易于理解，因此将GIS技术引入到重大危险源及装置监控管理信息系统中是非常必要的。

利用GIS能够形象地显示事故发生后不同时间下的危害后果，从而可以动态地反映事故的发展变化过程，为相应的事故预防和救灾提供决策的依据。基于GIS技术的重大危险源及装置的监控管理可视化系统的建立，不仅可以大大提高对重大危险源的监控管理水平，而且在经济上减少了由于没有很好地管理重大危险源而带来的重大事故造成的损失，在社会发展层次上保障了人民的生命安全和社会的安定。

2. 系统的功能板块

系统应用GIS的功能结构如图8-8所示。

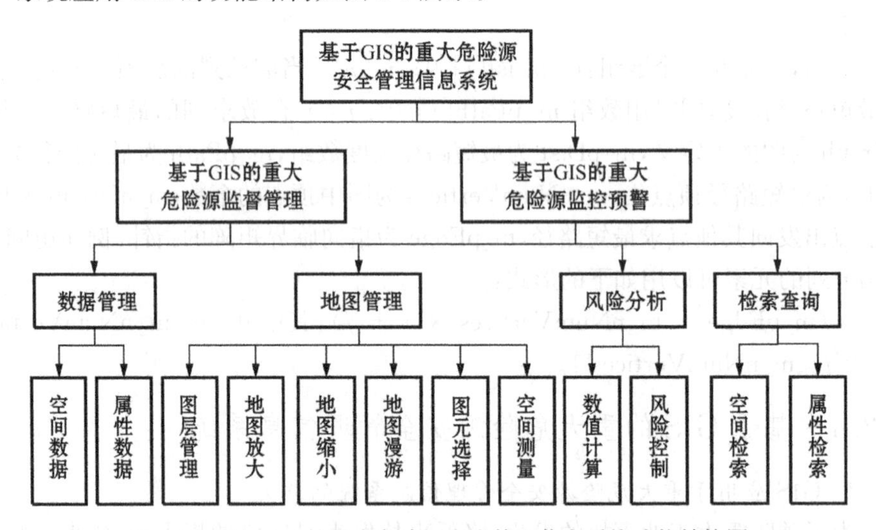

图8-8 基于GIS的重大危险源安全管理信息系统功能结构图

(1) 基于GIS的重大危险源及装置的监督管理。将监测信息系统、企业管理信息系统与先进的GIS系统集成，建立高速、高质的以空间地理信息为背景的综合信息系统，对重大危险源及装置的位置、数量、类型等参数及其变化进行管理，并通过GIS提供的信息可视化表达显示在电子地图上，使得工业重大危险源及装置的查询管理形象直观、一目了然；同时充分利用GIS的空间分析功能，对某一区域内的多个危险源及装置的危险性和后果进行分析，为安全生产管理部门以及相关职能部门的统筹决策、调控指挥提供支持。

(2) 基于GIS的重大危险源及装置的监控预警。预警技术是将自动检测与传感器技术、计算机仿真、计算机通信等现代高新技术紧密结合，把监控的工艺参数按规定的格式显示出来，在参数异常的情况下，给出警示信号，或给出未来趋势预报，必要时进行应急控制，从而达到抑制事故发生或减少危害波及范围的目的。该项目结合GIS技术和预警技术对重大危险源及装置的安全状态进行远程、动态监控，在GIS的地图上集中显示不同区域的危险源和装置的当前状态。

3. 系统的开发

系统采用组件式GIS产品——MapInfo Map地理信息控件——来开发GIS系统，组件式GIS开发是目前开发GIS应用系统的重要方式，它开发简捷，无需专门的GIS开发语言，同时又能提供强大的GIS功能，能有效地进行图层控制和专题图绘制，可访问远程空间数据库服务器，能保证系统的稳定和开发的高效率。系统采用Oracle数据库存储空间数据和属性数据，Delphi作为应用软件的开发工具。

在系统中应用电子地图，比普通管理系统中使用表格等方式来管理数据更形象、直观，能以可视化方式对数据进行操作。GIS系统包括两类数据，一类是空间数据，另一类是属性数据。空间数据记录的是空间实体的位置以及几何特征等，这是地理信息系统区别于其他信息系统的重要特征，对于危险源来讲主要是经纬度坐标及相互关系。属性数据是地理实体所具有的各种性质，如危险源类型、危险物的数量等。数据管理中有3种基本的数据操作，即增加、删除和修改。

8.3 大数据与安全信息管理

8.3.1 大数据基础知识概述

1. 大数据的概念

大数据(big data)，或称巨量资料，指的是所涉及的资料量规模巨大到无法通过目前主流软件工具，在合理时间内达到撷取、管理、处理，并整理成为帮助企业经营决策更积极目的的资讯。对于“大数据”研究机构Gartner给出了这样的定义。在维克托·迈尔-舍恩伯格及肯尼斯·库克耶编写的《大数据时代》中，大数据指不用随机分析法(抽样调查)这样的捷径，而采用所有数据的方法。

“大数据”是需要新处理模式才能具有更强的决策力、洞察发现力和流程优化能力的海量、高增长率和多样化的信息资产。大数据技术的战略意义不在于掌握庞大的数据信息，而在于对这些含有意义的数据进行专业化处理。换言之，如果把大数据比作一种产业，那么这种产业实现盈利的关键，在于提高对数据的"加工能力"，通过"加工"实现数据的"增值"。

随着云时代的来临，大数据也吸引了越来越多的关注。《著云台》的分析师团队认为，大数据通常用来形容一个公司创造的大量非结构化数据和半结构化数据，这些数据在下载到关系型数据库用于分析时会花费过多时间和金钱。大数据分析常和云计算联系到一起，因为实时的大型数据集分析需要像 MapReduce 一样的框架来向数十、数百或甚至数千的电脑分配工作。

从技术上看，大数据与云计算的关系就像一枚硬币的正反面一样密不可分。大数据必然无法用单台的计算机进行处理，必须采用分布式架构。它的特色在于对海量数据进行分布式数据挖掘(SaaS)，但它必须依托云计算的分布式处理、分布式数据库(PaaS)和云存储、虚拟化技术(IaaS)。

大数据需要特殊的技术，以有效地处理大量的容忍经过时间内的数据。适用于大数据的技术，包括大规模并行处理(MPP)数据库、数据挖掘电网、分布式文件系统、分布式数据库、云计算平台、互联网和可扩展的存储系统。

2. 大数据的历史

"大数据"这个术语最早期的引用可追溯到 apache org 的开源项目 Nutch。当时，大数据用来描述为更新网络搜索索引需要同时进行批量处理或分析的大量数据集。随着谷歌 MapReduce 和 Google File System(GFS)的发布，大数据不再仅用来描述大量的数据，还涵盖了处理数据的速度。

早在 1980 年，著名未来学家阿尔文・托夫勒便在《第三次浪潮》一书中，将大数据热情地赞颂为"第三次浪潮的华彩乐章"。不过，大约从 2009 年开始，"163 大数据"才成为互联网信息技术行业的流行词汇。美国互联网数据中心指出，互联网上的数据每年将增长 50%，每两年便将翻一番，而目前世界上 90%以上的数据是最近几年才产生的。此外，数据又并非单纯指人们在互联网上发布的信息，全世界的工业设备、汽车、电表上有着无数的数码传感器，随时测量和传递着有关位置、运动、震动、温度、湿度乃至空气中化学物质的变化，也产生了海量的数据信息。

3. 大数据的特点

大数据分析相比于传统的数据仓库应用，具有数据量大、查询分析复杂等特点。《计算机学报》刊登的"架构大数据：挑战、现状与展望"一文列举了大数据分析平台需要具备的几个重要特性，对当前的主流实现平台——并行数据库、MapReduce 及基于两者的混合架构进行了分析归纳，指出了各自的优势及不足，同时也对各个方向的研究现状及作者在大数据分析方面的努力进行了介绍，对未来研究做了展望。

大数据的特点有四个，即 Volume(大量)、Velocity(高速)、Variety(多样)、

Veracity(真实性)。第一,数据体量巨大。从TB级别,跃升到PB级别;第二,数据类型繁多。前文提到的网络日志、视频、图片、地理位置信息等等。第三,数据的来源,直接导致分析结果的准确性和真实性。若数据来源是完整的并且真实,最终的分析结果以及决定将更加准确。第四,处理速度快,1秒定律。最后这一点也是和传统的数据挖掘技术有着本质的不同。

4. 大数据的价值

众所周知,企业数据本身就蕴藏着价值,但是将有用的数据与没有价值的数据进行区分看起来可能是一个棘手的问题。显然,您所掌握的人员情况、工资表和客户记录对于企业的运转至关重要,但是其他数据也拥有转化为价值的力量。一段记录人们如何在您的商店浏览购物的视频、人们在购买您的服务前后的所作所为、如何通过社交网络联系您的客户、是什么吸引合作伙伴加盟、客户如何付款以及供应商喜欢的收款方式……所有这些场景都提供了很多指向,将它们抽丝剥茧,透过特殊的棱镜观察,将其与其他数据集对照,或者以与众不同的方式分析解剖,就能让您的行事方式发生天翻地覆的转变。但是屡见不鲜的是,很多公司仍然只是将信息简单堆在一起,仅将其当作为满足公司治理规则而必须要保存的信息加以处理,而不是将它们作为战略转变的工具。毕竟,数据和人员是业务部门仅有的两笔无法被竞争对手复制的财富。在善用的人手中,好的数据是所有管理决策的基础,带来的是对客户的深入了解和竞争优势。数据是业务部门的生命线,必须让数据在决策和行动时无缝且安全地流到人们手中。因此,数据应该随时为决策提供依据。

5. 大数据的结构

首先,大数据就是互联网发展到现今阶段的一种表象或特征而已,没有必要神话它或对它保持敬畏之心,在以云计算为代表的技术创新大幕的衬托下,这些原本很难收集和使用的数据开始容易被利用起来了,通过各行各业的不断创新,大数据会逐步为人类创造更多的价值。

其次,想要系统地认知大数据,必须要全面而细致地分解它,可以从三个层面来对其内容进行展开:

第一层面是理论,理论是认知的必经途径,也是被广泛认同和传播的基线。从大数据的特征定义理解行业对大数据的整体描绘和定性;从对大数据价值的探讨来深入解析大数据的珍贵所在;洞悉大数据的发展趋势;从大数据隐私这个特别而重要的视角审视人和数据之间的长久博弈。

第二层面是技术,技术是大数据价值体现的手段和前进的基石。可以从云计算、分布式处理技术、存储技术和感知技术的发展来说明大数据从采集、处理、存储到形成结果的整个过程。

第三层面是实践，实践是大数据的最终价值体现。可以从互联网的大数据，政府的大数据，企业的大数据和个人的大数据四个方面来描绘大数据已经展现的美好景象及即将实现的蓝图。

8.3.2 大数据技术在我国安全生产方面的应用分析

信息化一方面加速了安全生产事故信息传播速度，导致安全生产的被关注度空前高涨，另一方面，也为解决安全生产问题带来了“利器”——大数据。当前，大数据正以惊人的速度渗透到越来越多的领域，电商、零售商、IT 企业等应用大数据的成功案例屡见不鲜。大数据在安全生产中的应用，最基本的功能就是从海量的安全生产数据中寻找事故发生的规律，预测未来，从而对症下药，有效遏制事故的发生。同时，大数据在提升安全监管能力和明确安全责任方面也可发挥重要作用。

1. 大数据对安全生产的意义

(1) 将大数据用到安全生产中，可提升源头治理能力，降低事故的发生。大数据应用可及时准确地发现事故隐患，提升排查治理能力。当前，企业的安全生产隐患排查工作主要靠人力，通过人的专业知识去发现生产中存在的安全隐患。这种方式易受到主观因素影响，且很难界定安全与危险状态，可靠性差。通过应用海量数据库，建立计算机大数据模型，可以对生产过程中的多个参数进行分析比对，从而有效界定事物状态是否构成安全隐患。美国矿难追责就是大数据在安全生产领域应用的成功案例。2010 年美国网民在网上追责过程中，通过对梅西公司下属的另外一家煤矿鲁比煤矿的安全监管、查处等数据进行分析，发现该煤矿同样岌岌可危，随时有“引爆”的可能。

(2) 大数据应用可揭示事故规律，为安全决策提供理论支撑。当前，在安全生产管理中，由于缺少有效的分析工具，缺少对事故规律的认识，导致我国对于安全生产主要采取“事后管理”的方式，缺少事前预防，在事故发生后才分析事故原因、追究事故责任、制定防治措施。这种方式存在很大局限性，不能达到从源头上防止事故的目的。大数据的发展为海量事故数据提供了有效的分析工具。1931 年，美国安全工程师海因里希通过分析 55 万起工伤事故的发生概率，提出了著名的海因里希“事故金字塔”理论，论证了加强日常安全管理、细节管理对消除不安全行为和不安全状态的重大作用。将大数据原理运用到安全生产中，通过对海量安全生产事故数据进行分析，分析和查找事故发生的季节性、周期性、关联性等规律、特征，从而找出事故根源，有针对性地制定预防方案，提升源头治理能力，降低安全生产事故的发生。

(3) 大数据应用可完善安全生产事故追责制度。从大量的事故调查处理情况可以看出，我国的安全生产事故追责制度还存在许多不完善之处，如事故取证难、事故资料搜集难、责任认定难等。美国大数据下的矿难追责制度给予了很好的启示。2010年,美国西弗吉尼亚州发生死亡29人的矿难,由于该煤矿的监管记录保存完整,每条记录都包括检查的时间、结果、违反的法律条款、处理的意见、罚款金额、已缴纳的金额、煤矿是否申诉等数据项。逾千条的监管记录为事故追责提供了重要证据,最终事故认定说明煤矿安全健康局无监管失职,出事煤矿所属公司应承担主要责任。可见完善的监管、执法数据库对完善安全生产事故追责制度异常重要。

2. 大数据技术在我国安全生产方面的应用现状

(1) 基础数据准备不充分,数据库建设亟待完善。第一,虽然我国具备安全监管职责的部门都建有安全生产相关的数据库,但由于其数据搜集、数据整理等能力的不足,造成数据库完整性、规范性方面还存在很大缺陷。第二,目前我国建筑、交通、铁路、民航、民爆和通信行业的安全监管职责在行业管理部门,石化、化工、冶金等其他行业的安全监管职责在安监部门,各部门建立的事故信息、监管信息等数据库没有形成统一的标准,为数据衔接造成很大局限。第三,信息化主管部门,在协调数据库建设和应用,以及先进信息技术推广和信息化资源配置等方面的作用没有得到充分发挥。

(2) 缺少数据分析工具,信息公开力度不够。第一,大数据是信息化时代的产物,虽然近年我国在两化融合促进安全生产、安全生产信息化等方面做了许多工作,也取得了很大的进步,但总体来讲我国安全生产信息化水平还较低,多收集少应用、重事后轻事前等问题突出,为大数据的应用带来了阻碍。第二,缺少高性能大数据分析工具,这也是各领域应用大数据普遍面临的问题,如果没有高性能分析工具,大数据的价值就得不到释放。第三,自"政府信息公开条例"颁布实施以来,安全生产信息公开工作取得了较大突破,但相比美、日等国,我国安全生产的信息公开力度很不够,特别是在安全监管信息的公开方面。

(3) 人才准备不充分,专业人才不足。大数据是一门新技术,且技术含量较高,大数据建设的每个环节都需要依靠专业人员完成,其关键环节数据分析是基于预言建模或未来趋势分析,传统的数据分析师并不具备开发预言分析应用程序模型的技能,安全生产领域的相应人才更是少之又少。

3. 大数据在安全生产领域应用展望

要在现有基础上加大力度,特别是做好事故信息和安全监管信息公开。

一是完善数据库,做好数据库衔接。安监、工信、建筑、交通、民航等具有安全监管职责的部门应做好安全生产相关数据的采集、整理和存储工作,建立和完善安全生产相关数据库,包括事故数据库、监管信息数据库等。各部门应统一安全生产相关数据库建设标准,事故数据库、监管信息数据库等应做好衔接。信息化主管部门做好相关协调和保障工作，建立部门间协调机制，保障安全生产相关数据的有效应用。

二是加强安全生产信息化建设，做好信息公开工作。进一步深化两化融合促进安全生产、安全生产信息化等工作，在物联网发展专项等资金中加大对安全生产的支撑力度；加强海量数据分析工具的开发和利用，推进大数据价值尽快实现；在现有信息公开的基础上加大信息公开力度，特别是做好事故信息和安全监管信息的公开，并保障信息的真实可靠。

三是以人才推动大数据应用进程。设置教学学科，建立大数据相关人才培养计划；加强与美、日等发达国家之间的人才交流，建立人才合作机制；建立人才引进机制，引进国外高端人才。

8.3.3 大数据分析中常用方法示例

大数据与数据挖掘是相辅相成的两个方面。一方面，大数据是数据挖掘的前提条件；另外一方面，数据挖掘也为大数据的有效利用提供了可能与技术方法。数据挖掘(DB，Data Mining)，又称数据库中的知识发现(Knowledge Discovery in Database，KDD)，是指从大型数据库或数据仓库中提取隐含的、未知的、非平凡的及有潜在应用价值的信息或模式，它是数据库研究中的一个很有应用价值的新领域，融合了数据库、人工智能、机器学习、统计学等多个领域的理论和技术。数据挖掘工具能够对将来的趋势和行为进行预测，从而很好地支持人们的决策。其常用方法有人工神经网络、遗传算法、决策树方法等。

其中，决策树方法是利用信息论中的互信息(信息增益)寻找数据库中具有最大信息量的属性字段，建立决策树的一个结点，再根据该属性字段的不同取值建立树的分支。每个分支子集中重复建立树的下层结点和分支的过程。采用决策树，可以将数据规则可视化，也不需要长时间的构造过程，输出结果容易理解，精度较高，因此决策树在知识发现系统中应用较广。

1. 决策树构建过程

决策树是通过一系列规则对数据进行分类的过程。它提供一种在什么条件下会得到什么值的类似规则的方法。决策树分为分类树和回归树两种，分类树对离散变量做决策树，回归树对连续变量做决策树。一般的数据挖掘工具，允许选择分裂条件和修剪规则，以及控制参数(最小节点的大小，最大树的深度等)，来限制决策树。决策树作为一棵树，树的根节点是整个数据集合空间，每个分节点是对一个单一变量的测试，该测试将数据集合空间分割成两个或更多块。每个叶节点是属于单一类别的记录。构造决策树的过程为：首先寻找初始分裂。整个训练集作为产生决策树的集合，训练集每个记录必须是已经分好类的，决定哪个属性(Field)域作为目前最好的分类指标。一般的做法是穷尽所有的属性域，对每个属性域分裂的好坏做出量化，计算出最好的一个分裂。量化的标准是计算每个分裂的多样性(Diversity)指标基尼(Gini)指标。其次，重复第一步，直至每个叶节点内的记录都属于同一类。增长到一棵完整的树，其过程如图8-9所示。

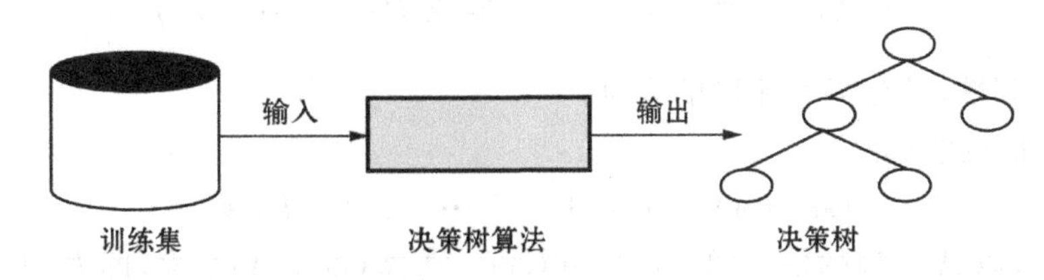

图8-9　决策树构建过程

2. 决策树基本算法

决策树包含许多不同的算法，主要分为三类：①基于统计论的方法，以分类与回归树(Classification and Regression Trees，CART)算法为代表，在这类算法中，对于非终端结点来说，有两个分枝；②基于信息论的方法，以ID3算法为代表，此类算法中，非终端结点的分枝数由样本类别个数决定；③卡方自动交互检测(Chi-squared Automatic Interaction Detection，CHAID)为代表的算法，在此类算法中，非终端结点的分枝数在两个到样本类别个数范围内分布。

建决策树，就是根据记录字段的不同取值建立树的分支，以及在每个分支子集中重复建立下层结点和分支。建决策树的关键在于建立分支时对记录字段不同取值的选择。选择不同的字段值，会使划分出来的记录子集不同，影响决策树生长的快慢以及决策树结构的好坏，从而导致找到的规则信息的优劣。可见，决策树算法的技术难点也就是选择一个好的分支取值。利用一个好的取值来产生分支，不但可以加快决策树的生长，而且最重要的是，产生的决策树结构好，可以找到较好的规则信息。相反，如果根据一个差的取值来产生分支，不但减慢决策树的生长速度，而且会使产生的决策树分支过细，结构性差，从而难以发现一些本来可以找到的有用的规则信息。下面采用信息增益ID3算法进行属性选择，这种方法的特点是所有属性假设都是种类字段，但经过修改之后可以适用于数值字段。该算法根据属性集的取值选择实例的类别。它的核心是在决策树中各级结点上选属性，用信息增益率作为属性选择标准，使得在每一非叶结点进行测试时，能获得关于被测试例子最大的类信息。使用该属性将例子集分成子集后，系统的熵值最小，期望该非叶结点到达各后代叶节点的平均路径最短，其算法描述为：

(1) 任意样本分类的期望信息：

$$I(s_1, s_2, \cdots, s_m) = -\sum p_i \log_2(p_i) \quad (i = 1, \cdots, m) \tag{8-1}$$

其中，数据集为 s，m 为 s 的分类数目，$p_i = \frac{|s_i|}{|s|}$

c_i 为分类标号，p_i 为样本属于 c_i 的概率，s_i 为分类 c_i 上的样本数。

(2) 由 A 划分为子集的熵：

$$E(A)=\frac{\sum(s_{1j}+\cdots+s_{mj})}{s}\times I(s_{1j}+\cdots+s_{mj}) \tag{8-2}$$

A 为属性，具有 V 个不同的取值。

(3) 信息增益：

$$Gain(A)=I(s_1+s_2+\cdots+s_m)-E(A) \tag{8-3}$$

因此，以 A 为根的信息增益是 Gain(A)。选择 Gain(A)最大，即 $E(A)$最小的属性 A 作为根节点。对 A 的不同取值对应的 E 的 V 个子集 E_i 递归调用上述过程，生成 A 的子节点 $B_1,B_2,\cdots,B_v$。

3. 决策树数据挖掘实例——以风险可能性为例

国际民航组织《安全管理手册》(SMM)(Doc 9859)给出了安全风险概率及严重性的衡量标准，以及相应的处置准则，但是这些衡量标准在实际应用时的可操作性仍不是很强。研究表明，对于民用机场多任务保障作业小概率安全风险事件，其可能性及严重性可以通过对风险存在地点、作业流程重叠数量、作业重叠区间比例、作业重叠程度时间描述人员死亡数量、是否造成人员重伤、是否造成人员轻伤、事故损失、是否作业中断、是否与航空器相关等属性进行数据挖掘得到。本研究对某机场 1 518 条安全信息进行挖掘。使用信息增益进行属性选择，具体过程如下：

风险可能性区间的取值为“频繁的”数量为 50 条；风险可能性区间的取值为“偶然的”数量为 118 条，风险可能性区间的取值“为少有的”的数量为 1 348 条，风险可能性区间的取值为“不大可能的”的数量为 1 条，风险可能性区间的取值为“极不可能的”的数量为 1 条，分别记为 P_1,P_2,P_3,P_4,P_5。使用信息增益进行属性选择，具体如下：

根据式(8-1)：

$$I(50,118,1\,348,1,1)=-\sum p_i\log_2(p_i)\quad(i=1,\cdots,5)=0.615\,3$$

计算风险可能性区间判定信息属性表，“风险存在地点”样本期望信息如表 8-1 所示。

表 8-1 “风险存在地点”样本期望信息

风险存在地点	P_{1i}	P_{2i}	P_{3i}	P_{4i}	P_{5i}	$I(P_{1i},\cdots,P_{5i})$
公共区	7	9	29	0	1	1.413 5
飞行区	21	71	1 082	1	0	0.455 4
航站楼	22	38	237	0	0	0.574 8

根据式(8-2)：

$$E(\text{风险存在地点}) = \frac{\sum(s_{1j}+\cdots+s_{mj})}{s} \times I(s_{1j}+\cdots+s_{mj})$$

$$= \frac{46}{1\,518}\times 0.195\,8 + \frac{1\,175}{1\,518}\times 0.647\,3 + \frac{297}{1\,518}\times 0.639\,9$$

$$= 0.632\,2$$

根据式(8-3)：

$$Gain(AREA) = 0.613\,5 - 0.574\,8 = 0.038\,7$$

同理：

$$Gain(CDLC\_NUM) = 0.613\,5 - 0.024\,8 = 0.588\,7$$

$$Gain(CDQJ) = 0.613\,5 - 0.174\,2 = 0.441\,1$$

$$Gain(CD\_TIM) = 0.613\,5 - 0.273\,8 = 0.339\,7$$

因为 $Gain(CDLC\_NUM) > Gain(CDQJ) > Gain(CD\_TIM) > Gain(AREA)$，可以看出，对于多任务保障作业风险的可能性区间判定“作业流程重叠数量”起决定作用，其次是“作业重叠区间比例”，再其次是“作业重叠程度时间描述”，最后是“风险存在地点”，得到决策树如图 8-10 所示。

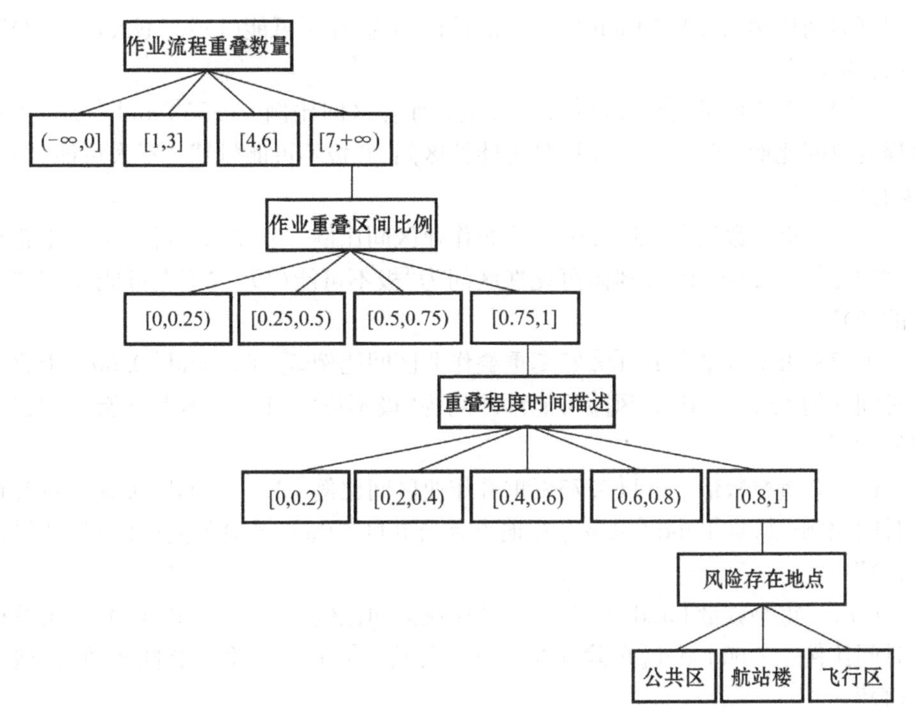

图 8-10　多任务保障安全风险可能性风险区间决策树

依据决策树形成规则：

if [重叠数量≤1] or [重叠作业区间比例＝0.00] or [重叠程度时间比例＝0.00] then 风险可能性区间为“极不可能(1)”

if [2≤重叠数量≤3] and [重叠作业区间比例＜0.25] and [0.00＜重叠程度时间比例＜0.80] then 风险可能性区间为“极不可能(1)”、“不大可能(2)”、“少有的(3)”

if [2≤重叠数量≤3] and [0.50≤重叠作业区间比例＜0.75] and [0.00＜重叠程度时间比例＜0.20] then 风险可能性区间为“极不可能(1)”、“不大可能(2)”、“少有的(3)”

if [2≤重叠数量≤3] and [0.25≤重叠作业区间比例≤0.50] and [0.00＜重叠程度时间比例＜0.60] then 风险可能性区间为“极不可能(1)”、“不大可能(2)”、“少有的(3)”

if [4≤重叠数量≤6] and [0.00＜重叠作业区间比例＜0.25] and [0.00＜重叠程度时间比例＜0.80] then 风险可能性区间为“极不可能(1)”、“不大可能(2)”、“少有的(3)”

if [4≤重叠数量≤6] and [0.25≤重叠作业区间比例＜0.50] and [0.00＜重叠程度时间比例＜0.40] then 风险可能性区间为“极不可能(1)”、“不大可能(2)”、“少有的(3)”

if [4≤重叠数量≤6] and [0.50≤重叠作业区间比例＜0.75] and [0.00＜重叠程度时间比例＜0.20] then 风险可能性区间为“极不可能(1)”、“不大可能(2)”、“少有的(3)”

if [7≤重叠数量] and [0.00＜重叠作业区间比例＜0.25] and [0.00＜重叠程度时间比例＜0.80] then 风险可能性区间为“极不可能(1)”、“不大可能(2)”、“少有的(3)”

if [7≤重叠数量] and [0.25≤重叠作业区间比例≤1.00] and [0.00＜重叠程度时间比例＜0.40] then 风险可能性区间为“极不可能(1)”、“不大可能(2)”、“少有的(3)”

if [7≤重叠数量] and [0.75≤重叠作业区间比例≤1.00] and [0.20≤重叠程度时间比例＜0.40] and [风险存在地点≠公共区] then 风险可能性区间为“偶尔的(4)”

if [7≤重叠数量] and [0.50≤重叠作业区间比例＜0.75] and [0.40≤重叠程度时间比例＜0.60] and [风险存在地点≠公共区] then 风险可能性区间为“偶尔的(4)”

if [7≤重叠数量] and [0.25≤重叠作业区间比例＜0.50] and [0.60≤重叠程

度时间比例<0.80] and [风险存在地点≠公共区] then 风险可能性区间为“偶尔的(4)”

if [7≤重叠数量] and [0.00<重叠作业区间比例<0.25] and [0.80≤重叠程度时间比例≤1.00] and [风险存在地点≠公共区] then 风险可能性区间为“偶尔的(4)”

if [2≤重叠数量≤6] and [0.50≤重叠作业区间比例≤1.00] and [0.20≤重叠程度时间比例<0.60] and [风险存在地点≠公共区] then 风险可能性区间为“偶尔的(4)”

if [2≤重叠数量≤6] and [0.25≤重叠作业区间比例<0.50] and [0.60≤重叠程度时间比例<0.80] and [风险存在地点≠公共区] then 风险可能性区间为“偶尔的(4)”

if [2≤重叠数量≤6] and [0.00<重叠作业区间比例<0.25] and [0.80≤重叠程度时间比例≤1.00] and [风险存在地点≠公共区] then 风险可能性区间为“偶尔的(4)”

if [7≤重叠数量] and [0.25≤重叠作业区间比例≤1.00] and [0.40≤重叠程度时间比例≤1.00] and [风险存在地点=飞行区] then 风险可能性区间为“经常性的(5)”

if [7≤重叠数量] and [0.00<重叠作业区间比例<0.25] and [0.20<重叠程度时间比例<0.40] and [风险存在地点=飞行区] then 风险可能性区间为“经常性的(5)”

if [7≤重叠数量] and [0.00<重叠作业区间比例<0.25] and [0.20<重叠程度时间比例<0.40] and [风险存在地点=飞行区] then 风险可能性区间为“经常性的(5)”

if [2≤重叠数量≤6] and [0.75<重叠作业区间比例<0.25] and [0.20≤重叠程度时间比例≤1.00] and [风险存在地点=飞行区] then 风险可能性区间为“经常性的(5)”。

附　　录

实验一　安全管理信息系统基本内容

一、实验目的要求

从总体上认识一个具体的安全管理信息系统。

二、实验准备知识

了解该实验的主要内容，复习课堂所讲授的相关知识，并预先在网上查找该实验的相关知识。

三、实验内容

(1) 系统界面和基本操作方法的熟悉；

(2) 认识该系统的总体功能结构；

(3) 画出系统总体功能结构，并对其功能进行概述。

四、注意事项

系统来源可自行查找。

实验二　安全管理信息系统的战略规划和开发方法

一、实验目的

(1) 理解安全管理信息系统战略规划的重要性，掌握安全管理信息系统战略规划的内容与方法。

(2) 掌握一般安全管理信息系统体系的基本构成，各个部分的作用及其相互关系。

(3) 掌握安全管理信息系统规划报告的撰写方法。

二、实验准备知识

认真阅读实验指导书,熟悉各种实验设备和软件,了解系统规划的基本方法。

三、实验内容及要求

假定拟开发一个安全管理信息系统,对该安全管理信息系统进行系统规划,正确撰写安全管理信息系统规划报告。

实验完成后,应正确撰写管理信息系统规划报告。

内容包括:

(1) 系统开发背景。

(2) 企业现行安全管理状况调查;企业安全管理核心业务描述;企业现行的安全管理组织结构及主要上下级隶属关系;企业安全管理活动中存在的问题。

(3) 企业未来核心安全管理业务描述及模式分析。

(4) 行业比对分析。

(5) 目标系统定位与用户分析。

(6) 目标系统体系结构规划:应用表达层,逻辑层和数据层。

(7) 目标系统的功能构想。

(8) 目标系统的主要业务模块。

四、注意事项

报告重点从以下方面进行分析:

(1) 对企业所处的行业及企业竞争力进行分析。

(2) 分析确定企业如何开展安全管理信息。

(3) 进行安全收益分析——风险分析评估。

(4) 确定实施与管理。

实验三　安全管理信息系统的系统分析

一、实验目的

(1) 了解企业安全管理活动的基本构成和主要类型,掌握不同企业的不同需求及其特点,掌握不同类型安全管理信息活动的特征。

(2) 理解安全管理信息需求分析的基本内容,掌握企业安全管理信息流分析的目的及方法。

(3) 熟练掌握系统分析建模工具并能够利用这些工具对企业需求进行描述。

(4) 理解安全管理信息系统分析中参与的人员及其组织。

二、实验准备知识

认真阅读实验指导书,熟悉各种实验设备和软件,了解系统分析的基本方法。

三、实验内容及要求

(1) 统一建模语言 UML 的上机学习实践。

(2) 根据所选的开发系统,对该安全管理信息系统进行系统分析,撰写安全管理信息系统分析报告。要求采用结构化分析方法描述出系统的 DFD,利用 UML 的方法阐述其主要对象。

安全管理信息系统分析报告内容包括:

① 分析企业生产管理运作过程中的基本生产环节。

② 分析安全管理信息对企业生产活动各个环节的影响。

③ 分析安全管理信息环境中本企业应具备的新的管理手段。

④ 描述企业各项安全管理活动的数据流程和相关处理过程:a. 结构化分析方法。包括数据流图、数据字典、处理过程说明;b. 面向对象的分析方法。包括对象的认定、结构认定、认定属性、定义方法;c. 基于 UML 的分析方法。在面向对象建模的基础上,利用 UML 的符号体系,对系统功能结构进行描述。

⑤ 提出安全管理信息系统需求。

四、注意事项

统一建模语言 UML 包括:

(1) UML 静态建模。使用实例图、类图、包图、部件图和配置图对系统进行分析和描述。

(2) UML 动态建模。使用消息、状态图、顺序图、合作图和活动图来描述系统中各个对象如何操作,各个对象在外界消息的触发后如何发生变化。

实验四 安全管理信息系统的系统设计

一、实验目的

(1) 掌握总体结构、信息基础设施、系统平台、企业信息门户、安全环境设计的主要内容、重点及相互关系。

(2) 掌握安全管理信息系统中应用系统功能设计的主要内容,数据库设计的基本方法。了解典型的安全管理信息应用的设计及实现方法。

二、实验准备知识

认真阅读实验指导书，熟悉各种实验设备和软件工具，了解系统设计的基本方法。

三、实验内容

根据选定开发的安全管理信息系统进行系统设计，给出设计方案。

1）系统总体结构设计

（1）确定系统的外部接口。包括：

① 企业与上级行政主管部门之间的接口；

② 与企业内部既有安全管理信息系统的接口；

③ 与交易相关的公共信息基础设施之间的接口；

④ 企业与政府或其他机构之间的接口。

（2）确定系统的组成结构。系统组成结构主要说明目标系统内部的组成部分，以及系统内部与外部环境的相互关系。

2）系统信息基础设施设计

主要包括：网络环境设计、服务器主机设计与选择。

3）系统软件平台的选择与设计

主要包括：操作系统的选择、数据库管理系统的选择、应用服务器的选择、中间件软件的选择、开发工具的选择。

4）系统应用软件设计

要求学生说明系统应用软件的构成，即应用软件有哪些子系统组成，各个子系统的主要功能和相互之间的关系，描述每个子系统具体由哪些模块组成。包括：子系统的划分、系统模块结构设计、代码设计、输出设计、输入设计、处理过程设计、数据存储设计、网页设计与编辑。

实验完成后，应正确撰写安全管理信息系统设计报告。内容包括：

（1）阐述企业管理信息系统设计的原则。

（2）系统总体结构设计，包括：确定系统的外部接口、确定系统的组成结构。

（3）系统信息基础设施设计。包括：网络环境设计、服务器主机设计与选择。

（4）系统软件平台的选择与设计。包括：操作系统的选择、数据库管理系统的选择、应用服务器的选择、中间件软件的选择、开发工具的选择。

（5）系统应用软件设计。包括：子系统的划分、系统模块结构设计、代码设计、输出设计、输入设计、处理过程设计、数据存储设计、网页设计与编辑。

参考文献

[1] 国家安全监管总局通信信息中心. 发达国家的安全生产信息化建设[J]. 劳动保护，2010(7).

[2] 景国勋，杨玉中. 安全管理学[M]. 北京：中国劳动社会保障出版社，2012.

[3] 田水承，景国勋. 安全管理学[M]. 北京：机械工业出版社，2009.

[4] 陈国华. 安全管理信息系统[M]. 北京：国防工业出版社，2007.

[5] 张旭，赵明，等. 民航管理信息系统[M]. 北京：国防工业出版社，2013.

[6] 国家安全生产协会注册安全工程师工作委员会. 安全生产管理知识[M]. 北京：中国大百科全书出版社，2011.

[7] 樊月华，杨燕，等. 管理信息系统与案例分析[M]. 北京：人民邮电出版社，2004.

[8] 《民用航空安全信息管理规定》(CCAR-396-R2).

[9] 李兴国. 信息管理学[M]. 北京：高等教育出版社，2007：9-11.

[10] 刘浪，程云才，等. 现代企业安全管理信息系统的构建[J]. 中国安全科学学报，2008，18(3)：133-137.

[11] 常虹，高云莉. 风险矩阵方法在工程项目风险管理中的应用[J]. 工业技术经济，2007，26(11)：134-137.

[12] 刘辉，赵志寅，蒋达华. 灰色关联分析在矿山安全评价中的应用[J]. 工业安全与环保，2005，31(6)：55-57.

[13] 王德伟，黄金波，等. 煤矿瓦斯安全监控系统的设计与实现[J]. 中州煤炭，2009，(1)：89-91.

[14] 李仪欢，陈国华. 安全管理信息系统学的创建、内涵与外延[J]. 中国安全科学学报，2007(6).

[15] 孙殿阁，孙佳，白福利. 基于决策树的空服人员作业危害因素分析[J]. 中国安全科学学报，2013，23(3)：135-139.

[16] 孙殿阁，孙佳. 基于案例推理的城市典型灾害应急处置专家系统构建研究[J]. 中国安全科学生产技术，2012，8(2)：55-60.

[17] 孙殿阁，孙佳，王森，秦康. 基于 Bow-Tie 技术的民用机场安全风险分析应用研究[J]. 中国安全科学生产技术，2010，6(4)：85-90.

[18] 孙殿阁，孙佳，蒋仲安. 基于知识的机场安全风险分析模型及应用研究[J]. 武汉理工大学学报交通科学版，2010，34(3)：452-456.

[19] 孙殿阁，孙佳，蒋仲安. 面向对象思想在民用机场危险源辨识中的应用[J]. 中国安全科学学报，2009，19(3)：144-148.

[20] 徐敏. 试论民用航空安全信息收集与开发利用[J]. 图书馆论坛，2005，25(1)：138-143.

[21] 毛健. 企业安全管理信息系统与安全评价[D]. 西南交通大学，2001.

[22] 孙殿阁.民用机场安全风险管理及预警技术研究与应用[D].北京科技大学,2010.

[23] 陈宝智.安全原理[M].北京:冶金工业出版社,2002.

[24] 史亚杰,陈艳秋.航空安全信息管理的问题与对策[J].中国安全生产科学技术,2010,6(3):98-104.

[25] 胡杰.如何有效建设SMS信息数据资源库[J].科技传播,2011(4):31-35.

[26] 李柯,贾贵娟,施炎林,汪洪蛟.空管安全风险管理信息系统分析与设计[J].中国安全科学学报,2009,19(2):22-26.

[27] 杨晓强,周长春,李海军.基于B/S模式的通用航空安全信息管理系统设计与实现[J].中国民航飞行学院学报,2012(3):88-93.

[28] 肖亚利,傅茂名.空中交通管理飞行安全检查系统的需求捕获[J].中国民航飞行学院学报,2003,14(1):44-49.

[29] 王燕青,谢万杰,黎文奇.民用机场不安全事件管理系统的分析和设计[J].中国安全生产科学技术,2010,6(5):156-161.

[30] 孙瑞山,李环.如何减少安全信息分析中的偏见[J].中国民航大学学报,2007,25(z1):77-82.

[31] 罗云,樊运晓,马晓春.风险分析与安全评价[M].北京:化学工业出版社,2004.

[32] 国家安全生产监督管理局(国家煤矿安全监察局).安全评价[M].北京:煤炭工业出版社,2003.

[33] 赵智刚.基于XML的信息整合技术在电子商务中的研究与应用[D].武汉理工大学,2007.

[34] 陈燕.面向机场的航空安全信息系统研究[J].计算机应用与软件,2012,29(7):46-49.

[35] 潘玲琳.基于产生式规则的专家系统的研究实现[J].计算机技术与发展,2006,17(5):66-69.

[36] 孙清,张德运.利用COM组件开发应用软件的方法及实现[J].微电子学与计算机,2001(6):26-30.

[37] 余英,梁刚.Visual C++实践与提高——COM和COM++篇[M].北京:中国铁道出版社,2002.